JN412863

# 설비보전기사

## 기출 + 실전
## 모의고사 필기

- ✿ 최신 출제경향을 반영한 기출 및 실전모의고사
- ✿ 기출기반 실전모의고사 10회분 수록
- ✿ 쉽고 빠르게 이해할 수 있는 명쾌한 해설

| 김영기 편저 |

에듀피디 동영상강의 www.edupd.com

# 설비보전기사 필기
## 기출+실전모의고사

1판 1쇄   2026년 1월 10일
1판 1쇄   2026년 1월 17일

편저자   김영기
발행처   에듀피디
등 록   제300-2005-146
주 소   서울 종로구 대학로 45 임호빌딩 2층 (연건동)

전 화   1600-6690
팩 스   02)747-3113

# 설비보전기사

**필기**
**기출+실전**
**모의고사**

설비보전기사 필기시험은 최근 CBT(Computer Based Test) 방식으로 전환되면서, 수험생들에게는 기출문제를 토대로 한 실전 연습이 더욱 중요해졌습니다. 본 교재는 2006년 이후 기출문제를 면밀히 분석하고, 최신 출제경향을 반영하여 10회분의 모의고사로 재구성하였습니다.

본 모의고사는 단순히 기출문제를 나열한 것이 아니라, 실제 시험과 동일한 형식과 난이도로 편집하여 수험생 여러분이 시험장과 같은 환경에서 훈련할 수 있도록 하였습니다. 또한 각 문제에는 정답과 해설을 함께 수록하여, 학습 과정에서 스스로 부족한 부분을 확인하고 보완할 수 있도록 하였습니다.

이 교재를 활용할 때 다음과 같은 점을 당부드립니다.

설비보전기사를 구성하는 여러 과목의 이론을 충분히 학습하여 전체적인 흐름을 파악해 주시기 바랍니다.

이론은 모두 암기하기보다 핵심 내용을 중심으로 정리하는 것이 효과적이며, 이는 실기 필답형 시험 대비에도 큰 도움이 됩니다.

본 모의고사 문제집의 정답을 단순히 암기하기보다, 왜 그 답이 정답인지 판단할 수 있는 이해력을 기르는 것이 중요합니다. 반복 학습을 통해 문제 유형에 익숙해지는 것도 좋지만, 문제의 형태가 변했을 때 스스로 해결할 수 있는 능력이 더욱 필요합니다.

설비보전기사 시험은 단순한 암기 위주의 시험이 아니라, 설비보전 전반에 대한 이해와 문제 해결 능력을 평가하는 시험입니다. 본 교재를 통해 기출 유형을 충분히 체득하고, 모의고사를 반복 학습하여 시험 당일에는 실전 감각과 자신감을 갖출 수 있기를 바랍니다.

이 책이 수험생 여러분의 합격의 동반자가 되기를 기원합니다.

2025년 11월

편저자 김영기

설비
보전
기사

**필기**
기출+실전
**모의고사**

●●● CONTENTS

설비보전기사 필기 시험대비

# 설비보전기사 모의고사

총 10 회

제 **1** 회

# 설비보전기사 모의고사

> 과목 **1** 공유압 및 자동제어

**01** 다음 중 공압 또는 유압 시스템의 구성 요소 및 원리 설명으로 부적절한 것은 어느 것인가?

① 방향 제어 밸브는 가압된 유체의 흐름 방향을 바꾸는 데 사용된다.
② 유량 제어 밸브는 유체의 속도를 조절하는 기능을 한다.
③ 하나의 펌프로 여러 유압 장치를 동시에 구동할 수는 없다.
④ 액추에이터는 유체 에너지를 기계적 운동 에너지로 변환하는 장치이다.

> **해설**
>
> 유압 시스템에서는 하나의 펌프가 여러 유압 액추에이터나 장치에 유압 에너지를 공급하는 것이 일반적이다. 다만, 공압이 압축기 1대로 여러 장치를 간단히 구동할 수 있는 것과 달리, 유압은 각 장치의 부하와 조건이 달라지면 유량과 압력 제어가 복잡해진다. 따라서 별도의 제어 밸브(분배밸브, 유량밸브 등)를 사용하지 않으면 여러 장치를 동시에 원활하게 구동하기 어렵다.

**02** 다음 중 유압 제어 밸브의 일반적인 사용 목적과 가장 거리가 먼 것은?

① 유압 액추에이터의 속도를 조절하기 위해
② 작동기의 작동 방향을 바꾸기 위해
③ 시스템 내 압력을 일정하게 유지하기 위해
④ 에너지를 저장하여 장시간 축적하기 위해

> **해설**
>
> 유압 제어 밸브는 유압 시스템에서 압력, 속도(유량), 방향을 제어하기 위해 사용한다.
> 제어밸브로는 압력, 유량, 방향전환 밸브가 있다. 에너지 축적은 축압기에서 가능하다.

**03** 다음 중 외란(disturbance)의 영향을 실시간으로 감지하고, 이를 보정하기 위한 피드백을 통해 자동으로 조작을 수행하는 제어 방식은 무엇인가?

① 개회로 제어(Open-loop Control)   ② 폐회로 제어(Closed-loop Control)
③ 프로그램 제어(Programmed Control)   ④ 순차 제어(Sequential Control)

**해설**

폐회로 제어는 출력 결과를 측정하여 입력에 되돌리는 피드백 제어를 사용한다. 이 방식은 외란(온도변화, 부하 변동 등)에 의해 출력이 변화했을 때, 이를 감지하고 자동으로 보정 조작을 수행하여 원하는 출력 상태를 유지하게 한다.
– **동기 제어** : 모든 프로세스가 정해진 타이밍(Clock Signal)에 맞춰 진행되는 제어
– **비동기 제어** : 각 프로세스가 독립적으로 작동하며, 입력 신호에 따라 동작이 결정되는 제어
– **시퀀스 제어** : 미리 정해진 순서(Sequence)에 따라 동작하는 제어 방식으로, 입력 신호나 특정 조건이 충족되면 정해진 절차대로 자동으로 동작하는 방식
– **폐회로 제어** : 시스템의 출력값을 실시간으로 피드백(Feedback) 받아, 원하는 목표값과 비교하여 자동으로 보정하는 제어 방식

**04** 회전 기계의 각도 정보를 전기 신호로 변환하여 전달하기 위해, 전자 유도 원리를 이용하고 발신기와 수신기로 구성되어 회전체의 각 변위를 검출하는 방식으로 적절한 것은?

① 앱솔루트 로터리 인코더(Absolute Rotary Encoder)
② 리졸버(Resolver)
③ 포텐쇼미터(Potentiometer)
④ 싱크로(Synchro)

**해설**

싱크로(Synchro)는 발신기와 수신기로 구성되어 있으며, 전자기 유도 원리를 기반으로 회전축의 각도 정보를 전기적 신호로 변환하고, 이를 수신기로 전달하여 회전 위치를 동기화하는 장치이다.
싱크로 시스템은 항공기, 군사용 장비, 공장 자동화 장치 등에서 정확한 회전 위치 전달이 필요할 때 사용된다.

| 구 분 | 설 명 |
|---|---|
| 싱크로(Synchro) | 전기적 신호를 이용하여 각도를 측정하는 회전 변환 센서, 고온·고속 환경에서 사용 |
| 리졸버(Resolver) | 회전자의 위치를 전기 신호로 변환하여 출력하는 아날로그 센서 |
| 포텐쇼미터 (Potentiometer) | 저항 변화를 이용해 위치를 감지하는 센서, 가격이 저렴하고 간단한 구조 |
| 앱솔루트 인코더 (Absolute Encoder) | 절대 위치값을 디지털 신호로 출력하는 고정밀 센서, 정전 후에도 위치 정보 유지 가능 |

05 다음 설명에 해당하는 펌프는 무엇인가?

> "그림과 같이 세 개의 회전자가 서로 맞물리며 연속적으로 회전하면서 작동하고, 1회전당 토출량은 크지만, 토출량의 맥동이 비교적 큰 구조적 특징을 가진 용적식 펌프이다."

① 트로코이드 펌프
② 내접 기어 펌프
③ 스크류 펌프
④ 로브 펌프

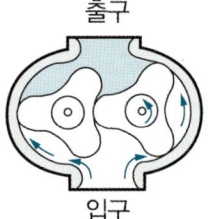

출구

입구

**해설**

| 구분 | 로브 펌프(Lobe Pump) | 트로코이드 펌프(Trochoid Pump) |
|------|------|------|
| 정의 | 2개 이상의 로브(날개)를 이용하여 유체를 이송하는 용적식 펌프 | 내·외측 기어 형상(트로코이드 곡선)을 이용하여 유체를 이송하는 기어펌프의 일종 |
| 작동 방식 | 로브가 회전하면서 체적 변화를 만들어 유체를 밀어내는 방식 | 트로코이드 곡선 형태의 기어가 맞물려 회전하며 유체를 이송 |
| 특징 | – 펌핑 중 유체 압력 변동이 적음<br>– 고점도 유체 및 점착성이 높은 유체 이송 가능<br>– 유체의 손상이 적고, 위생적인 작업 가능 | – 콤팩트한 설계로 엔진 윤활 시스템 및 저압 유압 시스템에서 사용<br>– 연속적인 유체 이송 가능<br>– 내마모성이 높음 |

06 보기는 방향 제어 밸브의 조작 명칭과 기호를 연결한 것이다. 연결이 잘못된 것은?

| ① 페달 방식 | |
|------|------|
| ② 플런저 방식 | |
| ③ 전자방식 | |
| ④ 누름 버튼 방식 | |

**해설**

| 공기압 조작방식 | |
|------|------|
| 전자방식 | |

**07** 센서를 선정할 때 반드시 고려해야 할 사항으로 적절하지 않은 것은?

① 감지 대상의 재질, 표면상태 및 환경조건
② 신호 출력 방식(아날로그, 디지털)과 시스템 호환성
③ 감지 거리 및 허용 오차 범위
④ 제조사 로고 디자인과 센서 외형 색상

**해설**

• 센서를 선정할 때는 기능적 · 기술적 요소가 가장 중요하고, 고려 사항은 다음과 같다.
  ① 감지 대상의 특성 (재질, 색상, 표면상태, 크기)
  ② 환경조건 (온도, 습도, 먼지, 진동, 전자파 간섭 등)
  ③ 감지 거리 및 허용 오차
  ④ 반응 속도
  ⑤ 출력 방식 및 제어 시스템과의 호환성
  ⑥ 정확성 및 신뢰성
  ⑦ 내구성 및 유지보수성
  ※ 센서에 요구되는 특성 : 측정 대상 및 환경, 정확도 및 분해능, 응답 속도 및 감도, 출력 신호 및 인터페이스, 내구성
    및 유지보수, 비용 및 경제성 등

**08** 다음 중 극히 미소한 전류만으로도 큰 편위를 발생시킬 수 있어, 고감도 전압계로 주로 사용되는 계기는?

① 전류력계형 계기                    ② 가동코일형 계기
③ 가동철편형 계기                    ④ 유도형 계기

**해설**

극히 미소한 전류에 의해 최대 눈금 편위를 일으킬 수 있어 전압계로 사용되는 계기는 민감도가 높은 계기 즉, 동작 전
류가 작은 계기이다. 이러한 민감도 높은 계기는 가동코일형 계기이다.
① **유도형(Induction Type)**
  − 교류(AC) 회로에서 사용되며, 유도 전류를 이용하여 전력, 전압, 전류 등을 측정하는 계기
  − 에디 전류(유도 전류)를 이용하여 토크를 발생시켜 바늘을 움직이는 방식
  − 주로 전력계(Wattmeter), 전력량계(Wh Meter) 등에 사용됨
② **전류력계형(Electrodynamometer Type)**
  − 고정 코일과 가동 코일을 이용하여 직류(DC)와 교류(AC) 모두 측정할 수 있는 계기
  − 정확도가 높고, 비교적 넓은 주파수 범위에서 동작 가능
  − 고정밀 전력계(Wattmeter), 교류 및 직류 측정 등에 활용됨
③ **가동 코일형(Moving Coil Type)**
  − 직류(DC) 측정 전용으로, 코일이 자기장 내에서 회전하면서 전류를 측정하는 방식
  − 높은 감도와 정확도를 가지며, 대부분의 직류 전압계, 직류 전류계에 사용됨

④ 가동 철편형(Moving Iron Type)
- 교류(AC) 및 직류(DC) 측정 가능하며, 가동하는 철편(철 조각)이 자기장 내에서 움직이며 측정
- 구조가 단순하고 튼튼하여 내구성이 뛰어나지만, 정확도는 다소 낮음
- 교류 전압계, 교류 전류계 등 범용 측정 장비에서 사용됨

**09** 다음 중 공압 논리 밸브의 기능 설명으로 틀린 것은?

① 셔틀 밸브(OR 밸브)는 두 개의 입력 중 어느 한쪽만 있어도 출력이 가능하며, 두 입력이 동시에 들어올 경우 더 높은 압력이 출력된다.
② 시퀀스 밸브는 설정된 압력 이상이 되었을 때만 출력 신호를 내보내며, 압력 제어 회로에 사용된다.
③ 셔틀 밸브는 두 입력이 동시에 들어오면 낮은 압력이 출력되며, 높은 압력은 자동 차단된다.
④ AND 밸브(2압 밸브)는 두 개의 공압 신호가 모두 입력되어야만 출력이 발생하며, 양손 버튼 방식 안전제어에 주로 사용된다.

 **해설**

※ **셔틀 밸브의 작동 원리**
- 두 개의 유입 포트(Inlet)와 하나의 출력 포트(Outlet)로 구성되어 있다.
- 더 높은 압력을 가진 유체 공급원이 자동으로 선택되며, 반대쪽 유입 포트는 차단한다.
- 내부에 이동 가능한 볼(Ball) 또는 슬라이드(Spool) 구조가 있어, 높은 압력이 있는 방향으로 밀려가면서 반대쪽 유로를 차단한다.

**10** 다음 밸브의 제어 라인에 부여하는 숫자로 보기에서 맞는 것은?

① 13  ② 10
③ 2  ④ 1

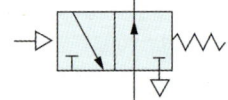

 **해설**

[밸브의 기호 표시법]

|  | ISO-1218(유압) | ISO-5599/11(공기압) |
|---|---|---|
| 작업 포트 | A, B, C, ⋯ | 2, 4, 6, ⋯ |
| 압축공기 공급 포트 | P | 1 |
| 배기 포트 | R, S, T, ⋯ | 3, 5, 7, ⋯ |
| 제어 포트 | Z, Y, X, ⋯ | 10, 12, 14, ⋯ |

**11** 다음 중 서보모터 시스템에서 위치 정확도와 속도 응답성을 동시에 향상시키기 위해 PID 제어기 설계 시 반드시 고려해야 할 요소로 옳지 않은 것은?

① 제어기의 이득 조정 시 위치편차에 대한 비례(P) 항의 영향을 최적화
② 변화율에 반응하는 미분(D) 항은 과도응답 시 진동 억제에 기여
③ 오차 누적을 줄이기 위해 적분(I) 항의 과도한 설정을 권장
④ 시스템의 동특성(관성, 댐핑, 정적 마찰 등)에 따른 모델링 정확성을 높여야 함

해설

- PID 제어기
  (1) Proportional(P) : 위치 오차를 빠르게 줄여주나 과하게 설정 시 진동이나 과도 응답 초래
  (2) Integral(I) : 오차 누적을 줄이지만, 과도 설정 시 overshoot와 진동 위험 증가
  (3) Derivative(D) : 변화율에 반응하여 과도응답 시 진동 억제
- I 항을 과다 설계했을 때, 적분 과도수렴(integral windup) 발생으로 응답 지연 및 진동을 초래하게 된다. 이로 인해 정밀도와 안정성 저하로 이어질 수 있다.
- 시스템 동특성(관성, 댐핑, 마찰 등)에 대한 정확한 모델링은 PID 튜닝의 핵심 전제요소이고 서보 시스템의 빠르고 정밀한 응답 구현에 필수적이다.

**12** 다음 중 일반적인 회전수 측정 방법의 원리와 맞지 않는 것은?

① 광학식 비접촉 측정법은 반사 테이프나 마크를 이용해 회전당 펄스를 검출하고 이를 주파수로 변환하여 회전수를 구한다.
② 전자기 유도식 센서는 자속밀도 변화로 펄스를 검출하며, 기어 톱니나 마그네틱 마크의 통과를 이용해 회전수를 측정할 수 있다.
③ 회전 주기를 측정하고 그 역수를 취하면 회전수를 구할 수 있으며, 이는 기계식 타코미터의 기본 원리이다.
④ 초음파를 이용한 측정법은 일반적으로 유체의 유속 측정에는 사용되지만, 직접적인 회전수 측정에는 거의 사용되지 않는다.

해설

[회전수 측정 방법]

| 측정 방법 | 설 명 |
|---|---|
| 타코미터(Tachometer) | • 접촉식 또는 비접촉식 방식으로 회전수를 측정하는 기기<br>• 회전 주기를 측정하고 역수를 취하는 방식은 전자식 타코미터나 마이컴 기반 주파수 측정의 기본 원리 |
| 광학식 센서(Optical Sensor) | 회전체에 반사 테이프를 부착하고, 반사된 빛의 주기를 측정하여 회전수를 계산 |
| 자기식 센서(Magnetic Pickup Sensor) | 기어나 금속 표면의 자기적 변화를 감지하여 회전수를 측정 |
| 스트로보스코프(Stroboscope) | 일정한 주파수의 섬광을 조사하여 회전체가 정지된 것 처럼 보이는 순간의 주파수를 측정 |
| 엔코더(Rotary Encoder) | 회전체에 부착된 디스크의 펄스 신호를 감지하여 회전수를 계산 |
| 전류 및 전압 분석법 | 모터의 전류 또는 전압 변화를 측정하여 회전수를 추정 |

**13** 다음 중 일반적으로 산업용 공기 압축기 분류에 포함되지 않는 것은?

① 왕복 피스톤형 압축기
② 트로코이드형 압축기
③ 터보형 압축기
④ 스크루형 압축기

해설

- **트로코이드형** : 오일펌프 · 유체 이송용으로, 일반 공기 압축기 분류에는 포함되지 않는다.
① **터보형 압축기(Turbo Compressor)**
  – 고속 회전하는 터보 팬 또는 원심력을 이용하여 공기를 압축하는 방식
  – 대량의 공기를 지속적으로 압축할 수 있으며, 고압 및 대유량 시스템에 적합
  – 발전소, 대형 공장, 항공기 엔진 등에 사용
② **스크루형 압축기(Screw Compressor)**
  – 두 개의 나선형(스크루) 로터가 맞물려 회전하면서 공기를 압축하는 방식
  – 부드럽고 연속적인 압축이 가능하며, 중 · 대형 산업용 공압 시스템에서 주로 사용
  – 공장 자동화, 냉동 · 냉장 시스템, 중공업 분야 등에 사용
③ **왕복 피스톤 압축기(Reciprocating Piston Compressor)**
  – 실린더 내부에서 피스톤이 왕복 운동을 하면서 공기를 압축하는 방식
  – 고압을 만들 수 있지만 구조가 복잡하고 소음 및 진동이 크며 유지보수가 필요
  – 자동차 에어컨, 공압 장비, 중소형 산업용 압축기 등에 사용

**14** 다음 그림과 같은 공압용 회로의 명칭으로 적당한 것은?

① 미터 인 속도 제어 회로
② 블리드 오프(bleed-off) 회로
③ 급속 배기 밸브 제어 회로
④ 미터 아웃 속도 제어 회로

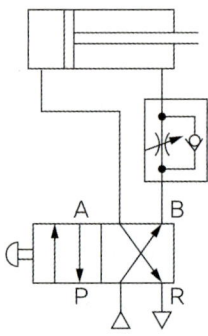

해설

① **미터 아웃 속도 제어 회로(Meter-Out Circuit)**
  – 실린더 또는 모터에서 배출되는 유체의 유량을 조절하여 속도를 제어하는 방식
  – 부하에 관계없이 속도를 일정하게 유지할 수 있음

② 급속 배기 밸브 제어 회로(Quick Exhaust Valve Circuit)
 – 실린더의 배기구에 급속 배기 밸브를 설치하여 공기를 빠르게 배출하는 방식
 – 실린더의 복귀 속도를 증가시켜 동작 시간을 단축함
③ 미터 인 속도 제어 회로(Meter-In Circuit)
 – 실린더 또는 모터로 유입되는 유체의 유량을 조절하여 속도를 제어하는 방식
 – 외부 힘(부하)에 의해 실린더가 밀려 움직이는 경우 적절한 제어가 어려움
④ 블리드 오프(Bleed-off) 회로
 – 일부 유압을 메인 유로에서 바이패스로 흘려내어 속도를 제어하는 방식
 – 펌프의 출력이 일정할 때, 불필요한 유량을 줄여 속도를 조절함

## 15 다음 중 3상 유도전동기의 과열 원인으로 보기 어려운 것은?

① 과부하 운전
② 코일의 단락(부분 단락 포함)
③ 공진 현상
④ 단상 운전

**해설**

| 과열 원인 | 설명 |
|---|---|
| 과부하<br>(Overload) | • 모터의 정격 용량을 초과하여 부하가 걸릴 경우 전류가 증가하여 발열 발생<br>• 부하가 과도하게 크거나, 기계적 부하가 증가할 때 발생 |
| 전압 불균형<br>(Voltage Imbalance) | • 3상 전압이 균형을 이루지 못하면 각 상의 전류가 달라져 과열이 발생<br>• 전력 공급 문제, 케이블 손상, 접속 불량 등이 원인 |
| 결상<br>(Phase Loss, 단상 운전) | • 3상 중 하나의 상이 단선되면 나머지 상의 전류가 급격히 증가하여 모터가 과열됨<br>• 퓨즈 단선, 차단기 고장, 케이블 손상 등이 원인 |
| 정지·재시동 반복<br>(Frequent Start/Stop) | • 모터를 자주 정지하고 다시 기동하면 시동 전류가 반복적으로 흐르면서 발열이 심화됨<br>• 특히 기동 시 전류가 정격 전류보다 5~7배 이상 흐를 수 있음 |
| 냉각 부족<br>(Inadequate Cooling) | • 모터 주변 온도가 높거나 환기구가 막히면 냉각 효과가 떨어져 과열됨<br>• 팬 손상, 냉각 덕트 막힘, 먼지 및 이물질 축적이 주요 원인 |
| 베어링 이상<br>(Bearing Failure) | • 베어링이 마모되거나 윤활이 부족하면 마찰 열이 발생하여 모터 온도가 상승<br>• 베어링 손상 시 진동이 증가하고, 심할 경우 모터 축이 정지될 수도 있음 |
| 전동기 내부 절연 열화 | • 장시간 운전으로 인해 절연이 열화되면 절연 저항이 감소하고 누설 전류로 인해 발열이 증가<br>• 절연 파괴가 진행되면 권선이 단락될 위험이 있음 |
| 고조파(전력 품질 문제) | • 전원에 포함된 고조파가 모터 권선에서 추가적인 열을 발생시킴<br>• 인버터 사용 시 필터를 적용하지 않으면 고조파로 인해 모터가 과열될 수 있음 |

※ 코일 단락(Short Circuit in Coil) : 전동기나 변압기의 코일 내부에서 절연이 파괴되어 도체 간에 직접적인 연결(단락)이 발생하는 현상이다.
※ 군 단락(Short Circuit in Winding Group) : 코일 단락이 확장된 개념으로, 전동기나 변압기에서 여러 개의 권선 그룹(Phase Winding) 중 일부가 단락되는 현상이다.

**16** 다음 열전대의 구성 재료와 접합선이 잘못 나열된 것은?

① 기호종류(R): +접합선: 백금−로듐 합금, −접합선: 백금
② 기호종류(T): +접합선: 니켈 합금, −접합선: 동
③ 기호종류(E): +접합선: 백금−크롬 합금, −접합선: 동−니켈 합금
④ 기호종류(K): +접합선: 백금−크롬 합금, −접합선: 니켈 합금

해설

⑴ **제베크 효과(Seebeck Effect)** : 서로 다른 두 금속의 양 끝을 접합하면 온도 차이로 인해 전위차(전압)가 발생하는 현상이다. 이때 저온 측에서 고온 측으로 열전류가 흐르면서 기전력이 발생한다.

⑵ **열전대(Thermocouple)란?**
　– 제베크 효과를 이용하여 온도를 측정하는 센서(온도 측정 소자)
　– 서로 다른 두 금속을 접합하여 만든 장치로, 온도에 따라 발생하는 기전력을 측정하여 온도를 판별한다.

⑶ **T형 열전대(T-type Thermocouple)** : +접합선(양극): 구리(Cu), −접합선(음극): 동−니켈 합금(Copper−Nickel, 콘스탄탄)
　– 특징: −200℃ ~ 350℃ 범위에서 정밀한 온도 측정 가능.
　　즉, 열전대는 금속 간 온도 차이를 이용하여 전압을 발생시키고, 이를 통해 온도를 측정하는 센서

| 열전대 형식 | (+) 접합선 | (−) 접합선 |
| --- | --- | --- |
| T형 | 구리(Cu) | 콘스탄탄(Cu-Ni 합금) |
| E형 | 크로멜(Ni-Cr) | 콘스탄탄(Cu-Ni 합금) |
| K형 | 크로멜(Ni-Cr) | 알루멜(Ni-Al-Si-Mn 합금) |
| R형/S형 | Pt-Rh 합금 | Pt |

　– Pt−Rh 합금(Pt−Rhodium alloy): Pt = Platinum(백금), Rh = Rhodium(로듐)

**17** 다음 중 나사형 로터의 맞물림 회전으로 연속 압축이 가능하며, 고속 운전 시에도 맥동이 거의 없고, 대용량 공기탱크가 필요하지 않은 산업용 압축기는?

① 피스톤 압축기
② 베인 압축기
③ 스크루(스큐류) 압축기
④ 2단 피스톤 압축기

해설

① **피스톤 압축기** – 왕복운동으로 압축하며 간헐적 토출 특성을 가짐
② **베인 압축기** – 로터에 베인이 삽입되어 회전 시 체적 변화를 이용한 압축
③ **스크루(스큐류) 압축기** – 암 · 수 로터가 맞물려 연속 압축, 고속 · 저소음 운전 가능
④ **2단 피스톤 압축기** – 왕복형을 2단계로 구성하여 고압용으로 사용

**18** 다음 유압 회로도를 구성하는 각 기기의 명칭이 올바르게 연결되지 않은 것은?

① ⓐ: 유압 펌프
② ⓑ: 스톱 밸브
③ ⓒ: 체크 밸브
④ ⓓ: 축압기

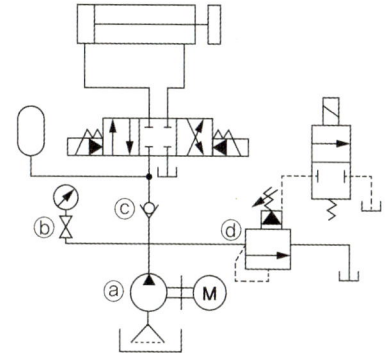

**해설**

ⓓ: 릴리프 밸브

**19** 제어요소의 종류 중 적분 요소의 전달 함수를 나타내는 것으로 다음 중 맞는 것은?

① $sK$

② $\dfrac{K}{s}$

③ $\dfrac{K}{1+sT}$

④ $K$

**해설**

| 요소의 종류 | 입력과 출력의 관계 | 전달함수 | 비고 |
|---|---|---|---|
| 비례요소 | $y(t)=Kx(t)$ | $G(s)=\dfrac{Y(s)}{X(s)}=K$ | $K$ : 이득정수 |
| 적분요소 | $y(t)=K\displaystyle\int x(t)dt$ | $G(s)=\dfrac{Y(s)}{X(s)}=\dfrac{K}{s}$ | |
| 미분요소 | $y(t)=K\dfrac{d}{dt}x(t)$ | $G(s)=\dfrac{Y(s)}{X(s)}=Ks$ | |
| 1차 지연요소 | $b_1\dfrac{d}{dt}y(t)+b_0y(t)=a_0x(t)$ | $G(s)=\dfrac{Y(s)}{X(s)}=\dfrac{a_0}{b_1s+b_0}$ $=\dfrac{\dfrac{a_0}{b_0}}{\dfrac{b_1}{b_0}s+1}=\dfrac{K}{Ts+1}$ | $K=\dfrac{a_o}{b_o}$ $T=\dfrac{b_1}{b_0}$ ($T$ : 시정수) |

**20** 다음 중 기계 축의 회전각도나 위치 변화를 전기적 신호로 변환하는 데 가장 적합한 센서는?

① 퍼텐쇼미터(potentionmeter)  ② 타코미터(tachometer)

③ 서미스터(themister)  ④ 로드 셀(load cell)

**해설**

① **로드 셀(Load Cell)**
  - 하중(무게)이나 힘(force)을 측정하는 센서
  - 압력, 인장력, 하중 등의 변화를 전기 신호로 변환하여 측정
  - 전자저울, 산업용 무게 측정 장비, 자동차 하중 측정 등에 사용
② **서미스터(Thermistor)**
  - 온도 변화에 따라 저항이 변하는 반도체 센서
  - 일반적으로 NTC(저온에서 저항 증가)와 PTC(고온에서 저항 증가) 타입이 있음
  - 전자기기 온도 제어, 냉장고, 의료기기 등에 사용
③ **타코미터(Tachometer)**
  - 회전하는 기계(모터, 엔진 등)의 회전수(RPM)를 측정하는 장치
  - 접촉식과 비접촉식 방식이 있으며, 속도 측정이 가능
  - 자동차, 산업용 모터, 공작기계의 속도 모니터링에 사용
④ **퍼텐쇼미터(Potentiometer)**
  - 저항 변화를 이용하여 위치, 각도, 전압 등을 측정하는 센서
  - 회전형(로터리 타입)과 선형(슬라이드 타입) 퍼텐쇼미터가 있음
  - 오디오 볼륨 조절, 로봇 팔 위치 제어, 전자 회로 실험 등에 사용

---

**과목 2 용접 및 안전관리**

**21** 다음 중 모재 표면 위에 미세 입상 형태의 플럭스(용제)를 미리 살포하고, 이 용제층 속으로 연속적으로 용접봉(전극 와이어)을 공급하여 고전류 · 고능률 용접이 가능한 방법은?

① 불활성 가스 아크 용접(GTAW/GMAW)
② 플러그 용접(Plug welding)
③ 서브머지드 아크 용접(Submerged Arc Welding, SAW)
④ 탄산가스 아크 용접($CO_2$ welding)

**해설**

① 서브머지드 용접(Submerged Arc Welding, SAW)
  - 용융된 용접부 위에 플럭스를 덮어 보호하면서 용접하는 방식
  - 대형 구조물, 선박, 강재 제작 등에 사용
  - 장점: 자동화 가능, 용접 속도 빠름, 고품질 용접
② 불활성 가스 용접(Inert Gas Welding, TIG/MIG)
  - 헬륨, 아르곤 등의 불활성 가스를 사용하여 용접부를 산화로부터 보호
  - TIG(텅스텐 아크 용접), MIG(금속 아크 용접) 방식이 있음
  - 장점: 고품질 용접 가능, 산화 방지
③ 탄산가스 아크 용접($CO_2$ Arc Welding)
  - 이산화탄소($CO_2$)를 보호 가스로 사용하는 아크 용접 방식
  - 철강 구조물, 자동차 산업 등에서 널리 사용됨
  - 장점: 경제적이고 강한 용접 가능, 다량의 스패터 발생 가능
④ 플러그 용접(Plug Welding)
  - 두 금속판을 겹쳐서 한쪽 판에 구멍을 뚫고 용접하여 접합하는 방식
  - 스폿 용접 대체 용도로 사용 가능
  - 장점: 강한 접합력, 판금 가공 및 자동차 수리 등에 사용

**22** 다음 중 $CO_2$ 아크 용접의 특징과 장점에 대한 설명으로 옳지 않은 것은?

① 스프레이 이행을 사용하면 전류밀도가 높아 깊은 용입이 가능하고, 용접 속도 또한 빠르다.
② 단락(short-circuit) 이행 방식을 활용하면 박판 용접과 전자세(모든 자세) 용접이 가능하다.
③ $CO_2$는 산화성 가스로, 용착 금속의 수소량이 적어 내균열성과 기계적 성질이 우수하다.
④ 철계 재료뿐 아니라 알루미늄과 같은 비철금속에도 동일한 효율로 적용할 수 있다.

---

해설

(1) **경제성 우수**
- CO₂ 가스는 아르곤 등 불활성 가스보다 저렴하여 용접 비용이 낮음
- 와이어 소모량이 적고, 높은 용접 속도로 생산성이 향상됨

(2) **강한 용입 및 강도**
- 깊은 용입(Penetration)이 가능하여 두꺼운 강재에도 강한 용접이 가능
- 용접 후 강도가 높아 산업용 철강 구조물에 적합

(3) **자동화 및 연속 용접 가능**
- 자동 용접 시스템과 연계하여 생산성이 뛰어남
- 연속 용접이 가능하여 대량 생산 공정에서 활용됨

(4) **용접 속도 빠름**
- 아크 안정성이 높고 용융 속도가 빠르며 생산성이 향상됨
- 대형 구조물 및 판금 용접 시 시간 절약 가능

(5) **다양한 재료 용접 가능**
- 철강, 구조용 강재, 자동차 부품 등 다양한 소재 용접 가능
- 두꺼운 판재뿐만 아니라 얇은 판재 용접에도 적용 가능
- CO₂ 용접은 비철금속에 동일 효율로 적용 불가

---

**23** 산업안전보건법상 아크 용접 작업 시 사용하는 안전설비 및 보호구의 목적과 관련된 설명으로 옳은 것은?

① 안전 홀더(절연 홀더)는 용접 시 발생하는 자외선과 적외선을 차단하기 위한 보호구이다.
② 안전 홀더는 용접봉을 잡는 손의 미끄럼 방지 및 고무장갑의 대체용으로 사용된다.
③ 안전 홀더는 절연 성능을 확보하여 용접 전류가 작업자에게 흐르는 것을 방지, 감전(전격) 사고를 예방한다.
④ 안전 홀더는 유해가스 및 금속 흄(fume) 발생을 억제하거나 흡입을 방지하는 장치이다.

해설

**※ 피복 아크 용접 시 안전 홀더를 사용하는 이유**

(1) **감전 방지**
- 용접봉 교체 시 전극과 직접 접촉하는 것을 방지하여 감전 위험을 줄임

(2) **전극 고정 및 안정적인 아크 유지**
- 용접봉을 단단히 고정하여 정확한 용접 작업 가능
- 불필요한 흔들림 없이 아크 안정성 유지

(3) **작업자의 안전 보호**
- 용접 중 과열된 전극을 직접 손으로 만지는 것을 방지
- 절연 처리가 되어 있어 전류 누설을 차단하여 안전성 향상

(4) **용접 효율 향상**
- 신속한 용접봉 교체 가능하여 작업 효율 증가
- 일정한 전극 길이 유지로 균일한 용접 품질 확보

**24** 산업안전보건법상 안전교육의 3단계에 관한 설명으로 옳지 않은 것은?

① 지식교육은 작업자가 수행할 작업과 관련된 위험요인 및 안전수칙을 이해시키는 단계이다.
② 기능교육은 실제 작업과 유사한 환경에서 안전 작업 방법을 반복 훈련하여 습득하게 하는 단계이다.
③ 반복교육은 정해진 기간마다 동일 내용을 반복하여 암기시키는 3단계 안전교육의 한 요소이다.
④ 태도교육은 안전의식을 고취하고 안전수칙을 자발적으로 준수하도록 행동 변화를 유도하는 단계이다.

**해설**

※ **안전 교육의 3단계**

⑴ **지식 교육(이론 교육)**
　－ 강의, 시청각 교육 등을 통해 안전 지식을 전달하고 이해시키는 단계
　－ 안전 수칙, 법규, 사고 사례 분석 등을 교육하여 기본적인 안전 개념을 습득

⑵ **기능 교육(실습 교육)**
　－ 시범, 실습, 현장 실습을 통해 직접 경험하고 기능을 체득하는 과정
　－ 보호 장비 사용법, 비상 대처법, 작업별 안전 절차 등을 실습하여 현장 적용 능력 향상

⑶ **태도 교육(습관 형성)**
　－ 생활지도 및 작업 동작 지도를 통해 안전을 생활화하고 습관화하는 단계
　－ 올바른 안전 태도를 형성하여 작업장에서 안전 행동을 자연스럽게 실천하도록 유도

**25** 아크 용접에서 발생하는 아크 쏠림(Arc Blow) 현상을 완화하거나 방지하는 방법으로 옳지 않은 것은?

① 아크 길이를 가능한 한 짧게 유지하여 자기장의 영향을 최소화한다.
② 접지 클램프는 용접부와 가까운 위치에 설치하여 자속 경로를 짧게 한다.
③ 직류(DC) 용접 대신 교류(AC) 용접으로 변경하여 자기장 축적을 방지한다.
④ 아크 길이를 길게 유지하여 모재와의 간격을 넓혀 쏠림을 방지한다.

**해설**

※ **아크 쏠림(Arc Blow) 현상**
　아크 쏠림(Arc Blow)은 용접 중 자기장 불균형으로 인해 아크가 한쪽으로 치우치는 현상으로, 용접 품질 저하 및 결함 발생의 원인이 된다.

※ **아크 쏠림 방지법**

⑴ **교류(A.C) 용접을 사용한다.**
　－ 교류 용접은 자기장의 영향을 적게 받기 때문에 아크 쏠림이 적다.
　－ 직류(DC) 용접보다 균일한 용접이 가능하다.

⑵ **접지점을 용접부에서 멀리 위치시킨다.**
　－ 접지점을 멀리할수록 자기장의 불균형이 줄어들어 아크 쏠림이 방지된다.
　－ 전류 흐름을 균등하게 유지하여 용접 품질을 향상시킨다.

⑶ **아크 길이를 짧게 유지한다.**
- 아크가 길어지면 전자기적 영향을 더 많이 받기 때문에 짧게 유지하는 것이 효과적이다.
- 아크가 짧으면 용융풀의 흐름이 안정적이고 균일한 비드 형성이 가능하다.

⑷ **용접봉 끝을 아크 쏠림 반대 방향으로 기울인다.**
- 아크 쏠림이 발생하는 방향 반대로 용접봉을 기울이면 쏠림을 보정할 수 있다.
- 특히 모서리 용접이나 박판 용접 시 효과적이다.

## 26 플럭스 코어드 아크 용접(FCAW)에 대한 설명으로 옳지 않은 것은?

① FCAW는 자체 플럭스에서 발생하는 슬래그와 가스 보호 효과가 있어, 풍속 8~10m/s까지는 바람의 영향을 상대적으로 덜 받으나, 15m/s 이상에서는 추가적인 방풍 대책이 필요하며 야외 현장 용접에 적합하다.

② FCAW는 플럭스 코어 와이어만 준비하면 되고 별도의 가스 실린더가 필요 없으므로 용접 준비가 간단하지만, 슬래그 제거 공정이 필수이기 때문에 후처리 공정이 GMAW보다 증가할 수 있다.

③ 피복 아크 용접(SMAW)에 비해 아크 타임율이 높고, 와이어 연속 공급으로 용착속도가 빠르며, 일반적으로 동일 조건에서 1.5~3배 수준의 작업 효율 향상을 기대할 수 있다.

④ 플럭스 코어 와이어의 구조상 용입이 깊고 내균열성이 양호하지만, 미세 직경 와이어($\varphi$1.2mm 이하)에서는 보호가스 혼합 방식(FCAW-G)과 달리 전자동 고품질 용접에는 한계가 있어 주로 반자동 용접에 적용된다.

**해설**

※ **플럭스 코어드 아크 용접(FCAW)의 특징**

⑴ **자체 보호 기능(플럭스 포함 와이어 사용)**
- 용접 와이어 내부에 플럭스(Flux)가 포함되어 있어 용접 중 보호 가스 역할 수행
- 보호 가스 없이도 용접 가능(셀프 실드 방식) 또는 추가 보호 가스 사용 가능(듀얼 실드 방식)

⑵ **높은 용입력 및 강한 용접부**
- 깊은 용입이 가능하며 두꺼운 강재의 용접에 적합
  (FCAW는 깊은 용입을 가지며, 두꺼운 강재 용접 및 고강도 구조물 용접에 적합)
- 고강도 용접이 가능하여 건설, 조선, 중장비 제작 등에 널리 사용됨

⑶ **높은 용접 속도 및 생산성 향상**
- 용융 금속 보호가 강하여 고속 용접이 가능함
- 수직, 수평, 위쪽 용접(Position Welding)에서도 효과적

⑷ **다양한 환경에서 용접 가능**
- 바람이 부는 야외 작업에서도 용접 품질 유지 가능(특히 셀프 실드 방식)
- 다양한 금속 및 합금에 적용 가능

⑸ **다량의 슬래그(슬래그 제거 필요)**
- 용접 후 슬래그(용융된 플럭스의 잔여물)가 남아 제거 작업 필요
- 추가적인 청소 작업이 필요할 수 있음

⑹ 스패터 발생 가능성
 - 아크가 강하게 형성되면서 스패터(Spatter)가 발생할 가능성이 있음
 - 용접 조건 최적화 및 적절한 와이어 선택으로 최소화 가능
※ FCAW는 플럭스를 반드시 사용하며, 일부 방식(FCAW-G)은 보호가스도 함께 사용한다.

27 다음 중 검사 대상체의 내부와 외부의 압력차 또는 진공 상태를 이용하여 미세 결함을 검출하는 비파괴검사 방법으로 옳은 것은?

① 누설탐상시험(LT)
② 와류탐상시험(ET)
③ 침투탐상시험(PT)
④ 초음파탐상시험(UT)

**해설**

① 누설 검사(Leak Testing, LT)
 - 기체 또는 액체가 새어 나오는지 확인하여 결함을 검사하는 방법
 - 헬륨, 공기, 진공 등을 이용하여 용접부, 탱크, 파이프 등의 미세한 균열이나 누출 검출
② 와류 탐상 검사(Eddy Current Testing, ET)
 - 전도성 금속에 교류를 흘려 발생하는 와전류(Eddy Current) 변화를 이용한 검사
 - 표면 및 근접 결함(균열, 두께 변화, 도금 결함) 검출에 효과적
③ 침투 탐상 검사(Liquid Penetrant Testing, PT)
 - 모세관 현상을 이용하여 균열, 기공 등 표면 결함을 검사
 - 형광 또는 염료 침투액을 도포 후 현상 처리하여 결함을 시각적으로 확인
④ 초음파 탐상 검사(Ultrasonic Testing, UT)
 - 고주파 초음파를 이용하여 내부 결함을 검사
 - 반사파 분석을 통해 용접부, 주조품, 단조품 등의 내부 균열 및 불연속 검출 가능

**28** 산업안전보건법상 화재 · 폭발 위험작업의 안전관리와 관련하여, 연소의 3요소에 해당하지 않는 것은?

① 산소(O₂)와 같이 연소를 지속시키는 지원체
② 질소(N₂)와 같이 연소반응에 직접 참여하지 않고 불활성 작용을 하는 기체
③ 점화원(발화원)으로 작용할 수 있는 열, 불꽃, 마찰, 전기스파크 등
④ 가연성 물질로서 화재하중을 형성하는 연료(고체, 액체, 기체)

> **해설**
>
> ※ **연소의 3요소(Three Elements of Combustion)**
> (1) **가연물(Combustible Material, 연료)**
>    – 연소가 가능한 물질로, 고체, 액체, 기체 연료가 포함됨
>    – **예** 목재, 석탄, 휘발유, 천연가스, 수소 등
> (2) **산소(Oxygen, 조연물)**
>    – 연료가 연소하려면 공기 중의 산소(O₂) 또는 산화제가 필요
>    – 일반적으로 공기 중 약 21%의 산소가 연소를 유지하는 데 사용됨
> (3) **점화원(Ignition Source, 점화 에너지)**
>    – 연소를 시작하기 위한 발화점 이상의 열에너지(불꽃, 마찰, 전기 스파크 등)
>    – **예** 성냥, 라이터, 전기 불꽃, 태양열 집중, 마찰열 등

**29** 산업안전보건법상 '안전보건관리책임자'를 선임하지 않아도 되는 사업장으로 옳은 것은?

① 상시근로자 100명 규모의 농업 · 임업 · 어업으로서 법령상 일부 규정이 적용 제외되는 사업
② 도급금액 20억 원 규모의 건설공사로서 산업안전보건관리비 계상대상에 해당되는 사업
③ 상시근로자 50명 규모의 1차 금속 제조업으로서 고위험 유해 · 위험작업이 포함된 사업
④ 상시근로자 150명 규모의 식품(육가공) 제조업으로서 일반 제조업에 해당하는 사업

> **해설**
>
> ※ **안전보건관리 책임자를 두어야 하는 사업장 기준**
> (1) **상시 근로자 50명 이상 사업장**
>    – 제조업, 건설업, 광업, 운수업 등 대부분의 산업에서 적용
>    – 근로자 50명 이상이면 반드시 안전보건관리 책임자 지정 필요
> (2) **중 · 소규모 사업장 중 유해 · 위험 작업 수행 사업장**
>    – 50명 미만이라도 고위험 작업(화학물질 취급, 중장비 사용 등)을 수행하는 경우 필요
>    – **예** 화학 공장, 도장업, 용접업, 유해물질 취급 사업장
> (3) **건설업의 경우 일정 규모 이상 공사**
>    – 건설공사 중 연면적 5,000㎡ 이상 또는 총 공사비 일정 금액 이상인 사업장
>    – 대형 건설현장은 안전보건관리 책임자 필수 지정
> (4) **중대재해처벌법 적용 대상 사업장**
>    – 중대재해 발생 가능성이 높은 사업장은 별도로 안전보건관리 체계 강화 필요

## 30 일반적인 전기저항용접(저항점용접)의 특징으로 옳은 것은?

① 대기 중에서 수행되므로 아크용접에 비해 산화 및 변짐이 심하며 후처리 공정이 많이 필요하다.
② 이종금속 간에도 접합성이 우수하여 탄소강과 알루미늄, 구리 등의 서로 다른 재질도 결합할 수 있다.
③ 단시간에 국부적으로 대전류를 흘려야 하며, 이를 위해 전극·변압기 등 설비가 크고 복잡해지기 쉽다.
④ 열손실이 크고 열이 넓게 퍼지기 때문에 용접부에 국부 집중열을 가하기 어렵고 변형이 크다.

**해설**

### ※ 전기저항 용접의 주요 특징

⑴ **용접 속도가 빠름**
 – 전류에 의해 순간적으로 강한 저항열이 발생하여 빠른 용접 가능
 – 대량 생산 공정에서 효율적인 용접 방식

⑵ **산화 및 변질이 적음**
 – 용접 중 산소와의 접촉이 적어 산화 및 변질이 최소화됨
 – 용접 품질이 균일하고, 후처리(연마, 세척 등) 작업이 줄어듦

⑶ **필러(용가재)와 보호 가스 불필요**
 – 전극을 직접 접촉하여 용접하는 방식으로, 용가재(필러)나 보호 가스가 필요 없음
 – 경제적이며 재료 절약 효과가 큼

⑷ **균일한 품질 유지 가능 (자동화 용이)**
 – 자동화 설비 적용이 쉬워 균일한 품질의 용접 가능
 – 자동차, 전자부품, 철강 구조물 등 정밀한 용접 품질이 요구되는 분야에서 활용됨

⑸ **다른 금속 간 접합이 어려움**
 – 저항값이 다르거나 물성이 큰 차이를 보이는 금속 간 용접이 어렵다.
 – 동일하거나 유사한 성질의 금속을 용접하는 데 적합

⑹ **박판(얇은 금속판) 용접에 적합**
 – 박판(Thin Plate) 용접에 강점이 있으며, 두꺼운 금속에는 적용의 어려움이 있다.
 – 특히 자동차 차체, 가전제품 등의 박판 접합에 활용

⑺ **대전류가 필요하며 설비가 복잡하고 비용이 높음**
 – 고전류(수천~수만 암페어)가 필요하여 전력 소비가 큼
 – 용접 장비가 크고 복잡하며, 초기 투자 비용이 높다.

⑻ **열손실이 적고, 용접부에 집중적인 열 가열 가능**
 – 저항열을 이용하여 열이 국부적으로 집중되므로, 불필요한 열손실이 적음
 – 재료 변형이 적고, 고품질 용접이 가능

**31** 서브머지드 아크 용접(Submerged Arc Welding)의 다른 명칭으로 사용되지 않는 것은?

① 잠호용접(Arco sumergido)
② 불가시 아크용접(Invisible Arc Welding)
③ 유니언멜트용접(Union Melt Welding)
④ 가시아크용접(Visible Arc Welding)

**해설**

서브머지드 아크 용접의 별칭 : 잠호 용접, 불가시 아크 용접, 유니언 멜트 용접(union melt welding), 링컨 용접 (Lingcoln welding) 등

**32** 작업장에 설치하는 조명설비의 조건으로 산업안전보건법상 적합하지 않은 것은?

① 광원이 흔들리거나 깜박임(플리커 현상)이 없어야 하며, 시각 피로와 주의력 저하를 방지할 수 있어야 한다.
② 작업의 성질·정밀도에 따라 색온도 및 연색성이 적절하고, 빛의 질이 작업에 적합해야 한다.
③ 작업장과 주변 배경의 휘도 차이가 클수록 작업 부위가 더 잘 보이므로 밝기의 대비를 크게 유지하는 것이 바람직하다.
④ 작업 대상물이나 바닥 등에 지나치게 짙은 그림자가 생기지 않도록 하여야 하며, 필요 시 보조광을 설치한다.

**해설**

※ **작업장 조명의 필수 조건**

⑴ **적절한 조도 유지**
  – 작업 유형에 맞는 최적의 조도를 확보해야 함
  – 정밀 작업: 500~1000Lux / 일반 작업: 300~500Lux / 이동 통로: 100~200Lux

⑵ **균일한 조명 배치**
  – 어두운 부분과 밝은 부분의 차이가 크지 않도록 균일하게 배치
  – 그림자 발생을 최소화하여 작업자의 시야 확보

⑶ **눈부심(글레어) 방지**
  – 직접적인 강한 빛(직광)과 반사광을 줄여 눈부심을 방지
  – 간접 조명 사용 및 디퓨저(확산기) 적용 필요

⑷ **적절한 색온도(광색) 선택**
  – 정밀 작업(전자기기, 검사실 등): 5000~6500K (주광색, 백색광)
  – 일반 작업장: 4000~5000K (주백색)

⑸ **조명의 flicker(깜빡임) 방지**
  – 깜빡이는 조명(플리커 현상)은 눈 피로, 두통, 집중력 저하를 유발
  – 고주파 LED 또는 안정기가 포함된 조명 사용

⑹ **에너지 효율 고려**
  – LED 조명 사용으로 전력 소비 절감
  – 작업 시간과 필요에 따라 자동 점등·소등 시스템 적용 가능

(7) 조명 유지 · 관리 용이성
- 정기적인 청소 및 점검을 통해 조명 밝기를 유지
- 교체가 쉬운 조명 구조 설계 필요

## 33 다음 중 교류(AC) 용접과 직류(DC) 용접의 비교에 대한 설명으로 옳지 않은 것은?

① 직류용접은 아크가 안정적이고 스패터 발생이 적으며, 극성 선택(정극 · 역극)에 따라 용입 깊이와 용착 속도를 조절할 수 있다.
② 교류용접은 자성체 용접 시 아크 블로우를 방지할 수 있고, 알루미늄 용접에서는 극성 반복으로 표면 산화막 제거(청정 효과)가 가능하다.
③ 직류용접은 변압기 구조가 간단하고 비용이 저렴하나, 교류용접은 정류기 · 제어장치가 필요하여 장비가 복잡하고 고가이다.
④ 교류용접은 아크가 매 반주기마다 소멸되기 때문에 아크 안정성이 상대적으로 떨어지고 스패터가 많이 발생한다.

**해설**

(1) **직류(DC) 용접 특징**
① 아크 안정성 우수, 스패터 적음
② 극성 전환(DCEN, DCEP)에 따라 용입 깊이 · 용착 속도 조절 가능
③ 단점으로는 아크 블로우 발생 가능, 장비(발전기 · 정류기)가 복잡하고 비용이 고가이다.
(2) **교류(AC) 용접 특징**
① 자기 쏠림(아크 블로우) 방지 → 자성재 용접 유리
② 알루미늄 용접 시 청정 효과
③ 장비(변압기) 구조 단순 · 비용 저렴
④ 단점으로는 아크 안정성이 낮고 스패터가 많이 발생한다.

## 34 다음 중 공기 이산화탄소($CO_2$) 농도(%)에 따른 인체 증상 설명으로 틀린 것은? (농도는 부피 백분율 기준이다.)

① 2.5% : 몇 시간 흡입해도 장애가 없으며 특별한 증상이 나타나지 않는다.
② 3.0% : 무의식적으로 호흡수가 증가하며 가벼운 두통이나 현기증이 발생할 수 있다.
③ 6.0% : 혼미 · 착란 등의 정신적 · 국소적 자각 증상이 나타나기 시작한다.
④ 8.0% : 호흡곤란과 의식 저하가 발생하며, 수 분 내 혼수상태에 빠질 수 있다.

> **해설**
>
> ① 2.5%(25,000ppm) : 산업안전보건기준 규칙 별표 제18조에 따르면, 밀폐공간 작업 시 이산화탄소 농도는 1.5% 미만이어야 적정 공기 상태로 간주된다. 일반적으로 2~3% 노출 시에도 호흡수 증가, 두통, 졸음 발생 등이 가능하다.
> ② 3.0%(30,000ppm) : $CO_2$ 농도 3% 수준에서 호흡 증가, 가벼운 두통·현기증이 나타나는 것이 일반적이다.
> ③ 6.0%(60,000ppm) : 6% 농도에서는 혼미·착란·호흡 곤란이 시작, 전신적 증상보다는 정신적 자각과 고통이 주로 발생한다.
> ④ 8.0%(80,000ppm, **치명적 농도**) : 8% 농도에서는 두통, 현기증, 혈압 상승이 나타나며, 9% 이상부터 호흡곤란, 10% 이상에서는 혼수(의식불명) 및 사망 위험이 증가한다.

**35** 피복 금속 아크 용접(SMAW)이 가스 용접(OAW)보다 우수한 장점으로 볼 수 없는 것은?

① 열 집중성이 좋아 고융점 재료나 두꺼운 재료의 용접에 유리하다.
② 아크열은 짧은 시간에 국부적으로 가해지므로 용접 변형이 상대적으로 적다.
③ 가스불꽃에 비해 유해 광선(자외선·적외선 등)의 발생이 적어 시력 보호가 용이하다.
④ 용착금속의 냉각 속도가 빠르고 강도가 크게 확보될 수 있다.

> **해설**
>
> ※ SMAW(Shielded Metal Arc Welding, 피복 금속 아크 용접) vs. 가스 용접법(Oxy-Fuel Welding) 비교
>
> (1) **용접 속도가 빠름**
>   - 아크 용접은 전기적 열원을 사용하여 빠른 용융 및 용접이 가능
>   - 가스 용접보다 고온의 열원을 사용하기 때문에 작업 속도가 빠름
> (2) **용입이 깊어 강한 접합부 형성 가능**
>   - 가스 용접보다 깊은 용입(Penetration)이 가능하여 고강도 용접이 가능
>   - 강한 접합력이 요구되는 구조물 용접에 적합
> (3) **다양한 금속 용접 가능**
>   - 가스 용접보다 다양한 금속(강철, 스테인리스, 주철 등)에 적용 가능
>   - 두꺼운 금속 용접에도 적합하며, 산업 현장에서 폭넓게 사용됨
> (4) **바람이 부는 야외 작업 가능**
>   - SMAW는 피복제가 있어 보호 가스 없이도 아크가 안정적으로 유지됨
>   - 가스 용접은 보호 가스를 필요로 하므로 바람이 불면 아크가 불안정해질 수 있음
> (5) **고온·고압 작업에서도 효과적**
>   - 가스 용접은 온도 제한이 있지만, 아크 용접은 높은 온도에서도 용접 가능
>   - 고온·고압이 필요한 용접 작업(배관, 철골 구조 등)에 적합
> (6) **유해광선**
>   - 가스용접 보다 피복 금속 아크 용접이 더 많이 발생함
>   - 피복 금속 아크 용접이 자외선, 적외선, 가시광선 등이 강하게 발생됨
> (7) **휴대성이 뛰어남**
>   - SMAW는 전원과 전극봉만 있으면 작업이 가능하여 이동성이 뛰어남
>   - 가스 용접은 산소·아세틸렌 가스통이 필요하여 이동이 불편하고 위험성이 높음

⑻ 용접 작업의 경제성
- SMAW는 가스 용접보다 연료 비용이 적게 들며, 유지보수가 용이함
- 용접봉만 있으면 작업이 가능하여 비용 절감 효과

## 36 다음 중 용접 이음(Joint)의 기본 형식으로 분류되지 않는 것은?

① 맞대기 이음(Butt Joint)
② 모서리 이음(Corner Joint)
③ 겹치기 이음(Lap Joint)
④ 플레어 이음(Flare Joint)

**해설**

※ 용접 이음의 기본 형식
⑴ 덮개판 이음(Strap Joint)
- 두 부재를 맞대고, 덮개판(플레이트)을 겹쳐 용접하는 방식
- 한쪽(한면) 또는 양쪽(양면)에 용접 가능
⑵ 겹치기 이음(Lap Joint)
- 두 부재를 서로 겹쳐서 용접하는 방식
⑶ 변두리 이음(Edge Joint) : 두 부재의 끝을 맞대어 용접하는 방식
⑷ 모서리 이음(Corner Joint) : 두 부재를 직각으로 맞대어 용접하는 방식
⑸ T 이음(Tee Joint) : 두 부재를 T자 형태로 배치하고 용접하는 방식
⑹ 맞대기 이음(Butt Joint)
- 두 부재를 동일 평면상에서 맞대고 용접하는 방식
- 한면(한쪽) 또는 양면(양쪽) 용접 가능

## 37 초음파 탐상법 중 투과법(Through Transmission Method)에 대한 설명으로 옳지 않은 것은?

① 결함의 위치와 깊이를 직접적으로 파악하기 어렵고, 단순히 음향 에너지의 손실만으로 결함 유무를 판단한다.
② 시간축 신호 분해능보다는 수신 신호의 세기 변화가 주된 판단 기준이다.
③ 검사 시 송신용과 수신용, 두 개의 탐촉자가 필요하다.
④ 수직 탐상뿐만 아니라 사각(각도) 탐상도 가능하며, 판재·용접부 검사에 응용된다.

해설

(1) **투과법의 원리**
  - 두 개의 탐촉자(송신기·수신기)를 사용하여 초음파를 재료를 통과시켜 검사하는 방법
  - 송신 탐촉자에서 발생한 초음파가 재료를 통과하여 수신 탐촉자에서 검출됨

(2) **투과법의 특징**
  ① 검출 방식: 재료를 초음파가 통과하면서 신호 강도를 분석하여 내부 결함을 확인
  ② 장점
    - 큰 결함이나 관통형 결함(균열, 이물질, 기공 등)에 효과적
    - 초음파 감쇠율을 분석하여 재료 균질성 평가 가능
    - 용접부 검사, 판재 검사, 복합재료 검사 등에 사용됨
  ③ 단점
    - 송·수신 탐촉자를 양쪽에 배치해야 하므로 접근이 어려운 구조물 검사에는 부적합
    - 작은 결함(미세균열, 박리 결함 등) 검출 능력이 반사법보다 낮음
  ④ 적용 분야
    - 판재, 파이프, 복합재료 검사, 용접부 내부 결함 검사
    - 고주파 초음파가 적용 가능한 재료의 품질 검사

(3) **시간 축 분해(Time Resolution)의 개념**
  - 시간 축 분해: 초음파 신호가 매우 짧은 시간 간격($\mu$s 또는 ns 단위) 동안 어떻게 변화하는지를 정밀하게 측정하는 것
  - 초음파가 재료 내부를 통과하는 동안, 아주 작은 시간 차이(Time Delay)를 구별할 수 있어야 결함의 위치와 크기를 정확히 분석할 수 있음
  - 즉, 시간 축 분해가 높을수록 미세한 결함까지 검출 가능

**38** 피복 아크 용접(SMAW)에서 전극 피복재(Flux Coating)의 주요 목적에 대한 설명으로 가장 적절한 것은?

① 용융금속의 냉각 속도를 빠르게 하여 미세조직을 고르게 만든다.
② 아크 발생을 억제하여 과도한 용입을 방지한다.
③ 용융풀을 보호·정화하고, 용접 금속의 기계적 성질을 개선한다.
④ 용접봉과 모재 사이의 접촉저항을 높여 열효율을 향상시킨다.

해설

- 피복은 슬래그 형성으로 냉각 속도를 늦춰 균열을 방지한다.
- 피복은 아크를 안정화시키는 역할을 한다.
- 피복은 전류 흐름의 매개가 아니며 아크 열원 안정이 목적이다.

**39** 어떤 교류 아크용접기의 무부하 전압이 70V, 아크 전압이 25V이고, 용접 전류는 250A이다. 이 때 내부손실이 3kW라면, 이 용접기의 역률(PF)과 효율(η) 조합으로 옳은 것은?

① 역률 52.9%, 효율 67.6%
② 역률 67.6%, 효율 47.7%
③ 역률 76.5%, 효율 32.5%
④ 역률 32.5%, 효율 76.5%

**해설**

- **입력전력** = 무부하전압 × 용접전류 = 70 × 250 = 17500W
- **아크출력** = 아크전압 × 용접전류 = 25 × 250 = 6250W
- **소비전력** = 아크출력 + 내부손실 = 6250 + 3000 = 9250W
- **역률** = $\dfrac{소비전력}{입력전력} = \dfrac{9250}{17500} \approx 0.529 \fallingdotseq 52.9\%$
- **효율** = $\dfrac{아크출력}{소비전력} = \dfrac{6250}{9250} \approx 0.676 \fallingdotseq 67.6\%$

**40** 다음 중 와류탐상검사(Eddy Current Testing)의 특징과 장점으로 보기 어려운 것은?

① 비접촉 방식으로 고속 검사가 가능하며, 자동화 시스템에 적용하기 유리하다.
② 도전성 재료라면 도금·도장 상태와 무관하게 표면 및 표면 근처 결함 검출이 가능하다.
③ 형상이 복잡한 부품이라도 탐촉자만 접촉시키면 손쉽게 검사가 가능하다.
④ 비자성체·비전도성 재료에도 동일한 원리로 적용되어 내부 결함을 검출할 수 있다.

**해설**

※ **와류 탐상 검사(ECT, Eddy Current Testing)**
　금속 및 전도성 재료에서 표면 및 근접 결함을 빠르고 정확하게 검사할 수 있는 방식
(1) **비접촉 검사 가능**
　① 센서를 시험체에 직접 접촉하지 않고도 검사 가능
　② 고온, 고압 환경에서도 비접촉 방식으로 활용 가능
(2) **빠른 검사 속도**
　① 검사 속도가 빠르며, 대량 생산 공정에서 실시간 검사 가능
　② 자동화가 용이하여 생산성 향상 가능
(3) **코팅 및 도장된 금속 검사 가능**
　① 금속 위에 코팅이나 페인트가 되어 있어도 검사할 수 있음
　② 비접촉 방식이므로 표면 보호 상태를 유지한 채 검사 가능
(4) **미세한 표면 결함 검출 가능**
　① 금속 표면 및 근접 영역의 균열, 기공, 박리 등의 미세 결함을 정밀하게 탐지 가능
　② 표면 및 표면 아래 약간의 깊이까지 검사 가능

(5) **다양한 재료에 적용 가능**
　① 전도성이 있는 모든 금속 재료(철강, 알루미늄, 구리, 티타늄 등) 검사 가능
　② 열처리 상태, 코팅 두께, 도금 상태 평가에도 활용 가능

(6) **방사선 또는 화학물질 불필요**
　① X-ray 검사와 달리 방사선을 사용하지 않아 안전성 우수
　② 화학물질을 사용하지 않아 친환경적인 검사 방법

(7) **자동화 및 원격 검사 용이**
　① 로봇 및 자동화 검사 장비와 결합하여 대량 검사 가능
　② 원격 센서 시스템을 이용하여 접근이 어려운 구조물 검사 가능

---

## 과목 ③ 기계 설비 일반

**41** 축(shaft)이 파손되었을 때, 설계 불량의 직접 원인으로 보기 어려운 것은?

① 재질 불량　　　　　　　　　② 치수·강도 부족
③ 끼워맞춤 불량　　　　　　　④ 형상·구조 불량

**해설**

**※ 축 고장 시 설계 불량의 주요 원인**

(1) **부적절한 재료 선택**
　– 축의 하중, 회전 속도, 충격 등에 맞지 않는 재료 사용
　– 인장 강도, 피로 강도, 내마모성이 부족한 재료 선택

(2) **과도한 응력 집중**
　– 축의 키홈, 스플라인, 베어링 장착부 등에서 응력 집중이 발생
　– 급격한 단면 변화(급격한 직경 감소 등)로 인해 응력이 집중됨

(3) **부족한 피로 강도 고려**
　– 축의 반복적인 하중 변화(피로 하중)를 고려하지 않은 설계
　– 적절한 열처리 또는 강화 처리가 부족하여 피로 파괴 발생

(4) **과도한 하중 또는 비정상적인 하중 설계**
　– 설계 하중보다 높은 부하가 지속적으로 가해짐
　– 회전 불균형, 진동, 편심 하중을 고려하지 않은 설계

(5) **부적절한 베어링 및 지지 구조 설계**
　– 베어링 하중 분포를 고려하지 않아 국부적인 응력이 증가
　– 축의 정렬 불량 또는 지지 길이 부족으로 변형 발생

⑥ **열팽창 및 온도 변화 고려 부족**
- 축이 고온 환경에서 사용될 경우 열팽창을 고려하지 않음
- 급격한 온도 변화로 인한 구조적 변형 및 균열 발생

⑦ **윤활 및 마찰 고려 부족**
- 축과 베어링의 마찰·윤활 조건을 제대로 반영하지 않음
- 윤활 부족으로 인한 마찰 증가 및 과열, 마모 발생

⑧ **동적 불안정성 고려 부족**
- 고속 회전 시 크리티컬 스피드(Critical Speed) 계산 오류
- 공진(Resonance) 현상을 고려하지 않아 진동에 취약함

※ 끼워맞춤 불량 - 조립 공정에서 발생한 허용공차 초과, 베어링과의 체결 불량 등 제작·가공상의 문제

---

**42** 다판 브레이크의 제동토크를 $T$ 라고 할 때 다음 설명 중 적합하지 않은 것은?

① 원판의 수량($Z$)에 비례한다.
② 접촉면의 마찰계수($\mu$)에 비례한다.
③ 원판 브레이크의 평균 반지름($R$)에 비례한다.
④ 축의 수직 방향으로 가해지는 힘($P$)에 비례한다.

 **해설**

$T = \mu PR = \mu q \pi DbZR$
$P$는 축 방향으로 가해지는 힘이고 제동토크에 비례한다.

---

**43** 공기의 유량과 압력을 이용한 장치 중 송풍기의 사용 압력으로 적당한 것은?

① 10kPa 이하
② 10~100kPa 미만
③ 100kPa 이상
④ 1000kPa 이상

**해설**

| 팬(Fan) | 10kPa 미만 | 0.1kgf/cm² 미만 |
|---|---|---|
| 송풍기(Blower) | 10kPa 이상 ~ 100kPa 미만 | 0.1~1kgf/cm² |
| 압축기(Compressor) | 100kPa 이상 | 1kgf/cm² 이상 |

**44** 교류 유도전동기가 기동되지 않을 때, 즉시 기동 불능의 직접 원인으로 보기 어려운 것은?

① 전원회로 단선으로 인한 전압 공급 불능
② 기계적 과부하나 베어링 고착 등으로 회전자 구속
③ 과전류·과부하 보호를 위한 서멀 릴레이(열동계전기) 트립 상태
④ 장기간 운전으로 인한 권선 절연물의 열화 및 절연저항 저하

**해설**

(1) **전기적 원인(Electrical Causes)**
  - 전원 이상: 전원 공급 차단 또는 단선, 전압 부족 또는 과전압
  - 퓨즈(차단기) 이상: 퓨즈 단선 또는 차단기 트립
  - 전동기 결선 오류: 전원선, 접지선 연결 불량, 상 결선 오류(3상 전동기의 경우)
  - 컨트롤 회로 이상: 기동 스위치, 릴레이, 접촉기 고장
  - 절연 저항 이상: 전동기 내부 권선 절연 손상으로 누전 발생
  - 회전자(로터) 또는 고정자(스테이터) 손상: 권선 소손, 단락, 오픈 회로 발생

(2) **기계적 원인(Mechanical Causes)**
  - 베어링 고착 또는 과도한 마모: 베어링 마모 또는 윤활 부족으로 회전 불가
  - 부하 과부하: 부하가 너무 크거나, 축이 고착됨
  - 벨트 또는 커플링 불량: 벨트 장력 문제, 커플링 파손
  - 회전 부품 간 간섭: 로터와 스테이터 간 접촉, 기계적 간섭

(3) **환경적 원인(Environmental Causes)**
  - 주변 온도 과다 상승: 과열로 인한 보호 장치 작동
  - 습기 및 오염: 습기, 먼지, 이물질로 인한 절연 불량 및 누전 발생
  - 진동 및 충격: 지속적인 진동으로 배선, 부품 탈락

**참고**
- 서멀 릴레이 작동: 서멀 릴레이(Thermal Relay)는 과부하 시 전동기를 보호하기 위해 작동하며, 작동 상태에서는 전동기가 기동되지 않는다.
- 코일 절연물의 열화: 코일 절연물 열화는 전동기의 절연 성능이 저하되는 원인이지만, 즉각적인 기동 불능과는 직접적인 관계가 없다.

**45** 다음 그림과 같이 주어진 기하 공차 도시법의 설명 중 올바르지 않은 것은?

① A는 데이텀을 지시한다.
② 진원도 공차값 0.01mm이다.
③ 지정 길이 50mm에 대하여 원통도 공차값 0.09mm이다.
④ 지정 길이 50mm에 대하여 평행도 공차값 0.09mm이다.

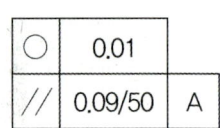

| ○ | 0.01 | |
|---|---|---|
| // | 0.09/50 | A |

- A는 데이텀이다.
- 전체 진원도 공차값 0.01mm이다.
- 지정길이 50mm에 대하여 평행도 공차값 0.09mm이다.
- 원통도 기호: $\cancel{\diagup}$

## 46 다음은 공작기계의 구비 조건으로 잘못된 항목은?

① 강성(rigidity)이 없어야 한다.
② 기계 효율이 좋고, 고장이 적어야 한다.
③ 가공된 제품의 정밀도가 높아야 한다.
④ 가공 능력이 좋아야 한다.

### ※ 공작기계의 주요 구비 조건

(1) 고정밀도 유지
- 가공 중 오차를 최소화할 수 있도록 높은 정밀도와 반복 정밀도를 가져야 함
- 온도 변화, 진동, 마모 등에 영향을 받지 않고 일정한 정밀도를 유지해야 함

(2) 충분한 강성(Stiffness)
- 절삭 시 공작기계 본체와 주요 부품이 변형되지 않도록 우수한 강성을 가져야 함
- 강성이 낮으면 진동 및 가공 정밀도 저하가 발생할 수 있음

(3) 우수한 내구성(Durability)
- 장기간 사용 시에도 성능 저하가 적어야 하며, 마모 및 피로에 강해야 함
- 부품 수명이 길고, 유지보수가 용이해야 함

(4) 강한 절삭력 및 이송능력
- 절삭 가공 시 재료의 물성에 맞는 충분한 절삭력과 이송 속도를 제공해야 함
- 고강도 재료를 가공할 수 있도록 적절한 주축 회전력 및 절삭 속도 제공

(5) 충격과 진동 흡수 능력
- 절삭 중 발생하는 충격 및 진동을 효과적으로 흡수하여 안정적인 가공을 유지해야 함
- 진동이 심하면 가공 표면 거칠기가 나빠지고, 공구 마모가 심해짐

(6) 우수한 조작성과 안전성
- 작업자가 쉽고 효율적으로 조작할 수 있어야 하며, 안전 장치가 충분히 구비되어야 함
- 긴급 정지 버튼, 보호 커버, 자동 경보 시스템 등이 필요함

(7) 유지보수 및 관리 용이성
- 공작기계의 부품 교체 및 유지보수가 용이해야 함
- 윤활 시스템이 잘 갖춰져 있어야 하며, 고장이 적고 신속한 수리가 가능해야 함

(8) 경제성 및 생산성 향상
- 가공 속도가 빠르고, 불량률이 적으며, 생산성이 높아야 함
- 자동화, CNC 시스템 등을 활용하여 작업 효율을 극대화할 수 있어야 함

**47** 압축공기 배관의 누설 점검 방법 및 조치 방법으로 다음 중 적당하지 않은 것은?

① 나사관의 경우 효과적인 보전을 위해 유니온 이음쇠를 적당히 배치한다.
② 배관 이음부는 비눗물을 칠하여 거품의 여부를 본다.
③ 공장 휴업 시 조용한 실내에서 공기 누설 소리를 체크한다.
④ 밸브 나사 부위에 누설이 생겼을 경우 그 부위만 더 조인다.

---

**해설**

**※ 누설 점검 방법**

(1) **청각 점검(소리로 확인)**
  – 조용한 환경에서 누설음(쉬익~ 하는 소리)이 발생하는지 확인
  – 큰 누설일 경우 쉽게 감지 가능하지만, 작은 누설은 어려움

(2) **비눗물 점검(기포 검사)**
  – 연결 부위에 비눗물이나 세제 물을 바르고 공기를 공급하여 기포가 발생하는지 확인
  – 작은 누설도 쉽게 발견 가능

(3) **초음파 탐지기 사용**
  – 초음파 누설 탐지기(Leak Detector)를 사용하여 미세한 공기 누출을 감지
  – 고압 배관 또는 정밀한 점검이 필요한 경우 효과적

(4) **압력 강하 테스트**
  – 특정 구간을 밀폐한 후 일정 시간 동안 압력이 감소하는지 측정
  – 압력 저하가 지속되면 누설 가능성이 높음

(5) **발열 감지(열화상 카메라 사용)**
  – 압축공기가 빠르게 누출될 경우, 온도 변화가 발생하므로 열화상 카메라를 이용해 감지 가능

**※ 누설 조치 방법**

(1) **누설 부위 밀착 조임**
  – 배관 연결 부위, 플랜지, 밸브, 피팅 등 이완된 부품을 조여서 밀착
  – 너무 강하게 조이면 나사가 뭉개지거나 밀폐력이 떨어질 수 있으므로 적절한 힘을 유지해야 함

(2) **가스켓 및 시일 교체**
  – 오래된 가스켓, 패킹, 시일(Seal)이 손상된 경우 교체하여 밀폐 성능 유지

(3) **배관 및 피팅 교체**
  – 심각한 부식, 균열, 노후화된 배관 및 피팅을 교체하여 누설 방지

(4) **배관 접합부 보수(테프론 테이프 사용)**
  – 나사형 접합부는 테프론 테이프 또는 밀봉제를 사용하여 기밀성을 높임

(5) **자동 누설 감지 시스템 도입**
  – 공장 및 대형 설비에서는 누설 감지 센서 및 초음파 탐지 시스템을 도입하여 자동 점검

**48** 감속기 운전 중 발열과 진동이 심하여 분해 점검 결과 감속기 축을 지지하는 베어링이 심하게 손상된 것을 발견했다. 다음 중 구름 베어링의 손상과 원인을 짝지은 것 중 적합하지 않은 것은?

① 눌러붙음(Galling): 윤활유 부족, 부분 접촉 등으로 접촉부가 눌러붙는 현상
② 위핑(Whipping): 간극의 협소, 축정렬 불량
③ 스코어링(Scoring): 축 전압에 의한 베어링 면에 아크 발생
④ 피팅(Pitting): 열전식, 부식, 침식 등에 의하여 여러 개의 작은 홈 발생

**해설**

**※ 감속기 운전 중 발생하는 이상 현상**

(1) **위핑(Whipping)**
  - 회전하는 축이 불규칙하게 휘어지는 현상
  - 축 정렬 불량, 고속 회전 시 불안정한 균형, 과도한 하중 적용

(2) **스코어링(Scoring)**
  - 기어 접촉면이 마찰에 의해 깊이 긁히거나 손상되는 현상
  - 윤활 부족, 과부하 작동 금속 간 마찰 증가

(3) **피팅(Pitting)**
  - 기어 표면에 작은 균열이나 구멍(피트)이 발생하는 현상
  - 피로 하중 반복, 과부하로 인한 표면 피로 균열 발생, 윤활 불량

(4) **눌러붙음(Galling)**
  - 고속 회전 시 기어 및 베어링 접촉면이 순간적으로 달라붙어 손상되는 현상
  - 윤활유 부족 또는 부적절한 사용, 금속 간 마찰열 증가, 고온 환경에서 장시간 운전

**49** 결정 조직을 조정하고 연화시키기 위한 열처리로 다음 중 맞는 것은?

① 퀜칭(quenching)　　　　　　② 템퍼링(tempering)
③ 노멀라이징(normalizing)　　　④ 어닐링(annealing)

**해설**

**※ 열처리 개념 정리**

(1) **노멀라이징(Normalizing, 불림)**
  - 금속을 일정 온도(상변태점 이상)로 가열한 후 공기 중에서 자연 냉각하는 열처리 방법
  - 조직을 균일하게 하고, 기계적 성질(강도, 인성 등)을 향상
  - 변형된 조직을 회복하거나 내부 응력을 제거

(2) **어닐링(Annealing, 풀림)**
  - 금속을 가열한 후 천천히(공기 중, 노 냉각 등) 식히는 열처리 방법
  - 내부 응력을 제거하고, 연성과 인성을 증가시켜 가공성을 개선
  - 일반적으로 기계적 성질을 부드럽게 조정하는 데 사용

⑶ **템퍼링(Tempering, 뜨임)**
- 퀜칭(급냉) 후 다시 적절한 온도로 가열하여 서서히 냉각하는 열처리 방법
- 경도를 조절하고 인성을 증가시켜 취성을 완화하는 역할
- 강도를 유지하면서도 충격에 대한 저항성을 높이는 목적

⑷ **퀜칭(Quenching, 담금질)**
- 금속을 고온(상변태점 이상)에서 가열한 후 급격히 냉각하는 열처리 방법
- 냉각 매체(물, 기름 등)를 사용하여 경도를 극대화
- 강도를 증가시키지만 취성이 커지므로 보통 템퍼링과 함께 사용

## 50 다음 밸브 기호 명칭은?

① 버터플라이 밸브(butterfly valve)
② 게이트 밸브(gate valve)
③ 체크 밸브(check valve)
④ 글로브 밸브(globe valve)

**해설**

| 체크밸브 |  또는 |
|---|---|
| 글로브밸브 | |
| 버터플라이밸브 | 또는 |

- **게이트 밸브(Gate Valve)** : 완전 개방 또는 완전 폐쇄(ON/OFF) 용도로 사용됨
- **글로브 밸브(Globe Valve)** : 유량 조절 및 차단 기능을 겸하는 용도에 적합
- **버터플라이 밸브(Butterfly Valve)** : 대구경 배관에서 유량 조절 및 차단 목적으로 사용

## 51 일반적인 고무 스프링의 특징으로 다음 중 적합하지 않은 것은?

① 인장력에 약하므로 인장하중을 피하는 것이 좋다.
② 기름에 접촉하거나 직사광선에 노출되어도 우수한 성능을 발휘한다.
③ 감쇠 작용이 커서 진동 및 충격 흡수가 좋다.
④ 한 개의 고무로 두 방향 또는 세 방향으로 동시에 작용할 수 있다.

**해설**

### ※ 고무 스프링의 주요 특징

(1) **우수한 진동 흡수 능력** : 고무의 높은 탄성으로 진동과 충격을 효과적으로 흡수

(2) **소음 저감 효과** : 충격 및 진동에 의한 소음 발생을 줄이는 역할

(3) **변형 후 복원력 우수** : 일정 범위 내에서 변형 후 원래 상태로 복원 가능

(4) **유지보수가 용이함** : 별도 윤활이 필요 없으며, 내구성이 높아 관리가 쉬움

(5) **내식성 · 내마모성 우수** : 금속 스프링과 달리 녹이 슬지 않으며, 부식에 강함

(6) **비금속 재료로 전기 절연 가능** : 전기가 통하지 않아 전기 절연성이 필요할 때 사용 가능

    – 고무 스프링은 기름에 접촉하거나 직사광선에 노출될 경우 성능이 저하될 수 있다.

    – 고무 스프링(Rubber Spring)은 여러 방향에서 동시에 변형되면서 하중을 분산시키는 특성을 가진다.

---

## 52 다음 중 송풍기 기동 후의 점검사항으로 적합하지 않은 것은?

① 윤활 상태 및 사용 중인 윤활유의 점도 · 오염도 등 적정성 확인

② 임펠러의 마모, 균열, 변형 및 진동 이상 여부 점검

③ 베어링 온도의 비정상 상승(급격한 발열) 및 소음 발생 여부 확인

④ 미끄럼베어링 오일링의 윤활유 공급 상태와 회전 동작의 정상 여부 점검

**해설**

### ※ 송풍기 기동 전 점검 사항

(1) **전원 및 배선 점검** : 전원 공급이 정상인지 확인하고, 배선이 올바르게 연결되었는지 점검

(2) **회전부 및 임펠러 점검** : 임펠러(날개)에 이물질이 끼어 있거나 손상되지 않았는지 확인

(3) **베어링 및 윤활 상태 확인** : 베어링이 정상적으로 작동하며, 윤활유가 충분한지 확인

(4) **벨트 · 커플링 상태 점검** : 벨트 장력 및 마모 여부, 커플링 연결 상태 확인

(5) **흡입구 · 배출구 확인** : 흡입구 및 배출구가 막혀 있지 않고, 정상적인 공기 흐름이 가능한지 점검

### ※ 송풍기 기동 후 점검 사항

(1) **전류 및 전압 확인** : 전압 및 전류가 정상 범위 내에 있는지 확인

(2) **회전 방향 및 속도 확인** : 회전 방향이 올바른지, 속도가 정상적으로 유지되는지 점검

(3) **진동 및 소음 확인** : 과도한 진동이나 이상 소음(마찰음, 충격음 등) 발생 여부 점검

(4) **베어링 및 모터 온도 확인** : 과열이 발생하지 않는지 온도 측정 및 점검

(5) **풍량 및 풍압 확인** : 풍량과 풍압이 정상적으로 유지되는지 확인

**53** 다음은 래핑(lapping)의 일반적 특성을 설명한 것이다. 적절하지 않은 것은?

① 공정이 단순하며 반복성이 좋아 대량 생산에 적합하다.
② 가공면은 우수한 윤활 특성과 내마모성을 가져 마찰 저항이 작다.
③ 가공 중 비산 먼지가 발생하지 않고, 가공 후 랩제가 표면에 잔류하지 않는다.
④ 높은 치수 정밀도와 표면 거칠기 품질을 확보할 수 있다.

> **해설**
>
> 래핑 가공은 연삭재를 이용한 초정밀 연마 방식으로, 낮은 속도와 압력으로 표면을 정밀하게 가공한다. 열 변형과 버(Burr: 잔여 돌기나 날카로운 가공 찌꺼기) 발생이 적으며, 금속, 세라믹, 반도체 등 다양한 재료의 평탄도와 균일도를 향상시킨다. 주로 반도체 웨이퍼, 광학 렌즈, 정밀 기계 부품 가공에 활용된다.

**54** 다음 중 기어에 대하여 바르게 설명한 것은?

① 스큐 기어는 큰 힘을 전달하는데 적합하다.
② 하이포드 기어는 두 축의 중심선이 서로 교차한다.
③ 웜 기어는 역회전이 가능하며 소음과 진동이 적다.
④ 피치면이 평행인 베벨 기어를 크라운 기어라고 한다.

> **해설**
>
> (1) **하이포이드 기어(Hypoid Gear)**
>    - 비스듬한 축 간에서 동력을 전달하며, 나선형 베벨 기어와 유사하지만 중심이 어긋나 있어 부드러운 동작과 높은 토크 전달이 가능하다.
> (2) **웜 기어(Worm Gear)**
>    - 웜(나사)과 웜휠이 맞물려 큰 감속비를 제공하며, 자기 잠금 효과로 역회전 방지가 가능하다.
> (3) **크라운 기어(Crown Gear)**
>    - 톱니가 원기둥과 수직 방향으로 배치된 베벨 기어로, 직선 기어(스퍼 기어)와 직각 동력 전달에 사용된다.
> (4) **스큐 기어(Skew Gear)**
>    - 서로 비스듬한 축을 가지는 기어가 맞물려 동력을 전달하며, 부드러운 회전과 높은 효율을 제공한다.
>    - 큰 힘 전달이 어렵다. 선 접촉이 아니라 점 접촉 형태로 큰 토크 전달이 어렵다.

**55** 다음 중 녹에 의한 볼트 너트의 고착을 방지하는 방법으로 잘못 설명된 것은?

① 볼트와 너트를 체결한 후, 고온으로 가열한 뒤 서서히 냉각시킨다.
② 나사 틈새에 부식성 물질이 침입하지 않도록 한다.
③ 산화 연분을 기계유로 반죽한 적색 페인트를 나사 부분에 칠한 후 죈다.
④ 유성 페인트를 나사 부분에 칠한 후 죈다.

**해설**

※ **녹에 의한 볼트·너트의 고착 방지 방법**

(1) **방청 처리**
- 방청유(녹 방지 오일)나 방청 윤활제를 도포하여 녹 발생을 예방

(2) **도금 및 코팅**
- 아연도금, 크롬도금, 니켈도금, 테프론 코팅 등을 적용하여 부식 방지

(3) **스테인리스강 또는 방청 재질 사용**
- 부식 저항성이 높은 스테인리스 볼트·너트를 사용

(4) **구리스 및 윤활제 사용**
- 조립 전 구리스, 건식 윤활제(몰리브덴, 테프론) 등을 발라 마찰 및 부식 방지

(5) **절연 와셔 또는 개스킷 사용**
- 이종 금속 간 갈바닉 부식을 방지하기 위해 절연재 삽입
- 갈바닉 부식(Galvanic Corrosion): 서로 다른 두 금속이 전해질(예 물, 습기, 염분) 속에서 접촉할 때, 전위차(전기 화학적 차이)에 의해 한 금속이 부식되는 현상이다.

(6) **정기적인 점검 및 유지보수**
- 일정 주기로 볼트·너트의 상태를 점검하고 방청제 재도포

(7) **적절한 체결 토크 유지**
- 과도한 체결력은 재질 변형을 유발하여 부식 가능성을 증가시키므로 적절한 토크로 조임

---

**56** 다음 축의 중심내기 방법에 대한 설명 중 잘못된 것은?

① 플랜지의 면간의 차를 측정하여 중심 맞추기를 한다.
② 플렉시블 커플링은 중심내기를 하지 않는다.
③ 체인 커플링의 경우 원주를 4등분한 다음 다이얼 게이지로 측정해서 중심을 맞춘다.
④ 죔 형 커플링의 경우 스트레이트 에지를 이용하여 중심을 낸다.

**해설**

※ **플렉시블 커플링도 중심내기(얼라인먼트 조정)가 필요하다.**

(1) **과도한 편심 방지**
- 플렉시블 커플링은 어느 정도의 축 정렬 오차를 흡수하지만, 심한 편심이나 각도 차이는 부품 수명 단축과 진동 증가를 초래할 수 있다.

(2) **베어링 및 기계 부하 최소화**
- 중심이 맞지 않으면 모터와 부하 측 베어링에 추가적인 하중이 가해져 마모 및 고장이 빨라질 수 있다.

(3) **효율적 동력 전달**
- 정밀한 얼라인먼트는 불필요한 에너지 손실과 소음 발생을 줄여 운전 효율을 높이는 데 도움을 준다.

**57** 다음 중 정반 위에 놓고 이동시키면서 공작물에 평행선을 긋거나 평행면의 검사용으로 사용되는 금긋기 공구는?

① 매직잉크　　　　　　　　　　　　② 펀치
③ 서피스 게이지　　　　　　　　　　④ 디바이더

> **해설**
>
> (1) **펀치(Punch)** : 금속 표면에 중심점이나 표시를 내는 도구로, 드릴링 가이드용 센터 펀치로도 사용됨
> (2) **매직잉크(Marking Ink)** : 금속 및 재료 표면에 가공선이나 마킹을 하기 위한 잉크 또는 펜
> (3) **디바이더(Divider)** : 금속이나 도면에서 거리나 원호를 정밀하게 측정하거나 나누는 데 사용하는 도구
> (4) **서피스 게이지(Surface Gauge)** : 기준면을 따라 직선 또는 평행선을 마킹하거나, 공작물의 높이 · 평면 정밀도 측정에 사용하는 도구

**58** 강의 열처리 방법 중 암모니아 가스를 500℃ 정도로 장시간 가열하여 강의 표면을 경화시키는 방법으로 다음 중 맞는 것은?

① 청화법　　　　　　　　　　　　　② 질화법
③ 침탄법　　　　　　　　　　　　　④ 금속 침투법

> **해설**
>
> ※ **표면 경화 방법 정리**
> (1) **침탄법** : 금속 표면에 탄소를 확산시켜 경도를 높이는 방법
> (2) **금속 침투법** : 금속 표면에 다른 금속 원소를 침투시켜 내마모성 · 내식성을 향상시키는 방법
> (3) **질화법** : 금속 표면에 질소(N)를 확산시켜 경도를 높이는 방법
> (4) **청화법** : 시안화물(CN)을 이용해 금속 표면을 경화시키는 방법

**59** 철강재 스프링 재료가 갖추어야 할 조건으로 다음 중 잘못된 것은?

① 가공하기 쉽고 열처리가 쉬운 재료이어야 한다.
② 높은 응력에 견딜 수 있고, 영구 변형이 없어야 한다.
③ 부식에 강해야 한다.
④ 피로강도와 파괴 인성치가 낮아야 한다.

해설

※ **철강재 스프링 재료가 갖추어야 할 조건**
(1) **높은 탄성 한도** : 큰 변형 후에도 원래 형태로 복원될 수 있어야 한다.
(2) **우수한 내피로성** : 반복 하중에도 쉽게 피로가 파괴되지 않아야 한다.
(3) **충격 및 내마모성** : 충격 하중과 마찰에 강해야 오랜 수명 유지가 가능하다.
(4) **적절한 강도 및 인성** : 강하면서도 일정 수준의 연성이 있어야 한다.
(5) **우수한 내식성** : 녹이나 부식에 강해야 장기간 사용 가능하다.

**60** 왕복동식 압축기의 밸브 플레이트 교환 요령으로 올바른 것은?

① 점검 주기에 도달하면 마모량이 기준 허용치 이내라도 예방정비 차원에서 교환한다.
② 마모 한계에 도달했더라도 즉각 파손되지 않으면 계속 사용 가능하다.
③ 밸브 플레이트는 마모면을 뒤집어 1회 재사용이 가능하며 이후에는 반드시 교환해야 한다.
④ 마모된 밸브 플레이트는 표면 연마 후 방향을 바꾸어 반복 재사용할 수 있다.

해설

압축기 밸브 플레이트는 압축 효율과 기기의 정상 작동을 유지하기 위해 사용 한계 기준치를 초과하기 전에 예방적으로 교체하는 것이 원칙이다. 마모되거나 손상된 상태에서 계속 사용하면 압축기의 성능 저하, 과부하, 심한 경우 고장을 초래할 수 있다.
– 마모 한계를 초과한 플레이트는 성능이 저하되며, 파손 위험이 있으므로 반드시 교체해야 한다.
– 밸브 플레이트는 정밀 가공된 부품으로, 뒤집어서 재사용하면 압축 성능이 저하되고 누설이 발생할 가능성이 크다.
– 마모된 플레이트는 표면이 고르지 않아 뒤집어서 사용해도 정상적인 성능을 유지할 수 없으며 오작동을 초래할 수 있다.

**과목** **4** **설비 진단 및 관리**

**61** 기계 진동이 발생하고 소멸되기 위해 반드시 갖추어야 할 3대 요소로 옳은 것은?

① 질량(M), 위상(Phase), 감쇠(Damping)
② 질량(M), 감쇠(Damping), 속도(Velocity)
③ 질량(M), 강성(K), 감쇠(Damping)
④ 질량(M), 강성(K), 위상(Phase)

> **해설**
>
> ※ **진동의 3대 요소**
> (1) **질량(Mass, $m$)** : 운동 에너지를 저장하는 요소로, 외부 힘에 대한 관성 효과를 제공
> (2) **강성(Stiffness, $k$)** : 위치 에너지를 저장하는 요소로, 변형 후 원래 상태로 복원하는 힘을 제공-탄성
> (3) **감쇠(Damping, $c$)** : 에너지를 소멸시키는 요소로, 마찰이나 저항력에 의해 진동을 줄이고 정지시킴
> **오답** 위상·속도는 진동의 특성(응답)과 관련되지만, 진동 발생과 소멸의 필수 조건은 아님

## 62 다음은 소음 발생 메커니즘에 대한 설명이다. 잘못 설명한 것은?

① 고체 구조물의 진동이 주변 구조를 통해 전달되어 재방사되는 소음은 고체음의 한 형태이다.
② 소음은 주로 고체음을 매개로 전달되는 구조음과, 공기를 매개로 전달되는 기체음으로 나눌 수 있다.
③ 선풍기나 송풍기 등 회전자 기반 장비에서 주로 발생하는 소음은 유체 흐름의 혼란에 의한 난류음이다.
④ 기류음은 물체 자체의 기계적 진동에 의해 발생하는 소음이다.

> **해설**
>
> ※ **소리의 발생 유형**
> (1) **고체음** : 고체를 통한 진동 전달로 발생하는 소리 (**예** 기계 진동, 구조물 충격음)
> (2) **기체음** : 기체(공기)를 통한 압력 변화로 발생하는 소리 (**예** 음성, 바람 소리)
> (3) **기류음** : 직접적인 공기의 압력 변화에 의해 발생하는 소리 (**예** 나팔, 폭발음, 사람의 음성)
> (4) **난류음** : 공기 흐름의 난류(소용돌이)에 의해 발생하는 소리 (**예** 선풍기, 송풍기)
> (5) **맥동음** : 주기적인 압력 변화(맥동)로 인해 발생하는 소리 (**예** 압축기, 진공 펌프, 엔진 배기음)

## 63 계측 관리를 하기 위하여 공정 흐름과의 관련을 객관적, 도식적으로 표현하여 관계자의 관점을 계통적으로 표현한 기술양식은?

① 프로세서 흐름도
② 공정 일정표
③ 공정 명세표
④ 작업 표준서

> **해설**
>
> (1) **공정 명세표** : 각 공정의 세부 사항(작업 내용, 사용 설비, 조건 등)을 문서화한 자료
> (2) **작업 표준서** : 작업자의 작업 방법, 절차, 품질 기준 등을 규정한 문서로, 일관된 생산을 위한 기준 제공
> (3) **공정 일정표** : 생산 공정의 작업 순서와 일정을 계획하여 시각적으로 정리한 일정표
> (4) **프로세스 흐름도** : 공정 또는 업무의 흐름을 도식화하여 각 단계와 연결 관계를 쉽게 이해할 수 있도록 한 도표

**64** 다음 중 연소 목적에 맞도록 연료, 설비, 부하, 작업 방법 등에 대해서 기술적, 경제적으로 가장 효과를 올릴 수 있도록 관리하는 것은?

① 열 폐기 관리
② 연료 관리
③ 배열 회수 관리
④ 연소 관리

**해설**

※ **에너지 관리 관련 내용**
(1) **연료 관리** : 연료의 종류, 품질, 공급량 등을 효율적으로 조절하여 최적의 연소 상태를 유지하는 관리
(2) **연소 관리** : 연소 공정에서 공기 비율, 온도, 연소 효율 등을 조정하여 에너지 낭비를 줄이고 환경 오염을 최소화하는 관리
(3) **열 폐기 관리** : 불필요하게 버려지는 열을 최소화하고, 단열·보온 등을 통해 열 손실을 줄이는 관리
(4) **배열 회수 관리** : 공정 중 버려지는 폐열을 회수하여 재활용하거나 다른 공정에 활용하여 에너지 효율을 높이는 관리

**65** 다음 중 진동 진폭의 ISO 단위로 틀린 것은?

① 속도($mm/s$), 가속도($m/s^2$)
② 변위($m$), 속도($m/s$)
③ 변위($m/s^2$), 속도($m/s$)
④ 변위($mm$), 속도($mm/s$)

**해설**

※ **진동 측정량의 ISO 단위**

| 진동 진폭 | ISO 단위 |
| --- | --- |
| 변위 | $m$, $mm$, $\mu m$ |
| 속도 | $m/s$, $mm/s$ |
| 가속도 | $m/s^2$, $mm/s^2$ |

**66** 다음 중 만성 로스의 특징으로 옳은 것은?

① 복합 원인으로 발생하며, 그 요인의 조합이 불변이다.
② 원인은 하나이지만 원인이 될 수 있는 것이 수없이 많으며, 그때마다 바뀐다.
③ 원인도 하나, 원인이 될 수 있는 것도 하나이다.
④ 원인이 하나이며, 그 원인을 명확히 파악하기 쉽다.

**해설**

**만성 로스(Chronic Loss)** : 오랜 기간 지속되면서도 쉽게 발견되지 않거나 해결되지 않는 손실을 의미한다. 이는 생산성 저하, 품질 문제, 에너지 낭비 등의 형태로 나타나며, 일반적으로 작업 표준 미준수, 비효율적인 공정, 불필요한 대기 시간, 반복적인 품질 불량 등이 원인이 된다.

**※ 특징**
(1) 단기적인 이상 현상이 아니라 장기적으로 지속되는 손실
(2) 문제의 원인이 명확하지 않아 쉽게 해결되지 않음
(3) 표준화 부족, 공정 효율 저하, 불필요한 작업 증가 등으로 인해 발생
(4) 개선을 위해 P-D-C-A(Plan-Do-Check-Act) 사이클 적용이 필요

**※ 예**
(1) 기계의 미세한 정렬 불량으로 인해 지속적으로 발생하는 마모 및 품질 저하
(2) 작업자의 비효율적인 동선으로 인한 생산성 저하
(3) 불완전한 표준 작업 절차로 인해 지속되는 품질 편차
(4) 에너지 손실이 크지만 인식되지 않는 열 폐기

---

**67** 다음 중 품질 보전의 전개 순서로 적절한 것을 고르면?

① 현상분석 → 요인 해석 → 검토 → 실시 → 표준화 → 목표 설정 → 결과 확인
② 현상분석 → 목표 설정 → 요인 해석 → 검토 → 실시 → 결과 확인 → 표준화
③ 현상분석 → 목표 설정 → 표준화 → 검토 → 요인 해석 → 실시 → 결과 확인
④ 현상분석 → 목표 설정 → 표준화 → 요인 해석 → 검토 → 실시 → 결과 확인

**해설**

**※ 품질 보전의 전개 순서**
(1) **주제 선정** : 개선해야 할 품질 문제나 목표를 설정
(2) **현상 분석** : 현재 상태를 조사하고 문제의 심각성을 파악
(3) **목표 설정** : 개선해야 할 품질 수준과 목표를 명확히 설정
(4) **원인 분석** : 문제의 근본 원인을 파악하여 분석
(5) **대책 수립 및 실시** : 분석된 원인에 대한 해결책을 수립하고 실행
(6) **결과 확인** : 개선 후 효과를 측정하여 목표 달성 여부를 평가
(7) **표준화 및 사후 관리** : 개선된 방법을 표준화하고 지속적으로 유지·관리

---

**68** 다음 윤활 설비의 고장 원인 중 환경적인 요인에 해당하지 않는 것은?

① 전도열이 높은 경우
② 기온에 의한 현저한 온도 변화
③ 마찰면의 방열이 불충분한 경우
④ 급유 작업의 부주의

**해설**

윤활 설비의 고장 원인은 크게 환경적인 요인과 작업적인 요인으로 나뉜다.
- 환경적인 요인은 외부 환경(온도, 습도, 공기 중 오염물 등)으로 인해 윤활 성능이 저하되는 원인이 된다.
- 작업적인 요인은 유지보수나 운전 과정에서 발생하는 문제를 의미한다.
- **전도열이 높은 경우** : 주변 기계나 외부 열원으로 인해 윤활유 온도가 상승하여 성능 저하가 발생할 수 있음 (환경적 요인)
- **기온에 의한 현저한 온도 변화** : 외부 온도 변화가 윤활유의 점도 변화 및 성능 저하를 초래할 수 있음 (환경적 요인)
- **마찰면의 방열이 불충분한 경우** : 열이 축적되어 윤활유 산화 및 점도 변화가 발생할 수 있음 (환경적 요인)
※ 급유 작업의 부주의 : 윤활유 부족, 과다 급유, 부적절한 윤활제 사용 등은 작업자의 실수로 인한 것이므로 환경적 요인이 아니라 작업 과정에서 발생하는 관리적 요인이다.

**69** 질량 불평형(언밸런스, unbalance)의 진동 특성으로 다음 중 적합하지 않은 것은?

① 길게 돌출된 로터의 경우에는 축 방향 진폭은 발생하지 않는다.
② 언밸런스 양과 회전수가 증가할수록 진동레벨이 높게 나타난다.
③ 회전 주파수의 1f 성분의 탁월 주파수가 나타난다.
④ 수평, 수직 방향에 최대의 진폭이 발생한다.

**해설**

※ **질량 불평형(언밸런스, Unbalance)** : 회전체의 무게 중심이 회전축과 일치하지 않을 때 발생하는 진동 문제로, 주로 원심력에 의해 진동이 발생
  - 언밸런스로 인해 회전체의 질량 중심이 이동하면서, 수평 및 수직 방향에서 최대 진폭이 발생함
  - 질량 불평형은 회전 주파수(1X, f)에서 가장 강한 진동을 나타내는 특징이 있음
- **탁월 주파수(Beat Frequency)** : 물리적으로, 진동이 서로 겹쳐질 때 진폭이 주기적으로 변하는 현상을 의미
  - 언밸런스가 크거나 회전 속도가 증가하면 원심력이 커지므로 진동 레벨이 높아짐
  - 길게 돌출된 로터(긴 로터)는 질량 불평형과 함께 휨(Unbalance & Shaft Bowing) 또는 축 방향 진동(Axial Vibration)을 유발할 수 있다. 따라서 축 방향 진폭이 발생할 가능성이 있다.

**70** 어떤 사상(事象)을 조사 또는 관리하는 경우 그 목적에 적합한 사상을 선정하여 과학적으로 측정하고 유효하게 수량화하여 그 결과가 객관적인 자료로서 의미를 갖도록 하는 것은?

① 적정화
② 계량화
③ 계측화
④ 효율화

**해설**

- **계측화(Measurement, 計測化)** : 측정 가능한 기준을 설정하고 객관적인 자료로 활용할 수 있도록 수량화하는 과정을 의미한다. **예** 품질 관리에서 제품의 치수, 온도, 압력 등을 계측 장비로 측정하여 데이터화하는 것
- **효율화(Efficiency Improvement, 效率化)** : 작업이나 프로세스를 개선하여 생산성을 높이는 개념으로, 측정 및 수량화와는 직접적인 관련이 없다.
- **적정화(Optimization, 適正化)** : 최적의 조건을 설정하여 운영하는 과정으로, 계측을 통한 객관적 자료 확보보다는 최적 운영 상태를 설정하는 것에 초점이 맞춰 있다.
- **계량화(Quantification, 計量化)** : 추상적인 개념이나 현상을 수량적으로 표현하는 것을 의미하지만, 계측화처럼 과학적 측정 장비를 사용하여 구체적인 수치를 도출하는 과정과는 다소 차이가 있다.

---

**71** 윤활 기유에서 나프텐계와 비교하여 파라핀계의 특성으로 틀린 것은?

① 밀도가 낮다.
② 휘발성이 낮아 고온환경에서 안정적이다.
③ 인화점이 높다.
④ 잔류 탄소가 많다.

**해설**

- **파라핀계 기유** : 밀도가 낮고, 인화점이 높으며, 휘발성이 낮아 고온 환경에서도 안정적이지만, 잔류 탄소가 적어 청정성이 우수하다.
- **나프텐계 기유** : 밀도가 높고, 휘발성이 크며, 잔류 탄소가 많아 고온에서 탄소 침착이 발생할 수 있지만, 윤활성과 저온 유동성이 우수하다.

---

**72** 다음 중 중 · 저속의 밀폐 기어, 감속기 내의 베어링 하우징 등의 윤활 개소의 일부가 오일베스(oil bath)에 잠긴 상태로 윤활되는 방식의 급유법은?

① 사이펀 급유
② 유욕식 급유
③ 비산 급유
④ 나사 급유

**해설**

(1) **나사 급유(Screw Lubrication)**
  - 나사 또는 스크류가 회전하면서 윤활유를 전달하는 방식
  - 주로 기어나 볼스크류 등의 윤활에 사용
(2) **비산 급유(Splash Lubrication)**
  - 회전하는 부품(기어, 크랭크샤프트 등)이 윤활유를 튀겨서 자동으로 윤활하는 방식
  - 자동차 엔진이나 감속기 등에서 흔히 사용

(3) **유욕식 급유(Oil Bath Lubrication)**
- 윤활유를 일정 수준까지 채운 후, 회전하는 부품(기어, 베어링 등)이 직접 오일에 잠겨서 윤활되는 방식
- 기어박스나 베어링 하우징에서 많이 사용

(4) **사이펀 급유(Siphon Lubrication)**
- 사이펀 원리를 이용하여 윤활유를 위로 끌어올려 부품에 공급하는 방식
- 오일이 자연적으로 순환하며 공급되는 시스템에서 사용

---

**73** 다음은 소음과 관련된 용어이다. 이에 대한 설명으로 틀린 것은?

① 파면 : 파동의 위상이 같은 점들을 연결한 면
② 파동 : 매질의 변형 운동으로 이루어지는 에너지 전달
③ 음의 회절 : 음파가 한 매질에서 타 매질로 통과할 때 구부러지는 현상
④ 음파 : 공기 등의 매질을 전파하는 소밀파

**해설**

- **음의 회절(Diffraction)** : 음파가 장애물이나 틈을 지나면서 굽어 퍼지는 현상을 의미
- **음의 굴절(Refraction)** : 음파가 한 매질에서 다른 매질로 이동할 때 속도 차이로 인해 방향이 변하는 현상

---

**74** 다음은 예방 보전 검사 제도의 흐름을 나타낸 것이다. 가장 적합한 것은?

① 수리 요구 → 수리 검수 → PM 검사 계획 → PM 검사 표준 설정 → PM 검사 실시 → 설비 보전 기록
② PM 검사 표준 설정 → PM 검사 계획 → PM 검사 실시 → 수리 요구 → 수리 검수 → 설비 보전 기록
③ PM 검사 계획 → PM 검사 표준 설정 → PM 검사 실시 → 수리 요구 → 수리 검수 → 설비 보전 기록
④ 수리 요구 → PM 검사 계획 → PM 검사 표준 설정 → PM 검사 실시 → 수리 검수 → 설비 보전 기록

**해설**

**※ 예방 보전 검사 흐름**
(1) **PM 검사 표준 설정** : 예방 보전을 위한 검사 기준 및 표준을 설정한다. 예를 들어, 검사 항목, 방법, 주기 등을 정한다.
(2) **PM 검사 계획** : 설비별로 예방 보전 점검 일정을 수립하고, 점검 주기, 담당자, 필요한 자재 등을 포함한다.
(3) **PM 검사 실시** : 계획된 점검을 수행하고 설비 상태를 확인, 이상 징후가 있는지 점검하며 데이터를 기록한다.
(4) **이상 발견 및 수리 요구** : 점검 중 이상이 발견되면 즉시 보고하고 수리를 요청, 긴급 조치가 필요한 경우 신속한 대응이 필요하다.
(5) **수리 및 검수** : 요청된 수리가 진행되며, 완료 후 검수를 통해 정상 작동 여부를 확인, 수리 후 같은 문제가 반복되지 않도록 원인 분석이 중요하다.
(6) **설비 보전 기록** : 모든 점검 및 수리 내용을 기록하여 이력을 관리, 향후 예방 보전 활동 개선을 위한 데이터로 활용한다.

**75** 현상 파악을 위해 공정에서 취한 계량치 데이터가 여러 개 있을 때 데이터가 어떤 값을 중심으로 어떤 모습으로 산포하고 있는가를 조사하는데 사용하는 그림을 나타내는 것으로 맞는 것은?

① 히스토그램                      ② 관리도

③ 산점도                         ④ 파레토도

> **해설**
>
> (1) **관리도(Control Chart)**
> - 공정이 정상적으로 운영되는지 확인하는 그래프이다. 주어진 기준선(중앙선, 상한선, 하한선) 안에서 데이터가 변하는지를 확인하여 이상 여부를 판단한다.
> - 예 공장에서 제품의 무게가 일정하게 유지되는지 검사할 때 사용됨
> (2) **산점도(Scatter Plot)**
> - 두 개의 변수(요소) 간의 관계를 시각적으로 보여주는 그래프로 점들이 모이는 패턴을 보고 두 변수 사이의 상관관계를 파악할 수 있다.
> - 예 공부 시간과 시험 점수의 관계를 알아볼 때 사용됨
> (3) **파레토도(Pareto Chart)**
> - 문제의 원인을 가장 큰 것부터 작은 것 순으로 정리한 막대그래프이다.
> - 예 고객 불만의 주요 원인을 분석할 때 사용됨
> (4) **히스토그램(Histogram)**
> - 데이터가 어떤 분포(패턴)를 가지는지 나타내는 막대그래프로 가로축은 값의 범위, 세로축은 빈도(횟수)를 나타낸다.
> - 예 학생들의 키 분포를 조사할 때 사용됨

**76** 다음 중 윤활유의 열화 방지책으로 가장 적합하지 않은 것은?

① 새로운 기계 도입 시 쇠, 녹물, 방청제 등을 충분히 세척 후 사용한다.
② 월 1회 정도 세척을 실시하여 순환 계통을 청정하게 유지하고, 교환 시는 열화유를 50% 정도 제거한다.
③ 웜 기어는 미끄럼 속도가 빠르고 운전 온도도 높게 되므로 산화 안정성이 우수한 순광유가 일반적으로 사용된다.
④ 고속 기어에는 저점도의 윤활유가 적합하다.

> **해설**
>
> ① 고속 기어에는 저점도의 윤활유가 적합하다.
> - 일반적으로 고속 기어에는 부하 조건에 따라 저점도 또는 중점도를 선택
> - 경하중일 경우 저점도 윤활유 사용이 가능하지만, 고하중이라면 윤활막 유지를 위해 중~고점도 윤활유가 필요
> ② 웜 기어는 미끄럼 속도가 빠르고 운전 온도도 높게 되므로 산화 안정성이 우수한 순광유가 일반적으로 사용
> - 웜 기어는 마찰이 크고 열이 많이 발생하기 때문에 산화 안정성이 높은 윤활유(순광유 또는 EP 첨가제 포함 윤활유)를 사용
> ③ 새로운 기계 도입 시 쇠, 녹물, 방청제 등을 충분히 세척 후 사용한다.
> - 신규 기계에는 제조 공정에서 발생한 쇳가루, 방청제, 녹 등이 남아 있을 수 있으므로 철저한 세척이 필요

④ 월 1회 정도 세척을 실시하여 순환 계통을 청정하게 유지하고, 교환 시는 열화유를 50% 정도 제거한다.
  – 틀린 표현으로 윤활유 계통을 매월 세척하는 것은 비현실적이며 불필요하다. 일반적으로 윤활유 교체 주기(수천~수만 시간)마다 플러싱(세척)을 수행하며, 지속적인 유지보수는 필터 교체 및 오일 샘플 분석을 통해 관리해야 한다. 또한, 윤활유 교환 시에는 가능한 한 완전 교체(또는 80~90% 이상 교체)하는 것이 바람직하다.

**77** 다음의 가속도 센서의 고정 방법 중 사용할 수 있는 주파수 영역이 넓고 정확도 및 장기적 안정성이 좋으며, 먼지, 습기, 온도의 영향이 적은 것은?

① 에폭시 시멘트 고정      ② 마그네틱 고정
③ 나사 고정      ④ 밀랍 고정

**해설**

⑴ 나사 고정
  – 가장 안정적인 방식, 높은 주파수 응답 가능, 강한 진동 환경에서도 신뢰성 높음, 설치가 번거로울 수 있음
⑵ 밀랍 고정
  – 임시 측정용으로 사용, 설치 및 제거 용이, 저주파 신호 측정에 적합, 고주파 응답은 제한적, 장기 사용 시 신뢰도 낮음
⑶ 마그네틱 고정
  – 철제 표면에 부착하여 빠르고 쉽게 설치 가능, 중~저주파 측정에 적합, 고주파 신뢰도는 낮음, 진동이 강한 환경에서는 이탈 위험 있음
⑷ 에폭시 시멘트 고정
  – 반영구적 설치, 나사 고정보다 약간 낮은 신뢰성, 높은 주파수 응답 가능, 제거가 어렵고 재사용 불가
※ 나사 고정이 가장 신뢰성이 높고, 밀랍·마그네틱 고정은 임시 측정용으로 적합, 에폭시 고정은 반영구적 방식으로 활용된다.

**78** 설비를 목적에 따라 분류할 때 다음 중 관리 설비에 해당하는 것으로 적당한 것은?

① 도로, 항만 설비, 육상 하역 설비      ② 본사의 건물, 지점, 영업소의 건물
③ 발전 설비, 수처리 시설, 냉각탑 설비      ④ 서비스 스테이션, 서비스 숍

**해설**

⑴ 서비스 스테이션, 서비스 숍 : 생산 지원 설비
  – 자동차 정비소, 주유소, 공장 내 서비스 시설 등
  – 제품 생산을 직접적으로 담당하지 않지만, 생산을 보조하거나 지원하는 역할
⑵ 도로, 항만 설비, 육상 하역 설비 : 공공 설비
  – 도로, 항만, 하역 설비 등은 공공 인프라로서 사회 및 산업 활동을 지원하는 역할
  – 물류, 교통, 운송을 원활하게 하기 위한 시설

설비보전기사 필기 기출 + 실전모의고사

⑶ **본사의 건물, 지점, 영업소의 건물 : 관리 설비**
  – 기업 운영 및 경영 관리를 위한 시설
  – 회사 본사, 지점, 영업소 등의 행정 및 관리 기능을 수행하는 공간
⑷ **발전 설비, 수처리 시설, 냉각탑 설비 : 공공 및 유틸리티 설비**
  – 전력 공급, 수자원 처리, 냉각 시스템 등의 설비
  – 산업 및 사회의 지속적인 운영을 위해 필수적인 설비

**79** 보전비를 적절히 투입하여 설비를 정상 상태로 유지했다면 예방할 수 있었던 생산성 손실은 무엇인가?

① 설비 손실                    ② 기회 손실
③ 보전 손실                    ④ 생산 손실

**해설**

– **기회 손실(Opportunity Loss)** : 어떤 선택을 하지 않음으로 인해 발생하는 잠재적인 이익의 손실을 의미, 설비 유지 보수를 통해 방지할 수 있었던 생산성 저하나 가동 중단도 이에 해당한다.
– **보전 손실** : 보전 활동으로 인해 발생하는 손실 (**예** 보전 작업으로 인한 생산 중단)
– **생산 손실** : 실제 생산량 감소로 인한 손실
– **설비 손실** : 설비 고장이나 노후로 인한 즉각적인 장비 가동 불능에 따른 손실

**80** 다음 중 윤활유의 산화 정도를 나타내는 시험방법인 전산가(total acid number)에 대한 정의는?

① 시료 10g 중에 함유된 전산성 성분을 중화하는데 소요되는 KOH의 mg 수
② 시료 1g 중에 함유된 전알칼리 성분을 중화하는데 소요되는 산과 당량의 KOH의 mg 수
③ 시료 10g 중에 함유된 전알칼리 성분을 중화하는데 소요되는 산과 당량의 KOH의 mg 수
④ 시료 1g 중에 함유된 전산성 성분을 중화하는데 소요되는 KOH의 mg 수

**해설**

• **전산가(Total Acid Number, TAN)** : 윤활유, 연료유, 기타 오일 등에 포함된 산(酸)의 양을 측정하는 값이다.
• **전산가(TAN)의 의미** : 오일 1g당 중화하는 데 필요한 수산화칼륨(KOH, mg)의 양
  – 단위 : mg KOH/g
  – 오일의 산성도를 측정하여, 산화 정도나 오염 상태를 평가하는 데 사용된다.

**50** 설비보전기사

제 **2** 회

# 설비보전기사 모의고사

---

**과목** ① **공유압 및 자동제어**

---

**01** 유압 회로에서 축압기(Accumulator)의 일반적인 기능으로 볼 수 없는 용도는 무엇인가?

① 유압 충격(서지) 흡수  ② 펌프 맥동에 의한 압력 변동 완화
③ 고압을 얻기 위한 직접 압력 상승 장치  ④ 비상 시 구동 에너지원 역할

> **해설**
>
> 축압기는 주로 압력 유지, 에너지 저장, 충격 및 맥동 흡수 등의 용도로 사용된다. 그러나 압력을 직접 증가시키는 장치는 아니다. 축압기는 압력을 생성하는 기능이 아니라, 저장 및 완화 기능이 주 역할이다.

**02** 다음 중 유압 실린더에서 일정한 방향으로 일정한 부하가 작용할 때, 에너지 손실이 가장 적은 방식의 속도 제어 회로는 무엇인가?

① 미터 인 회로  ② 미터 아웃 회로
③ 블리드 오프 회로  ④ 로크 회로

> **해설**
>
> ⑴ **미터 인 회로(Meter-in Circuit)**
> - 유량 제어 밸브를 유압 실린더 입구에 배치하여 유입 유량을 조절하는 방식
> - 저항이 큰 부하나 역부하(外力이 실린더 운동 방향과 반대인 경우)에 적합하지만, 정부하에서는 속도 제어가 불안정할 수 있다.
> - 외력에 의해 실린더가 밀려갈 경우 유압이 부족해져 제어가 어려워지고, 오버런(속도 제어 불능)이 발생할 가능성이 크다.
>
> ⑵ **미터 아웃 회로(Meter-out Circuit)**
> - 유량 제어 밸브를 실린더 출구에 배치하여 배출 유량을 조절하는 방식
> - 정부하 조건에서는 실린더가 외력에 의해 밀려나려는 경향이 있으므로, 배출 유량을 조절하면 속도 안정성이 높아지는 장점이 있다. 하지만 에너지 손실(압력 손실)이 크고, 효율이 낮아질 수 있는 단점이 있다.

---

(3) 블리드 오프 회로(Bleed-off Circuit)
 – 펌프에서 공급된 유압 중 일부를 리턴 라인으로 직접 흘려보내면서 실린더로 가는 유량을 조절하는 방식
 – 정부하 조건에서는 부하 변화가 거의 없으므로, 블리드 오프 방식이 가장 효율적이다. 에너지 손실이 적고, 속도 제어가 원활하며, 부하 변화에 따른 영향이 거의 없다.
(4) 로크 회로(Lock Circuit)
 – 실린더의 위치를 고정하는 데 사용되며, 속도 제어와 직접적인 관련이 없다.
 – 일반적으로 체크 밸브나 파일럿 작동 체크 밸브를 사용하여 유압을 유지하고, 실린더를 일정한 위치에 고정하는 방식

**03** 다음 센서 중 측정 대상이 화학적 성질에 해당하는 것은 무엇인가?

① 가속도 센서
② 자기 센서
③ 가스 센서
④ 변위 센서

**해설**

(1) 가속도 센서(Accelerometer)
 – 가속도를 측정하는 센서로, 기계적 진동, 충격, 움직임 감지 등에 사용됨
 – 주로 관성 측정, 진동 분석, 구조물 감시 등에 활용됨, 기계적 센서(MEMS 기반 센서)로 분류
(2) 자기 센서(Magnetic Sensor)
 – 자기장을 감지하는 센서로, 전자기장 측정, 위치 감지, 모터 제어 등에 사용됨
 – 대표적인 예: 홀 효과 센서(Hall Effect Sensor), 플럭스게이트 센서
(3) 가스 센서(Gas Sensor)
 – 특정 가스를 감지하는 센서로, 공기 중의 유해가스, 가연성 가스, 산소 농도 등을 측정
 – 대표적인 예: $CO_2$ 센서, CO 센서, 메탄($CH_4$) 센서, 암모니아($NH_3$) 센서 등
 – 화학 반응을 이용하여 특정 가스의 농도를 감지하므로 화학 센서에 해당
(4) 변위 센서(Displacement Sensor)
 – 물체의 변위(위치 변화)를 측정하는 센서로, 정밀 기계, 로봇, 자동화 시스템 등에 사용됨
 – 광학식, 자기식, 초음파식 등의 방식이 있다.

**04** 자동 제어 시스템에서 목표값과 실제 출력 사이에 생기는 잔류 오차(정상상태 편차)를 지속적으로 제거하기 위해 가장 적절한 제어 방식은 무엇인가?

① 비례 제어
② ON-OFF 제어
③ 비례 적분 제어
④ 비례 미분 제어

**해설**

- 잔류 편차(steady-state error)를 제거하기 위해서는 적분(Integral) 동작이 포함된 제어 방식-비례 적분(PI) 제어

(1) **비례 제어(P 제어) → 잔류 편차 제거 불가**
  - 입력과 출력의 차이(오차)를 비례적으로 조정하는 방식
  - 응답 속도가 빠르지만, 잔류 편차(steady-state error)가 남을 수 있음

(2) **ON-OFF 제어 → 단순한 제어 방식, 잔류 편차 조정 불가**
  - 정해진 기준값에 도달하면 ON, 벗어나면 OFF하는 방식 (예 히터, 온도조절기)
  - 잔류 편차를 미세하게 조정할 수 없음 → 흔들림(overshoot)이 발생할 수 있음

(3) **비례 적분 제어(PI 제어) → 잔류 편차 제거 가능**
  - 비례 제어(P)와 적분 제어(I)를 결합한 방식
  - 적분 동작은 시간에 따라 누적된 오차를 보정하여 잔류 편차를 제거하는 역할을 함
  - 속도와 안정성을 동시에 고려하는 방식

(4) **비례 미분 제어(PD 제어) → 잔류 편차 제거 어려움**
  - 비례(P) + 미분(D) 제어로 빠른 응답과 오버슈트(초과 반응) 감소 효과가 있음
  - 하지만 적분 동작이 없기 때문에 잔류 편차를 완전히 제거할 수 없음

**05** 다음 중 공압 시스템에서 압축 공기를 생성하고 정제한 후 사용하는 과정에서, 일반적으로 장비가 설치되는 순서로 가장 적절한 것은 무엇인가?

① 공기압축기 → 냉각기 → 저장탱크 → 에어드라이어 → 공압 조정 유닛
② 공기압축기 → 저장탱크 → 에어드라이어 → 후부냉각기 → 배관 및 공압 조정 유닛
③ 공압압축기 → 에어드라이어 → 저장탱크 → 후부냉각기 → 배관 및 공압 조정 유닛
④ 공기압축기 → 공압 조정 유닛 → 에어드라이어 → 저장탱크 → 후부냉각기 → 배관

**해설**

**※ 공압 발생 장치의 기기 순서**
공기 여과기 → 압축기 → 저장 탱크 → 공기 건조기 → 미스트 세퍼레이터 → 압력 조정기 → 공압 필터 → 윤활 장치(필요시)

**06** 다음 유입 회로도에서 ⓐ 기기의 역할로 옳은 것은?

① 회로 내에서 발생된 서지 압력을 흡수한다.
② 기계가 정지된 동안 유입유를 탱크로 배출한다.
③ 실린더의 전진 완료 후, 클램프 압력을 유지한다.
④ 실린더 전·후진 시 속도를 일정하게 제어한다.

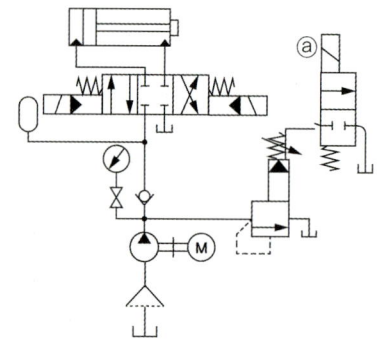

해설

– 서지압 흡수 : 축압기
 (축압기는 유압 회로에서 발생하는 순간적인 서지압을 흡수하여 회로를 보호하고 안정된 동작을 유지하는 핵심 장치)
– ⓐ : 언로드 밸브

**07** 프로세스의 특성 중 입력 신호에 대한 출력 신호의 특성으로서 시간 영역에서는 컨벌류션 적분이고,
주파수 영역에서는 전달함수와 관련된 특성은?

① 외란
② 정특성
③ 주파수 응답
④ 동특성

해설

프로세스의 특성은 크게 정특성(Static Characteristic)과 동특성(Dynamic Characteristic)으로 나눌 수 있다.
– **정특성** : 입력과 출력이 변하지 않을 때의 관계 (정상 상태 특성)
– **동특성** : 입력이 변화할 때 출력이 시간에 따라 어떻게 변하는지를 나타내는 특성
① **외란(Disturbance)**
 – 시스템 외부에서 발생하는 예측 불가능한 변화(잡음, 환경 변화 등)를 의미
② **주파수 응답(Frequency Response)**
 – 시스템이 특정 주파수의 입력 신호에 대해 어떻게 반응하는지를 나타내는 것

## 08 다음은 열전 온도계(thermo electric pyrometer)에 대한 설명이다. 잘못 설명된 것은?

① 구리와 콘스탄탄의 이종재를 결합하여 200~300℃ 정도의 저온용으로 사용한다.
② 다른 금속을 접합하여 양단의 온도차에 의해 발생되는 기전력을 이용한다.
③ 온도차에 의해 발생되는 열기전력 현상을 톰슨 효과(Thomson effect)라 한다.
④ 백금 로듐과 백금의 이종재를 결합하면 1000℃ 이상에서도 사용할 수 있다.

**해설**

※ **열전 온도계(thermoelectric pyrometer)** : 열전대(thermocouple)를 이용하여 온도를 측정하는 장치 즉, 두 개의 다른 금속이 접합된 열전대에서 발생하는 기전력(전압)을 측정하여 온도를 판단하는 방식
- **제벡 효과(Seebeck effect)** : 온도차에 의해 발생되는 열기전력 현상
- **톰슨 효과(Thomson effect)** : 전류가 흐르는 도체 내에서 온도 차이가 있을 때 열의 흡수 또는 방출이 발생하는 현상

## 09 다음 중 공기압 작업 요소의 설명으로 틀린 것은?

① 회전 실린더는 피니언과 랙 등의 구조를 이용하여 회전 운동을 할 수 있다.
② 다위치 제어 실린더는 2개 또는 그 이상의 복동 실린더로 구성된다.
③ 격판 실린더는 격판에 부착된 피스톤 로드가 미끄럼 실링되어 있다.
④ 탠덤 실린더는 2개의 복동 실린더가 1개의 실린더 형태로 된 것이다.

**해설**

• **격판 실린더(Diaphragm Cylinder)** : 내부에 피스톤이 아니라 격판(다이어프램)이 설치된 구조이고 격판이 공기압에 의해 변형되면서 운동을 발생시킨다.
• **회전 실린더(Rotary Cylinder)** : 피니언과 랙(Rack & Pinion) 구조를 이용하여 공기압을 회전 운동으로 변환하는 실린더이다. 회전각을 조절할 수 있으며, 자동화 장비, 로봇 팔 등에서 회전 운동을 수행할 때 사용한다.
• **탠덤 실린더(Tandem Cylinder)** : 2개의 실린더가 직렬로 연결되어 있으며, 출력을 증가시키는 역할을 한다. 동일한 입력 공압에서 출력을 2배로 높일 수 있는 특징이 있다.
• **다위치 제어 실린더(Multi-position Cylinder)** : 2개 이상의 복동 실린더를 결합하여 여러 위치에서 정지할 수 있도록 설계된 실린더이다. 각 실린더의 조합을 통해 중간 위치를 설정할 수 있어 다단계 작업이 가능하다.

## 10 유압 작동유의 점도가 너무 높을 경우에 대한 설명으로 적합하지 않은 것은?

① 내부 마찰의 증대와 온도 상승
② 작동유의 비활성
③ 동력 손실의 증대
④ 기계적 마찰 부분의 마모 증대

**해설**

유압 작동유의 점도가 너무 높으면 다음과 같은 문제가 발생한다.
- **동력 손실 증대** : 점도가 높을 경우 유체의 흐름 저항이 커져 펌프 및 유압 시스템이 더 많은 에너지를 소비하게 되어 동력 손실이 증가한다.
- **기계적 마찰 부분의 마모 증대** : 점도가 너무 높으면 윤활성이 저하되어 부품 간 마찰이 증가하며, 이로 인해 마모가 빨라질 수 있다.
- **내부 마찰의 증대와 온도 상승** : 점도가 높은 유체는 흐름이 원활하지 않아 내부 마찰이 커지고, 결과적으로 유압 시스템의 온도가 상승할 가능성이 높다.

**11** 다음 중 개회로 제어(open loop control)에 해당하는 것으로 맞는 것은?

① PLC에 의한 공압 솔레노이드 밸브 제어
② 수직 다관절 로봇의 모션 제어
③ CNC 공작기계 이송 테이블 제어
④ 서보 모터를 이용한 단축 위치 제어

**해설**

※ **제어 시스템** : 개회로 제어(Open Loop Control)와 폐회로 제어(Closed Loop Control)로 분류
- **개회로 제어(Open Loop Control)**
  - 피드백 없이 입력 신호만으로 출력이 결정되는 방식
  - 시스템이 실제 결과를 측정하지 않으므로, 부하 변화나 외부 요인에 따라 오차가 발생할 수 있음
  - **예** 단순 릴레이 회로, 타이머 제어, 공압 솔레노이드 밸브 제어 등
- **폐회로 제어(Closed Loop Control)**
  - 센서를 이용하여 실제 출력을 측정하고, 이를 기반으로 피드백을 받아 제어
  - 부하 변화에도 원하는 동작을 정확하게 수행할 수 있음
  - **예** CNC 공작기계, 서보 모터 제어, 로봇의 모션 제어 등

② 수직 다관절 로봇의 모션 제어 → 폐회로 제어 (센서를 이용한 정밀한 제어)
③ CNC 공작기계 이송 테이블 제어 → 폐회로 제어 (위치 센서를 이용한 정밀한 제어)
④ 서보 모터를 이용한 단축 위치 제어 → 폐회로 제어 (서보 시스템은 피드백을 기반으로 동작)
① PLC에 의한 공압 솔레노이드 밸브 제어 → 개회로 제어 (PLC가 단순 ON/OFF 신호를 보내며, 결과 피드백 없이 동작)

## 12 다음 중 신호 변환기의 기능이 아닌 것은?

① 신호 형태 변환                    ② 필터링
③ 비선형화                          ④ 신호 레벨 변환

**해설**

- 비선형화는 신호 변환기의 기능이 아니다.
- 신호 변환기(Transducer 또는 Signal Converter)는 한 형태의 신호를 다른 형태로 변환하는 장치로, 일반적으로 센서에서 발생한 신호를 원하는 형태로 조정하는 역할을 한다. 신호 변환기의 주요 기능은 다음과 같다.
  (1) **필터링**
    - 신호에서 불필요한 노이즈를 제거하고 원하는 주파수 대역만을 통과시키는 역할을 한다.
    - **에** 저역통과 필터(LPF), 고역통과 필터(HPF)
  (2) **신호 레벨 변환**
    - 신호의 크기를 증폭(Amplification)하거나 감쇠(Attenuation)하여 적절한 레벨로 변환하는 기능을 한다.
    - **에** 전압 변환기, 신호 증폭기
  (3) **신호 형태 변환**
    - 아날로그 신호를 디지털 신호로 변환(ADC)하거나, 디지털 신호를 아날로그 신호로 변환(DAC)하는 기능
    - **에** 온도 센서의 아날로그 신호를 디지털 데이터로 변환하는 ADC

## 13 공압에서 압력 제어 밸브의 종류와 용도의 연결로 잘못된 것은?

① 압력 스위치 – 압력 상태를 연속적으로 지시
② 시퀀스 밸브 – 작동 순서에 따른 액추에이터의 동작
③ 릴리프 밸브 – 시스템의 최대 허용 압력 초과 방지
④ 감압 밸브 – 압력을 일정하게 유지

**해설**

- 공압 시스템에서 압력 제어 밸브는 시스템의 압력을 조절하고 보호하는 역할을 한다.
  - **감압 밸브** : 공압 시스템 내에서 일정한 압력을 유지하도록 조절하는 역할
  - **압력 스위치** : 특정 압력에 도달하면 ON/OFF 신호를 출력하는 장치이다.
  - **시퀀스 밸브** : 일정한 압력에 도달하면 다른 동작을 수행하도록 하는 밸브로, 액추에이터의 동작 순서를 제어할 때 사용
  - **릴리프 밸브** : 공압 시스템에서 설정된 압력을 초과하면 초과된 공기를 배출하여 시스템을 보호하는 역할
  - **압력 게이지(Pressure Gauge)** : 압력 상태를 연속적으로 표시하는 장치

**14** 그림과 같은 밸브의 B포트를 막았을 때와 같은 기능을 하는 밸브는?

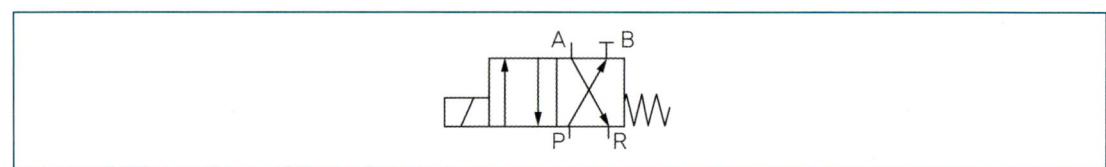

① 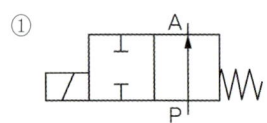　　　②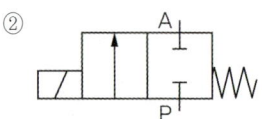

③ 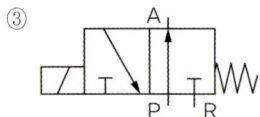　　　④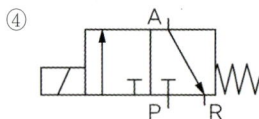

> **해설**
>
> 4포트 2위치 밸브에서 B포트를 막으면, 밸브의 동작 방식에 따라 3포트 2위치 정상 상태 닫힘형(NC, Normally Closed) 밸브와 유사한 기능을 할 수 있다.

**15** 다음 중 자동화를 위한 센서의 선정 기준에 해당하지 않는 것은?

① 생산 설비의 자동화 생산　　　② 체제의 전형화
③ 생산 원가의 절감　　　④ 생산 공정의 합리화

> **해설**
>
> 자동화 공정에서 센서를 선정할 때 고려해야 할 주요 기준은 효율성, 비용 절감, 공정 개선, 신뢰성 등이다.

**16** 다음의 그림은 어떤 종류인가?

① 반파 정류
② 전파 정류
③ 교류
④ 직류

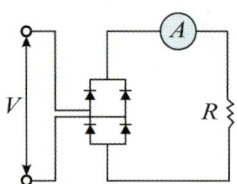

**해설**

– 전파 정류(Full-Wave Rectification)는 교류(AC) 전원을 양의 반주기와 음의 반주기 모두 같은 방향의 전압으로 변환하는 정류 방식
– 반파 정류란 교류(AC) 전원을 한쪽 방향의 전압만을 출력하는 정류 방식으로, 다이오드를 이용하여 교류 신호의 양(+) 또는 음(−)의 반주기만을 전달하는 방식

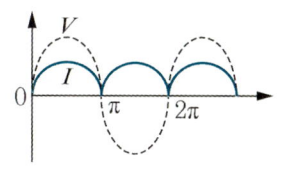

**17** 두 개의 입구와 한 개의 출구가 있는 밸브로 두 개의 입구에 압력이 모두 작용해야 출력이 발생하는 밸브로 다음 중 맞는 것은?

① 2압(two pressure)밸브      ② 스톱(stop)밸브
③ 급속 배기(quick exhaust)밸브      ④ 체크(check)밸브

**해설**

• **2압 밸브(Two Pressure Valve)** : 두 개의 입구(포트)에 압력이 모두 가해져야 출력이 발생하는 밸브, 이는 AND 밸브라고도 불리며, 논리 게이트의 AND 연산과 유사한 원리를 가진다.
• **스톱(stop) 밸브** : 유체의 흐름을 차단하거나 개방하는 역할을 하는 밸브, 단순한 개폐 기능을 가진 밸브
• **체크(check) 밸브** : 한쪽 방향으로만 흐름을 허용하는 밸브로 역류 방지 기능을 갖춘 밸브
• **급속 배기(quick exhaust) 밸브** : 실린더 내의 공기를 빠르게 배기하여 작동 속도를 높이는 밸브

**18** 피스톤 펌프 중 구동축과 실린더 블록의 축을 동일 축 선상에 놓고 그 축 선상에 대해 기울어져 고정 경사판이 부착되어 있는 방식으로 다음 중 맞는 것은?

① 사축식      ② 회전 캠형
③ 사판식      ④ 회전 피스톤형

**해설**

• **사축식(斜軸式, Bent-Axis Type)** : 구동축과 실린더 블록의 축이 일정한 각도로 기울어져 있는 방식으로 피스톤이 경사진 각도로 움직이며 작동하는 복잡한 기구. 일반적으로 고압, 고출력 시스템에서 사용되며 고효율이다.
• **사판식(斜板式, Swash Plate Type)** : 구동축과 실린더 블록의 축이 동일 선상에 있으며, 고정된 경사판(Swash Plate)이 부착되어 있고 피스톤이 경사판을 따라 움직이며 유체를 공급, 구조가 단순하고 유지보수가 용이하고 유량 조절이 가능하여 가변 용량형 펌프에 적합하다.
• **회전 캠형(Rotary Cam Type)** : 캠(Cam)의 회전 운동을 이용하여 피스톤을 움직이는 방식, 일반적으로 소형 정밀 기계나 연료 분사 펌프 등에 사용된다.
• **회전 피스톤형(Rotary Piston Type)** : 피스톤 자체가 회전하면서 유체를 압송하는 방식, 주로 로터리 펌프나 일부 특수한 유압 펌프에서 사용되고 있다.

**19** 하중을 변위 또는 토크를 각변위로 변환하는 경우 널리 쓰이는 변환기로 다음 중 맞는 것은?

① 벨로우즈            ② 바이메탈

③ 스프링             ④ 부르동관

**해설**

- 하중(힘)을 변위로 변환하거나, 토크를 각변위로 변환하는 변환기는 탄성체를 이용한 방식이 일반적이며, 대표적으로 스프링(Spring)이 사용되고 있다.
- **벨로우즈(Bellows)** : 압력에 따라 변형되는 주름진 탄성 구조물, 보통 유체 압력을 변위로 변환하는 역할을 함
- **바이메탈(Bimetal)** : 서로 다른 열팽창 계수를 가진 두 개의 금속을 붙여 만든 변환기, 온도 변화에 따라 휘어지는 특성을 이용하여 온도를 변위로 변환
- **부르동관(Bourdon Tube)** : 유체 압력을 변위로 변환하는 장치, 압력이 가해지면 원형 튜브가 변형되며 끝부분이 움직임

**20** 다음 중 되먹임 제어(feedback control)에서 반드시 필요한 장치로 맞는 것은?

① 구동기             ② 조작기

③ 검출기             ④ 비교기

**해설**

되먹임 제어(Feedback Control)는 출력값을 측정하여 원하는 목표값과 비교한 후, 차이를 보정하는 제어 방식으로 이를 위해서는 반드시 출력값을 측정하는 장치(검출기, 센서)가 필요하다.

---

**과목** **（2）** **용접 및 안전관리**

**21** 다음 중 텅스텐 전극봉을 사용하는 용접법으로 맞는 것은?

① TIG 용접             ② MIG 용접

③ 피복 아크 용접          ④ 산소-아세틸렌 용접

**해설**

- **TIG 용접(Tungsten Inert Gas Welding, GTAW)**
  - 비소모성 전극인 텅스텐 전극봉을 사용
  - 아르곤(Ar) 또는 헬륨(He) 등의 불활성(비활성) 가스를 사용하여 용접부를 보호, 정밀한 용접이 가능
  - 스테인리스강, 알루미늄, 티타늄 등의 용접에 적합, 주로 항공, 자동차, 정밀 용접 분야에 사용

- **MIG 용접(Metal Inert Gas Welding)**
  - 소모성 용접 와이어(전극)를 사용
  - 전극 와이어가 녹으면서 용접부를 형성, 주로 철, 스테인리스강, 알루미늄 등의 연속 용접에 사용
- **피복 아크 용접(Shielded Metal Arc Welding, SMAW)**
  - 피복된 전극봉을 사용하는 아크 용접 방식, 용접봉 자체가 전극 역할을 하며, 녹아 용접부를 형성
- **산소-아세틸렌 용접(Oxy-Acetylene Welding)**
  - 아세틸렌($C_2H_2$)과 산소($O_2$)를 이용한 가스 용접 방식
  - 불꽃을 사용하여 금속을 용융, 전극봉이 필요 없거나, 필요할 경우 일반적인 금속 용접봉을 사용

**22** 다음 중 보호구의 사용을 기피하는 이유에 해당되지 않는 것은?

① 지급 기피　　　　　　　　② 이해 부족
③ 위생품　　　　　　　　　④ 사용 방법 미숙

작업장에서 보호구(안전모, 안전화, 보안경, 방진마스크 등)의 사용을 기피하는 이유는 주로 불편함, 이해 부족, 지급 문제, 사용 방법 미숙 등과 관련이 있다. 하지만 "위생품"은 보호구 사용을 기피하는 이유와 직접적인 관련이 없다.

**23** 다음은 서브머지드 아크 용접에 대한 설명이다. 틀린 것은?

① 용접 홈의 가공은 수동 용접에 비하여 정밀도가 좋아야 한다.
② 용접선이 복잡한 곡선이나 길이가 짧으면 비능률적이다.
③ 용접부가 보이지 않으므로 용접 상태의 좋고 나쁨을 확인할 수 없다.
④ 일반적으로 후판의 용접에 사용되므로 루트 간격이 0.8mm 이하이면 오버랩(overlap)이 많이 생긴다.

해설

- 서브머지드 아크 용접에서는 용접 중에 플럭스가 덮여 아크가 직접 보이지 않지만, 용접 후 슬래그를 제거하면 용접 상태를 확인할 수 있다.
- 서브머지드 아크 용접은 직선 용접이나 대형 구조물 용접에 적합하지만, 곡선 용접이나 짧은 거리 용접에는 장비 조작이 어렵고 비효율적이다.
- 서브머지드 아크 용접은 후판 용접에 주로 사용되며, 루트간격이 좁으면 오버랩이 아니라 융합불량이 발생하기 쉽다.
- 자동화 용접은 홈의 형상이 일정해야 균일한 품질의 용접이 가능, 따라서 수동 용접보다 홈 가공 정밀도가 높아야 한다.

**24** 일반적인 탄산가스 아크 용접의 특징으로 다음 중 적합하지 않은 것은?

① 바람의 영향을 받지 않으므로, 방풍 장치가 필요 없다.

② 전류밀도가 높아 용입이 깊고 용접 속도를 빠르게 할 수 있다.

③ 용제를 사용하지 않아 슬래그의 혼입이 없고, 용접 후의 처리가 간단하다.

④ 가시 아크이므로 시공이 편리하다.

**해설**

※ **탄산가스 아크 용접($CO_2$ Arc Welding)**
  – 이산화탄소($CO_2$)를 보호 가스로 사용하는 금속 용접 방식
  – MIG 용접의 한 형태로, 주로 강재(철강) 용접에 사용됨
  – 용융 금속을 보호하여 산화 방지 역할을 수행
  – 주로 자동차, 조선, 건설 산업에서 많이 사용됨
  – 탄산가스 아크 용접은 바람의 영향을 받기 쉬워 방풍 장치가 필요

**25** KS 규격에서 용접부 비파괴시험 기호의 설명으로 잘못 표현된 것은?

① LT : 누설 시험

② PRT : 변형도 측정 시험

③ RT : 방사선 투과 시험

④ PT : 침투 탐상 시험

**해설**

• **RT : 방사선 투과 시험(Radiographic Testing)**
  – X-ray(엑스선) 또는 감마선($\gamma$선)을 이용하여 용접부 내부 결함(기공, 균열, 슬래그 포함 등)을 검사
  – 검사 후 필름을 현상하여 결함 여부를 판단하는 방식
• **PT : 침투 탐상 시험(Penetrant Testing)**
  – 용접부 표면의 미세한 균열이나 결함을 찾아내는 시험
  – 침투액(염료)을 도포 후 현상액을 사용하여 결함을 시각적으로 확인
• **LT : 누설 시험(Leak Testing)**
  – 기체나 액체를 주입하여 용접부의 기밀성(누설 여부)을 검사하는 방법
  – 일반적으로 압력 테스트(공기, 헬륨 등)나 비눗물 테스트를 사용
• 변형도 측정(Deformation Measurement)은 용접부의 기계적 시험(MT, ET 등)과 관련되며, PRT는 비파괴 검사 기호와 관련이 없다.

**26** 다음 산업 안전 보건 표지 중 지시 표지의 색체로 옳은 것은?

① 바탕–흰색, 관련 그림–빨간색

② 바탕–파란색, 관련 그림–흰색

③ 바탕–녹색, 관련 그림–흰색

④ 바탕–흰색, 관련 그림–녹색

**해설**

- 산업 안전보건 지시 표지의 색상 : 바탕–파란색, 관련 그림–흰색이다.
- 산업 안전보건 표지의 종류 및 색상

| 표지 종류 | 의미 | 바탕 색상 | 관련 그림 색상 |
|---|---|---|---|
| 금지 표지 | 위험한 행동 금지 | 흰색 | 빨간색(원형 테두리, 사선) |
| 경고 표지 | 위험 요소 경고 | 노란색 | 검은색 |
| 지시 표지 | 안전을 위한 필수 행동 | 파란색 | 흰색 |
| 안내 표지 | 비상구, 응급처치 등 안내 | 녹색 | 흰색 |

**27** 다음 중 불활성 가스 텅스텐 아크 용접법의 명칭이 아닌 것은?

① 헬륨–아크 용접법
② 비용극식 불활성 가스 아크 용접법
③ 시그마 용접법
④ 아르곤 아크 용접법

**해설**

※ **불활성 가스 텅스텐 아크 용접법(GTAW, TIG)의 명칭**
- **비용극식 불활성 가스 아크 용접법(GTAW, TIG)**
  - 비(非)소모성 전극(Non–Consumable Electrode)인 텅스텐 전극봉을 사용하는 용접법
  - 전극봉이 녹지 않으며, 필요 시 용가재를 추가하여 용접, 불활성 가스를 사용하여 용융부를 보호
  - 다른 명칭: TIG(Tungsten Inert Gas) 용접, GTAW(Gas Tungsten Arc Welding)
- **헬륨–아크 용접법(Helium Arc Welding)**
  - 불활성 가스 중 헬륨(He)을 사용한 TIG 용접, 헬륨은 아르곤보다 이온화 전위가 높아 아크가 더 뜨거워지고, 깊은 용입이 가능, 주로 고온에서의 용접이 필요한 경우 사용됨
- **아르곤 아크 용접법(Argon Arc Welding)**
  - 불활성 가스 중 아르곤(Ar)을 사용한 TIG 용접, 헬륨보다 경제적이고, 안정적인 아크 형성이 가능하여 널리 사용됨, 스테인리스강, 알루미늄, 티타늄 등의 용접에 적합

**28** 그림과 같은 맞대기 용접 이음 홈의 각 부 명칭을 잘못 설명한 것은?

① D–홈 길이
② A–홈 각도
③ B–루트 간격
④ C–루트 면

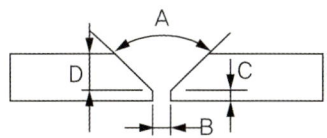

**해설**

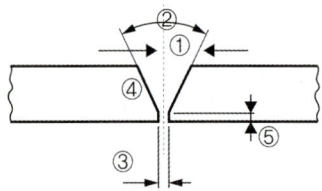

① : Bevel Angle(베벨 각: 사선 절단면의 각)
② : Groove Angle(그루브 각: 양측 모재의 베벨 각을 합친 전체 각도)
③ : Root Opening(루트 간격: 두 모재 사이의 간격)
④ : Groove Face(그루브 면: 모재의 절단면)
⑤ : Root Face(루트 면: 그루브 가공을 하지 않고 남겨둔 평평한 면)

**29** 금속 표면에 사용되는 검사법으로 비교적 간단하고 비용이 싸며, 특히 자기 탐상 검사가 되지 않는 금속 재료에 주로 사용되는 검사법으로 맞는 것은?

① 초음파 비파괴 검사　　　　　　　　② 침투 비파괴 검사
③ 누수 검사　　　　　　　　　　　　　④ 방사선 비파괴 검사

**해설**

- 금속 표면 검사법 중 침투 탐상 검사(PT)는 자기 탐상 검사(MT)가 적용되지 않는 비자성체(비철금속, 스테인리스강 등)에 사용 가능하며, 비교적 간단하고 비용이 저렴한 검사 방법이다.
- **방사선 비파괴 검사(Radiographic Testing, RT)** : X선(X-ray) 또는 감마선($\gamma$-ray)을 이용하여 금속 내부 결함을 검사하는 방법, 내부 결함 탐지에는 유용하지만, 비용이 비싸다.
- **누수 검사(Leak Testing, LT)** : 압력 차이 또는 기체·액체를 이용하여 누설 여부를 검사하는 방법, 배관, 용기 등의 기밀성 검사에 사용
- **침투 비파괴 검사(Penetrant Testing, PT)** : 비자성체(스테인리스강, 알루미늄, 티타늄 등)에도 적용 가능, 비교적 간단하고 비용이 저렴하여 널리 사용된다. 표면의 미세한 균열이나 핀홀(기공) 등을 검사하는 데 효과적, 자기탐상 검사(MT)가 불가능한 재료에서 주로 사용된다.
- **초음파 비파괴 검사(Ultrasonic Testing, UT)** : 초음파를 이용하여 금속 내부의 결함을 검사하는 방법, 내부 결함을 찾는 데는 효과적이다.

**30** 다음 중 작업장의 온도 범위로서 상대적으로 가장 적합한 것은?

① 사무실: 25~30℃　　　　　　　　　② 조립 작업: 25~30℃
③ 도장 작업: 5~10℃　　　　　　　　④ 기계 작업: 10~12℃

**해설**

- **일반적인 작업장 적정 온도 기준**
  - 기계 가공·중작업: 약 12~16℃(실무기준 임). 10~12℃가 수용 가능한 하한대 온도로 적당함
  - 정밀 조립 작업: 약 20~23℃
  - 사무 작업: 약 18~20℃
  - 도장 작업: 통상 20℃ 전후가 적당, 페인트 건조를 위해 고려 되어짐.

**31** 고용노동부장관이 안전 보건 개선 계획을 수립 및 시행을 명할 수 있는 사업장에 해당하지 않는 것은?

① 산업 재해율이 같은 업종의 규모별 평균 재해율보다 높은 사업장
② 직업성 질병자가 연간 2명 발생한 사업장
③ 95dB(A)의 소음이 2시간 발생하는 사업장
④ 사업주가 안전 조치를 이행하지 않아 중대 재해가 발생한 사업장

해설

- 고용노동부장관이 "안전보건 개선계획"을 수립 및 시행하도록 명령할 수 있는 사업장은 산업안전보건법 제49조에 따라 산업재해가 자주 발생하거나 중대한 문제가 있는 사업장이다.
- 95dB(A)의 소음이 2시간 발생하는 사업장은 단순 소음 노출 문제이며, 직업성 질병이나 중대재해 발생이 확인되지 않은 경우 안전보건 개선계획 명령 대상이 아니다.

**32** 다음 중 MIG 용접의 스프레이 용적 이행에 대한 설명이 아닌 것은?

① 고전압, 고전류에서 얻어진다.
② 경합금 용접에서 주로 나타난다.
③ 용착 속도가 빠르고 능률적이다.
④ 와이어보다 큰 용적으로 용융 이행한다.

해설

※ MIG 용접의 스프레이 용적 이행(Spray Transfer) 개요
- MIG 용접에서 용융된 금속이 아크를 통해 이동하는 방식(이행, Transfer)에는 여러 가지가 있으며, 그 중 스프레이 용적 이행(Spray Transfer)은 고전압, 고전류에서 매우 미세한 용적이 연속적으로 이행되는 방식이다.
- 높은 전류에서 발생하며, 미세한 금속 입자가 연속적으로 분사되듯 용융 금속이 이동한다.
- 스패터(Spatter, 튀는 금속 입자)가 적고, 용착 속도가 빠르다.
- 경합금(예) 알루미늄, 스테인리스강) 용접에 적합하다.
- 스프레이 이행은 매우 미세한 금속 입자가 고속으로 이동하는 방식이므로, 와이어보다 큰 덩어리가 이동하지 않는다. 용융 금속이 작은 방울 형태로 아크를 통해 이동하여 균일한 용착을 형성한다.

**33** 다음 중 용접 결함의 종류에 따른 원인과 대책이 바르게 묶인 것은?

① 언더컷 : 용접 전류가 낮을 때 – 전류를 높게 한다.
② 기공 : 용착부가 급랭되었을 때 – 예열 및 후열을 한다.
③ 슬래그 섞임 : 운봉 속도가 느릴 때 – 운봉 속도를 빠르게
④ 용입 불량 : 용접 전류가 높을 때 – 전류를 약하게 한다.

**해설**

- 기공(Porosity)
  - 기공의 주요 원인: 용접 중 수소, 질소, 산소 등의 가스가 용융 금속에 혼입된 후 빠져나가지 못하고 갇힘, 용접 표면의 오염(유분, 녹, 수분), 불완전한 보호 가스 공급 (MIG, TIG 용접 시)
  - 대책: 모재(재료)와 용접봉의 건조, 표면의 이물질 제거(녹, 기름 등), 적절한 용접 전류와 가스 흐름 조절
- 슬래그 섞임(Slag Inclusion)
  - 슬래그 섞임의 원인: 용접봉의 피복제 또는 플럭스가 용융 금속과 함께 용착부에 갇힘, 운봉 속도가 너무 빠르면 슬래그가 완전히 배출되지 못하고 용착부에 남게 됨, 용접 홈이 깊거나 용접층이 두꺼울 때 슬래그가 갇힐 가능성이 높음
  - 대책: 운봉 속도를 적절히 조절하여 슬래그가 충분히 배출되도록 함, 용접 전 홈의 청소 철저히 수행, 다층 용접 시 각 층의 슬래그를 완전히 제거한 후 다음 층을 용접
- 용입 불량(Lack of Fusion)
  - 용입 불량의 원인: 용접 전류가 낮거나, 아크가 너무 짧을 때, 운봉 속도가 너무 빠르면 모재와의 용융이 충분히 이루어지지 않음, 용접 각도가 부적절할 경우
  - 대책: 용접 전류를 높이고 아크 길이를 적절하게 유지, 운봉 속도를 너무 빠르게 하지 않도록 주의, 적절한 용접 각도를 유지
- 언더컷(Undercut)
  - 원인: 용접 전류가 너무 높거나, 운봉 속도가 너무 빠를 때, 아크가 과도하게 길 경우, 용접 각도가 부적절하여 용융 금속이 가장자리에 충분히 전달되지 못함
  - 대책: 용접 전류를 낮추고, 운봉 속도를 적절히 조절, 아크 길이를 적정하게 유지, 용접 각도를 올바르게 조정

## 34 다음 침투 처리에 관한 설명으로 맞는 것은?

① 침투 시간은 오래하는 것이 좋다.
② 침투 시간은 침투약의 종류에 관계없이 일정하다.
③ 용제 제거성 염색 침투액일 때는 스프레이법 이외에 적용할 수 없다.
④ 침투 처리한 침투액을 홈 속에 충분히 스며들게 하는 조작이다.

**해설**

- 침투 탐상 검사(PT, Penetrant Testing)는 표면에 존재하는 미세한 균열이나 결함을 찾기 위해 침투액을 사용하여 검사하는 비파괴 검사 방법이다.
  - 침투 시간은 침투액(침투제)의 종류, 검사 대상 재료, 결함 크기 등에 따라 다름
  - 용제 제거성 침투액은 스프레이뿐만 아니라, 솔질법(붓칠), 침적법(액체에 담그기) 등 다양한 방법으로 적용 가능
  - 침투 처리는 검사 대상의 표면에 침투액을 도포한 후, 미세한 균열(홈) 속으로 스며들게 하는 과정
  - 침투 시간이 너무 길면 불필요한 확산이 발생하여 검사 결과가 부정확해질 수 있음

## 35 다음은 감전(感電: electric shock)을 나타내는 표현이다. 이 내용들 중 틀린 것은?

① 전기 흐름의 통로에 인체 등이 접촉되어 인체에서 단락 또는 단락 회로의 일부를 구성하여 감전이 되는 것을 직접 접촉이라 한다.

② 전선로에 인체 등이 접촉되어 인체를 통하여 지락 전류가 흘러 감전되는 것을 말한다.

③ 누전 상태에 있는 기기에 인체 등이 접촉되어 인체를 통하여 지락 또는 섬락에 의한 전류로 감전되는 것을 직접 접촉이라 한다.

④ 전기의 유도 현상에 의하여 인체를 통과하는 전류가 발생하여 감전되는 것 등으로 분류한다.

**해설**

- 누전 상태(Insulation Failure)에서 감전되는 것은 "간접 접촉(Indirect Contact)"에 해당한다.
- 간접 접촉 감전이란 전기 설비나 기기의 절연 불량으로 인해 외함(케이스)에 전압이 걸려 있을 때, 이를 만져 감전되는 경우이다.
  - 지락(Ground Fault): 전기 회로의 전선이 대지(땅) 또는 접지된 금속 부분과 의도하지 않게 연결되어 전류가 흐르는 현상
  - 섬락(Flashover): 고전압 전선이나 절연체 사이에서 절연 파괴가 발생하여 공기를 통해 전기가 방전되는 현상

## 36 다음 중 안전 검사 대상 기계가 아닌 것은?

① 컨베이어

② 압력 용기

③ 용접기

④ 곤돌라

**해설**

- 산업안전보건법상 안전검사를 받아야 하는 기계·기구에는 곤돌라, 압력 용기, 컨베이어, 리프트, 크레인, 압축기, 보일러, 리프트 작업대 등이 있다.
- 용접기 : 안전검사 대상 아니다.
  - 전기용접기는 안전검사 의무 없음, 대신 전기안전관리나 방폭·감전 방지 관리 대상이다.

## 37 다음 중 아크 용접기의 구비 조건으로 적합하지 않은 것은?

① 큰 전류가 흘러 용접 중 온도 상승이 커야 한다.

② 아크 발생 및 유지가 용이하고 아크가 안정해야 한다.

③ 구조 및 취급 방법이 간단해야 한다.

④ 사용 중에 역률 및 효율이 좋아야 한다.

**해설**

아크 용접기는 적절한 전류를 공급하되, 불필요한 온도 상승을 최소화해야 한다. 온도가 과도하게 상승하면 용접기의 과열, 절연 손상, 성능 저하 등의 문제가 발생할 수 있다.

- 아크 용접기 : 아크 안정성 + 취급 편리성 + 효율성 + 발열 억제가 핵심 조건

**38** 다음 중 강의 내부에 모재 표면과 평행하게 층상으로 발생하는 균열로 주로 T 이음, 모서리 이음에 잘 생기는 것은 무엇인가?

① 토(tor) 균열
② 라멜라 티어(lamella tear) 균열
③ 크레이터(crater) 균열
④ 설퍼(sulfur) 균열

**해설**

- **라멜라 티어(Lamella Tear) 균열이란?**
  - 강재 내부에 모재 표면과 평행하게 층상으로 발생하는 균열
  - 주로 T 이음(T-joint), 모서리 이음(Corner joint)에서 발생
  - 용접 시 수직 방향의 인장 응력이 작용하여 층간 균열이 발생
  - 강재 내부의 비금속 개재물[특히 황(Sulfur)과 같은 불순물]이 원인이 됨
- **크레이터(Crater) 균열**
  - 용접이 끝나는 부분에서 수축 응력으로 인해 발생하는 균열
  - 균열 형태: 원형 또는 반원형의 작은 균열
  - 주 원인: 용접 전류 과다, 급격한 냉각, 적절한 용접 종료 처리 부족
  - 예방 방법: 용접 종료 시 크레이터 필링 기법 적용, 충분한 후열 처리
- **설퍼(Sulfur) 균열**
  - 황(Sulfur) 함량이 높은 강재에서 발생하는 균열
  - 황이 강재 내부에 존재하면 취성이 증가하고, 고온 균열이 발생할 가능성이 높음
  - 주로 고온 균열(Hot Crack)로 나타남
  - 예방 방법: 저황강(Low Sulfur Steel) 사용, 적절한 예열 및 용접 재료 선택

**39** 다음 중 교류 아크 용접기의 방호 장치에 해당하는 것은?

① 리밋 스위치
② 급정지 장치
③ 자동 전격 방지기
④ 비상 정지 장치

해설

- **자동 전격 방지기** : 용접 중 전격(전기 충격) 사고를 방지하기 위해 일정 전압 이상이 되면 자동으로 전압을 낮추는 장치이다. 용접 작업자의 안전을 보호하기 위한 중요한 방호 장치이다.
  - 급정지 장치 : 일반적으로 기계 장치에서 긴급한 정지를 위해 사용된다.
  - 비상 정지 장치 : 산업용 기계나 장비에서 긴급 상황 시 작동을 멈추는 기능이다.
  - 리밋 스위치 : 기계 장비에서 특정 위치나 동작을 감지하여 작동을 멈추거나 전환하는 역할을 한다. 주로 자동화 장비나 공작기계에 사용되고 있다.

**40** 다음 중 안전모나 안전대의 용도로 가장 적당한 것은 무엇인가?

① 추락 재해 방지용
② 작업 능률 가속용
③ 전도(轉倒) 방지용
④ 작업자 용품의 일종

해설

- **안전모(Helmet)** : 머리를 보호하여 낙하물이나 충격으로부터 작업자를 보호하는 역할
- **안전대(Safety Harness)** : 높은 곳에서 작업할 때 착용하여 추락 사고를 방지하는 역할
- **작업 능률 가속용** : 작업자의 안전을 확보하는 데 목적이 있다.
- **전도(轉倒) 방지용** : 전도(넘어짐) 방지보다는 추락 및 낙하물 충격 방지에 주로 사용된다.

**과목 3 기계 설비 일반**

**41** 다음 중 배관의 도시법에 대한 설명으로 틀린 것은?

① 관은 원칙적으로 1줄의 실선으로 도시하고, 동일 도면 내에서는 같은 굵기의 선을 사용한다.
② 관은 파단하여 표시하지 않도록 하며, 부득이하게 파단할 경우 2줄의 평행선으로 도시할 수 있다.
③ 표시 항목은 관의 호칭 지름, 유체의 종류 및 상태, 배관계의 식별, 배관계의 시방, 관의 외면에 실시하는 설비, 재료 순으로 필요한 것을 글자, 글자 기호를 사용하여 표시한다.
④ 관 내 흐름의 방향은 관을 표시하는 선에 붙인 화살표의 방향으로 표시한다.

해설

- 배관 도면에서는 유체가 흐르는 방향을 화살표(→)로 명확히 표시하여 흐름을 이해할 수 있도록 한다.
- 배관은 한 줄의 실선으로 표현하는 것이 원칙이며, 같은 도면에서는 동일한 굵기의 선을 사용해야 일관성이 있다.
- 관을 파단할 경우, 한 줄의 파단선을 사용하여 도시한다.
- 배관 도면에는 관의 크기(호칭 지름), 유체의 종류 및 상태, 배관 시스템의 구분 및 상세 사항(시방), 사용되는 재료 등을 기호와 문자로 표시한다.

**42** 다음 중 베어링 체커의 사용에 대한 설명으로 맞는 것은?

① 회전을 정지시키고 사용한다.
② 그라운드 잭은 지면에 연결한다.
③ 동력 전달 상태를 알 수 있다.
④ 입력 잭을 베어링에서 제일 가까운 곳에 접촉시킨다.

**해설**

- 베어링 체커(Bearing Checker): 회전기계에 사용되는 베어링의 상태를 간단히 점검하는 휴대용 측정기
  - 베어링 체커는 기계가 작동 중일 때 사용하여 베어링의 진동 및 소음을 측정하는 장비이고 회전을 정지하면 정상적인 측정이 어렵다.
  - 베어링 체커는 전기적 접지가 필요하지 않으며, 주로 베어링의 상태 진단을 위한 센서(탐촉자)를 기계 표면에 접촉시켜 사용한다.
  - 베어링 체커는 베어링의 진동, 마모, 이상 소음 등의 상태를 점검하는 장비이지, 직접적인 동력 전달 상태를 확인하는 기기는 아니다.
  - 베어링 체커의 입력 잭(센서)은 베어링에서 가장 가까운 위치에 접촉하여 진동 및 소음을 정확하게 측정해야 한다. 너무 먼 곳에 접촉하면 데이터가 왜곡될 수 있다.

**43** 기어 감속기의 분류에서 평행축형 감속기로만 짝지어진 것으로 다음 중 맞는 것은?

① 스퍼 기어, 스트레이트 베벨 기어
② 스퍼기어, 헬리컬 기어
③ 웜 기어, 하이포이드 기어
④ 웜 기어, 더블 헬리컬 기어

**해설**

- 평행축형 감속기란 입력축과 출력축이 평행하게 배치된 기어 감속기를 의미한다.
  - 스퍼 기어(Spur Gear) : 가장 일반적인 기어로, 평행축형 감속기에서 사용
  - 헬리컬 기어(Helical Gear) : 기어 이빨이 비스듬히 배열되어 있어 부드러운 동작을 제공, 평행축형 감속기에 주로 사용
  - 웜 기어(Worm Gear) : 축이 직각(교차) 또는 비스듬한 각도를 이루는 구조, 직교축형(90도) 감속기에 사용
  - 하이포이드 기어(Hypoid Gear) : 베벨 기어의 변형으로 교차축(직각 또는 비스듬한 각도) 감속기에 사용
  - 더블 헬리컬 기어(Double Helical Gear) : 헬리컬 기어의 변형으로 평행축형 감속기에 사용될 수 있음, 하지만 웜 기어와 함께 조합되어 사용
  - 스트레이트 베벨 기어(Straight Bevel Gear) : 베벨 기어 계열로, 직각(교차축) 감속기에 사용

**44** 다음 정비용 측정기구의 측정 방법으로 직접 측정에 대한 장점이 아닌 것은?

① 측정물의 실제 치수를 직접 잴 수 있다.
② 양이 적고 종류가 많은 제품을 측정하기에 적합하다.
③ 다량 제품 측정에 적합하다.
④ 측정 범위가 다른 측정 방법보다 넓다.

> **해설**
>
> • **직접 측정**(Direct Measurement)
>   – 버니어 캘리퍼스, 마이크로미터, 다이얼 게이지 등과 같이 측정 기구를 이용하여 직접 치수를 측정하는 방식
>   – 실제 크기를 직접 읽을 수 있어 정확성이 높음
>   – 개별 제품의 측정이 용이하지만, 대량 측정 시 효율이 떨어질 수 있음

**45** 철강의 열처리 중 풀림 처리의 목적이 아닌 것은?

① 강의 표면을 경화시킨다.　　　　　　② 냉간 가공성을 향상시킨다.
③ 경도를 줄이고 조직을 연화시킨다.　④ 내부 응력을 제거한다.

> **해설**
>
> • **풀림(어닐링, Annealing) 처리란?**
>   – 금속을 임계온도 이상으로 가열한 후, 서서히 냉각(노냉, 爐冷)하여 내부 조직을 안정화하는 열처리 공정
>   – 주로 강도를 낮추고 연성을 증가시키며, 내부 응력을 제거하는 목적으로 수행됨

**46** 다음 중 스퍼 기어의 정확한 치형 맞물림에 대한 것으로 맞는 것은?

① 치형 축 방향 길이 70% 이상, 유효 이 높이 30% 이상 닿아야 됨
② 치형 축 방향 길이 60% 이상, 유효 이 높이 40% 이상 닿아야 됨
③ 치형 축 방향 길이 50% 이상, 유효 이 높이 50% 이상 닿아야 됨
④ 치형 축 방향 길이 80% 이상, 유효 이 높이 20% 이상 닿아야 됨

> **해설**
>
> ※ **스퍼 기어의 정확한 맞물림 조건: 스퍼 기어의 치형이 올바르게 맞물리려면,**
>   – 이(齒)의 축 방향 길이(페이스 너비) 접촉율이 80% 이상이면 유효 이 높이 20% 이상이 필요
>   – 이(齒)의 축 방향 길이(페이스 너비) 접촉율이 40% 이상이면 유효 이 높이 40% 이상이 필요

**47** 다음 중 배관의 부식을 방지하는 방법으로 적절하지 않은 것은?

① 배관 내 약제를 투입하여 용존 산소를 제어한다.
② 온수의 온도를 50℃ 이상으로 한다.
③ 가급적 동일계의 배관재를 선정한다.
④ 배관 내 유속을 1.5m/s 이하로 제어한다.

해설

- 고온일수록 부식이 촉진될 가능성이 있다.
  – 특히, 철 및 강관의 경우 50℃ 이상에서 산화반응(부식)이 빨라질 수 있다.
  – 일반적으로 부식을 방지하려면 온도를 낮추는 것이 효과적이다.

**48** 다음 중 철–알루미늄 합금 층이 형성될 수 있도록 철강 표면에 알루미늄을 확산 침투시키는 금속침투법은 무엇인가?

① 크로마이징                     ② 실리코나이징
③ 칼로나이징                     ④ 세라다이징

해설

- **칼로나이징(Calorizing)**
  – 철강 표면에 알루미늄을 확산 침투시키는 열처리법
  – 고온에서 철과 알루미늄이 반응하여 산화 저항성을 증가시킨다.
  – 내산화성 향상
- **세라다이징(Sherardizing)**
  – 아연 분말을 폐쇄 용기 안에서 열확산시켜 철표면에 균일하고 내식성 높은 아연–철 합금층을 형성하는 친환경적 표면처리 방식
- **크로마이징(Chromizing)**
  – 철강 표면에 크롬을 확산 침투시켜 내산화성과 내마모성을 향상시키는 방법
  – 고온 환경에서 사용되는 금속에 적용됨. 내산화성과 내마모성 향상이 된다.
- **실리코나이징(Siliconizing)**
  – 철강 표면에 실리콘을 확산 침투시켜 내산화성과 내열성을 증가시키는 공정
  – 고온 환경 및 내식성이 필요한 부품에 사용됨. 내산화성과 내열성 향상이 된다.

**49** 체결용 기계 요소 중 고착된 볼트의 제거 방법으로 틀린 것은?

① 정으로 너트를 절단하는 방법          ② 볼트에 충격을 주는 방법
③ 너트에 충격을 주는 방법              ④ 로크 너트를 사용하는 방법

**해설**

로크 너트(Lock Nut)는 풀림 방지 기능이 있는 너트로, 오히려 볼트가 단단히 고정된다.

**50** 다음 중 유성 기어 감속기에 대한 설명으로 적합하지 않은 것은?

① 무단 변속기와 조합하여 큰 감속비를 얻을 수 있다.
② 작동 시 구름마찰을 한다.
③ 윤활 시 1kw 이하의 소형에는 그리스 윤활을 할 수 있고, 그 이상의 것은 유욕 윤활 방법이 쓰인다.
④ 고정된 내접 기어에 유성 기어가 맞물려 회전하면서 감속한다.

 **해설**

유성 기어 감속기에서는 주로 구름마찰이 발생하지만, 미끄럼마찰도 일부 존재한다.

**51** 파이프의 도시 방법에서 유체의 종류 중 공기를 뜻하는 기호는?

① A
② G
③ O
④ S

**해설**

※ **파이프 도시 방법에서 유체의 종류를 나타내는 기호**

| 기호 | 유체 종류 |
| --- | --- |
| A | 공압(Compressed Air), 공기(Air)로 사용 |
| G | 가스(Gas) |
| O | 공기(Oil) |
| S | 증기(Steam) |

**52** 다음 열처리 방법 중 용접으로 인해 발생한 잔류 응력을 제거하는 방법으로 가장 적합한 것은?

① 담금질
② 뜨임
③ 풀림
④ 불림

> **해설**
>
> - **뜨임(Tempering)**
>   - 담금질(Quenching) 후 경도를 조절하고 인성을 증가시키는 열처리 방법
>   - 주요 목적이 잔류 응력 제거가 아니라, 경도 조절 및 취성 완화시킴
> - **풀림(Annealing)**
>   - 금속을 임계온도 이상으로 가열한 후, 서서히 냉각하여 내부 응력을 제거하는 열처리 방법
>   - 용접 후 잔류 응력 제거에 가장 적합한 방법
> - **불림(Normalizing)**
>   - 강을 임계온도 이상으로 가열한 후, 공기 중에서 냉각하여 조직을 균일하게 만드는 방법
>   - 일부 응력 제거 효과가 있지만, 완전한 잔류 응력 제거보다는 기계적 성질 개선이 주된 목적임
> - **담금질(Quenching)**
>   - 금속을 고온에서 급속 냉각하여 경도를 높이는 열처리 방법

## 53 다음 중 스프링의 제도 방법으로 잘못 설명된 것은?

① 부품도, 조립도 등에서 양 끝을 제외한 동일 모양 부분을 생략하는 경우에는 가는 실선으로 표시한다.
② 하중이 가해진 상태에서 그려서 치수 기입시에는 하중을 기입한다.
③ 도면에서 특별히 지시가 없는 코일 스프링은 오른쪽 감김을 나타낸다.
④ 겹판 스프링은 스프링 판이 수평된 상태에서 그리는 것을 원칙으로 한다.

> **해설**
>
> 부품도, 조립도 등에서 생략하는 경우에는 가는 1점 쇄선(– · – · –) 또는 가는 2점 쇄선(– · · – · · –)으로 표시한다.

## 54 다음은 압축기의 배관에 대한 설명으로 올바른 것은?

① 압축기와 탱크 사이의 배관은 클수록 좋다.
② 배관 도중의 하부에는 반드시 드레인 밸브를 부착한다.
③ 압축기의 분해 및 조립과 관계없이 배관의 지름을 크게 한다.
④ 배관 길이는 가능한 길게 한다.

> **해설**
>
> - 배관 길이가 길어질수록 압력 손실이 증가하여 효율이 저하된다. 따라서 배관 길이는 가능한 짧게 유지하는 것이 원칙이다.
> - 배관이 지나치게 크면 공기 흐름이 불안정해지고 응축수가 많이 생성될 수 있다. 적정한 크기의 배관을 사용해야 한다.
> - 배관 지름은 압축기 용량과 압력 조건에 맞게 설계해야 하며, 무조건 크게 하는 것은 비효율적이다.

## 55 계측기가 측정량의 변화를 감지하는 민감성의 정도를 나타내는 의미로 맞는 것은?

① 정확도
② 정밀도
③ 감도
④ 오차

**해설**

- **감도(Sensitivity)** : 계측기가 측정량의 변화를 감지하는 민감성 정도
- **오차(Error)** : 측정값과 실제값의 차이
- **정밀도(Precision)** : 측정 결과의 일관성
- **정확도(Accuracy)** : 측정값이 실제값에 가까운 정도

## 56 벨트 전동 장치 중 미끄럼을 방지하기 위하여 안쪽 표면에 이가 있으며, 정확한 속도가 요구되는 경우에 사용하는 것은 무엇인가?

① 레이스 벨트
② 타이밍 벨트
③ 링크 벨트
④ 보통 벨트

**해설**

- **보통 벨트(Flat Belt)** : 평평한 구조로 마찰력에 의해 동력을 전달한다. 고속 회전에 적합하지만, 미끄럼이 발생할 수 있다.
- **링크 벨트(Link Belt)** : 여러 개의 모듈이 연결된 형태로, 길이 조절이 가능하고 진동을 줄이고 충격을 완화하는 효과가 있다.
- **타이밍 벨트(Timing Belt)** : 벨트 안쪽에 톱니(이가 있음)가 있어 정확한 속도 전달이 가능하고 미끄럼 없이 일정한 동력 전달이 가능하여 정밀한 구동에 사용된다.
- **레이스 벨트(V-Ribbed Belt)** : V형 홈이 있어 마찰력을 증가시키지만, 미끄럼을 완전히 방지하지는 못한다. 자동차 엔진 구동등에 사용되고 있다.

## 57 다음 중 관 이음 방법의 종류에 해당하지 않는 것은?

① 올덤 이음
② 용접 이음
③ 플랜지 이음
④ 나사 이음

**해설**

**올덤 이음(Oldham Coupling)** : 회전축을 연결하는 커플링 방식이며, 두 축 간의 정렬 불량을 보정하는 데 사용된다.

**58** 펌프 흡입관에 대한 설명으로 틀린 것은?

① 배관은 펌프를 향해 1/150 올림 구배를 한다.
② 흡입관에서 편류나 외류가 발생하지 못하게 한다.
③ 관의 길이는 짧고 곡관의 수는 적게 한다.
④ 흡입관 끝에 스트레이너를 설치한다.

**해설**

- 흡입 배관은 일반적으로 펌프를 향해 내림 구배(Downward Slope)를 두어야 한다.
- 올림 구배(Upward Slope)를 하면 공기가 갇혀 흡입 장애(에어 포켓)가 발생할 수 있다.

**59** 다음에 열거하는 설비 결함을 가장 쉽게 발견할 수 있는 기기로 맞는 것은?

> 베어링 결함, 파이프 누설, 저장 탱크 틈새, 공기 누설, 왕복동 압축기 밸브 결함

① 진동 측정기
② 초음파 측정기
③ 소음 측정기
④ 윤활 분석기

**해설**

• **진동 측정기** : 베어링 결함 일부 감지는 가능
• **윤활 분석기** : 윤활유 상태 분석용
• **소음 측정기** : 일반 소음 측정만 가능

**60** 왕복동 압축기의 토출밸브가 손상되었을 경우, 가장 먼저 나타나는 이상 현상은 무엇인가?

① 토출 압력 상승
② 흡입 압력 급락
③ 압축비 저하
④ 윤활유 온도 상승

**해설**

토출밸브가 손상되면 압축이 끝난 기체가 원활히 토출되지 못하고 일부가 실린더 내로 역류하게 된다. 이로 인해 실린더 내부의 잔류가스가 증가하게 되고, 다음 행정 시 흡입·압축 과정이 정상적으로 진행되지 못한다. 결과적으로 토출 압력이 기대만큼 오르지 못해 압축비(토출압력/흡입압력)가 감소하게 된다.
- **토출 압력 상승** : 밸브 손상이 아닌 토출 밸브 막힘·배관 이상에서 발생
- **흡입 압력 급락** : 주로 흡입밸브 불량 또는 흡입계통 누설로 인해 발생
- **윤활유 온도 상승** : 직접적 초기 증상 아니라 장시간 운전으로 인해 발생

## 과목 (4) 설비 진단 및 관리

**61** 다음 중 기능별(공정별) 배치에 관한 설명으로 잘못된 것은?

① 절차 계획, 일정 계획, 재고 관리, 운반 관리 등의 지원이 필요하다.
② 다품종 소량 생산에 알맞은 배치 형식이다.
③ 동일 공정 또는 기계가 한 장소에 모여진 형태이다.
④ 작업 흐름이 거의 없고, 생산 기간이 길어 재고 발생이 많다.

**해설**

- 기능별 배치는 작업 흐름이 복잡할 수 있지만, 작업 흐름이 "거의 없는" 것은 아니다.
- 생산 기간이 무조건 길어지는 것도 아니며, 적절한 계획을 통해 효율적인 운영이 가능하다.
- 재고 발생이 많아질 가능성이 있지만, 기능별 배치 자체가 반드시 재고 증가를 유발하는 것은 아니다.

**62** 수리 공사의 목적 분류 중 설비 검사에 의해서 계획하지 못했던 고장의 수리를 무엇이라 하는가?

① 예방 수리 공사　　② 보전 개량 공사
③ 돌발 수리 공사　　④ 사후 수리 공사

**해설**

- **사후 수리 공사(Breakdown Maintenance)** : 설비 고장이 발생한 후에 수리하는 방식
- **예방 수리 공사(Preventive Maintenance)** : 고장을 미리 방지하기 위해 정기적으로 점검하고 유지보수하는 방식
- **보전 개량 공사(Improvement Maintenance)** : 기존 설비의 성능 향상, 내구성 증가, 효율 개선을 위해 수행되는 유지보수
- **돌발 수리 공사(Emergency Maintenance)** : 예기치 못한 고장이 발생하여 긴급하게 수행되는 수리 공사

**63** 다음 중 윤활 관리의 목적으로 잘못된 것은?

① 설비의 부식을 최대화시킨다.　　② 설비의 수명을 연장시킨다.
③ 기계 설비의 가동률을 증대시킨다.　　④ 설비의 유지비를 절감시킨다.

**해설**

윤활의 주요 목적은 부식을 방지하고 설비를 보호하는 것이다. 부식을 최대화하는 것이 아니라 최소화하는 것이 목적이다.

## 64 윤활유를 SOAP 분석 방법 중 플라스마를 이용하여 분석하는 방식은 어느 것인가?

① 페로그래피(ferrography)법
② ICP법
③ 회전 전극법
④ 원자 흡광법

 해설

- ICP법(Inductively Coupled Plasma, 유도결합 플라스마 분석법)
  - 플라스마를 이용하여 금속 성분을 분석하는 방법
  - 윤활유 내 마모 입자의 금속 성분을 고온 플라스마에서 이온화하여 정밀 분석 가능
- 회전 전극법(Rotating Electrode Method)
  - 회전하는 전극을 사용하여 윤활유 내 마모 입자의 농도를 측정하는 방법
- 원자 흡광법(Atomic Absorption Spectroscopy, AAS)
  - 특정 금속 원소가 빛을 흡수하는 원리를 이용하여 성분을 분석하는 방법
- 페로그래피법(Ferrography)
  - 자기장을 이용하여 윤활유 내 마모 입자를 분리하고 형태를 분석하는 방법

## 65 음파의 종류에서 음원에서 모든 방향으로 동일한 에너지를 방출할 때 발생하는 파는?

① 진행파
② 평면파
③ 구면파
④ 발산파

해설

- 평면파(Plane Wave)
  - 음파가 평행한 파면을 가지며, 진행 방향이 일정한 파
  - 일정한 매질에서 직진하는 소리로 좁은 관 내부에서의 음파 전파
- 구면파(Spherical Wave)
  - 음원이 모든 방향으로 동일한 에너지를 방출할 때 형성되는 파
  - 음원이 한 점에서 발생하고, 구형으로 퍼지는 형태로 공기 중에서 확산되는 소리
- 발산파(Diverging Wave)
  - 특정 방향으로 확산하는 음파를 의미하며, 구면파와 유사한 개념이지만 특정한 방향성이 있을 수 있음
  - 확성기에서 나오는 소리
- 진행파(Progressive Wave)
  - 시간이 지나면서 한 방향으로 이동하는 파동의 일반적인 개념
  - 평면파, 구면파 등 다양한 형태가 포함될 수 있는 모든 이동하는 음파이다.

## 66 다음 중 TPM의 5가지 활동에 해당하지 않는 것은?

① 대집단 활동을 통해 PM 추진
② 설비의 효율화를 위한 개선 활동
③ 최고 경영층부터 제일선의 작업자까지 전원 참가
④ 설비에 관계하는 사람 모두 빠짐없이 활동

**해설**

※ TPM 다섯 가지 활동
(1) 설비의 효율화를 위한 개선 활동
  – 설비 가동률 극대화를 위한 지속적인 개선(CI, Continuous Improvement)
(2) 최고 경영층부터 제일선의 작업자까지 전원 참가
  – 경영진부터 작업자까지 모든 계층이 TPM 활동에 참여
(3) 설비에 관계하는 사람 모두 빠짐없이 활동
  – 운전원, 보전원, 기술자 등 설비와 관련된 모든 인원이 TPM을 실천
(4) 보전 예방 및 예측 보전 추진
  – 고장 발생 전 사전 예방 및 예측 보전(Proactive Maintenance)
(5) 소그룹(자주 보전) 활동 실시
  – 소규모 팀 단위(소그룹)로 활동하며, 지속적인 자주 보전(Self-Maintenance) 활동 수행

## 67 마멸은 기계 부품의 수명을 단축하는 가장 큰 원인 중 하나이다. 다음 중 마멸의 설명과 거리가 먼 것은?

① 마멸은 외력에 의해 물체 표면의 일부가 분리되는 현상이다.
② 마찰과 마멸은 동일한 현상이다.
③ 마멸은 열적 원인으로도 일어날 수 있다.
④ 마찰은 반드시 마멸을 동반하는 것이 아니다.

**해설**

마찰은 표면 간 저항력이며, 마멸은 마찰이나 외력으로 인해 표면이 닳는 현상이다. 즉, 마찰이 항상 마멸을 유발하는 것은 아니므로, 마찰과 마멸은 동일한 개념이 아니다.

## 68 고압 고속의 베어링에 윤활유를 기름펌프에 의해 강제적으로 밀어 공급하는 방법으로, 고압에서 몇 개의 베어링을 하나의 계통으로 하여 기름을 순환시키는 급유 방법으로 다음 중 맞는 것은?

① 버킷 급유법　　② 중력 순환 급유법
③ 강제 순환 급유법　　④ 체인 급유법

해설

- **체인 급유법(Chain Lubrication)**
  - 체인을 따라 윤활유가 이동하여 베어링에 공급되는 방식, 고압·고속 베어링에 적합하지 않다.
- **버킷 급유법(Bucket Lubrication)**
  - 버킷(용기)에 담긴 윤활유가 자연스럽게 흘러 베어링을 윤활하는 방식으로 저속 회전 기계에 사용된다.
- **중력 순환 급유법(Gravity Circulation Lubrication)**
  - 윤활유를 중력에 의해 흘려보내는 방식, 고속·고압 시스템에는 적합하지 않다.
- **강제 순환 급유법(Forced Circulation Lubrication)**
  - 기름펌프를 이용하여 고압으로 여러 개의 베어링에 윤활유를 공급하는 방식, 고속·고압 베어링에서 필수적인 윤활 방식

---

**69** 설비의 잠재 열화 현상에 대한 정확한 상태를 예측하기 위하여 직접 설비를 감지(monitoring)하는 방법으로 맞는 것은?

① 상태 기준 보전
② 운전 중 검사
③ 부분적 SD(shut down)
④ 계량 보전

해설

- **계량 보전(Quantitative Maintenance)**
  - 측정된 데이터를 활용하여 정량적으로 유지보수를 수행하는 방법
  - 직접 모니터링보다는 데이터 분석에 초점이 맞춰져 있다.
- **상태 기준 보전(Condition-Based Maintenance, CBM)**
  - 설비 상태를 직접 감지하고 모니터링하여 유지보수를 수행하는 방법으로 예지보전이라 한다.
  - 진동 분석, 열화 감지, 초음파 검사 등 실시간 데이터를 활용하는 방식이다.
- **운전 중 검사(On-line Inspection)**
  - 설비를 정지하지 않고 운전 중에 검사하는 방법으로 유지보수 방법은 아니다.
- **부분적 SD(Shut Down) 점검**
  - 설비를 완전히 정지하지 않고 일부만 정지하여 점검하는 방식
  - 유지보수를 위한 방식이지만, 지속적인 모니터링 방식이라 할 수 없다.

---

**70** 만성 고장을 규명하고 개선하기 위한 PM 분석의 특징으로 다음 중 적절한 것은?

① 현상 파악은 포괄적으로 파악하여 해석
② 요인 발견 방법은 각개의 원인을 나열식으로 나열하여 발견
③ 원인에 대한 대책은 원리 및 원칙을 수립하여 강구
④ 원인 추구 방법은 과거의 경험으로 분석

해설

- 단순히 과거 경험만으로 분석하면 근본적인 원인 규명이 어렵다. PM 분석은 경험뿐만 아니라 논리적이고 체계적인 분석이 필요하다.
- 문제 해결을 위해서는 정확한 데이터와 원인 분석이 중요하다. 단순히 포괄적으로 해석하는 것이 아니라, 구체적인 원인을 파악해야 한다.
- PM 분석에서는 단순 나열이 아니라, 원인 간의 관계를 분석하여 근본 원인을 찾는 것이 중요하다.
- PM 분석에서는 과학적이고 논리적인 접근을 통해 원인을 분석하고 대책을 마련해야 한다.
- 단순한 경험적 대응이 아니라, 원리·원칙을 기반으로 근본적인 해결책을 강구해야 한다.

**71** 다음 중 윤활 관리의 경제적 효과로 맞는 것은?

① 기계설비의 유지 관리에 필요한 보수비 절감 효과
② 윤활제 소비량의 증가 효과
③ 고장으로 인한 생산성 및 기회 손실의 증가 효과
④ 설비의 수명 감소로 인한 설비 투자비용의 절감 효과

해설

- 적절한 윤활 관리는 윤활제 소비량을 최적화하여 감소시킨다. 윤활제 과다 사용은 오히려 경제적 비효율을 초래한다.
- 윤활 관리는 기계 고장을 줄여 생산성 향상과 기회 손실 감소 효과를 준다. 즉, 생산성 저하 및 기회 손실 증가 효과와 반대이다.
- 윤활 관리는 설비 수명을 연장하는 것이 목적이지, 수명을 감소시키는 것이 아니다.
- 윤활 관리는 마찰과 마모를 줄여 유지보수 비용을 절감하는 효과를 가진다.

**72** 다음 중 그리스 급유법으로 적절하지 않은 것은?

① 그리스 컵                    ② 그리스 니플
③ 집중 그리스 윤활 장치          ④ 그리스 건

해설

**그리스 니플(Grease Nipple)** : 그리스 건과 연결하여 특정 부위에 그리스를 주입할 수 있도록 하는 장치

**73** 다음 중 보전이 필요 없는 시스템 설계가 기본 개념인 보전 방식으로 맞는 것은?

① 사후 보전                    ② 예방 보전
③ 개량 보전                    ④ 보전 예방

> **해설**
>
> - **보전 예방(Maintenance Prevention, MP)**
>   - 설계 단계에서부터 고장과 유지보수 필요성을 최소화하는 개념
> - **개량 보전(Improvement Maintenance, IM)**
>   - 기존 설비를 개선하여 신뢰성과 성능을 향상시키는 방식
> - **사후 보전(Breakdown Maintenance, BM)**
>   - 고장이 발생한 후 수리하는 방식, 보전이 필요 없는 설계와는 정반대 개념
> - **예방 보전(Preventive Maintenance, PM)**
>   - 설비를 정기적으로 점검하고 유지보수하여 고장을 예방하는 방식

**74** 다음의 종합적 생산 보전(TPM: Total Productive Maintenance)에 대한 설명으로 적절하지 못한 것은?

① TPM의 목표는 설비, 사람, 현장이 변하지 않는데 있다.
② TPM의 특징은 고장제로(zero), 불량 제로 달성 목표에 있다.
③ TPM의 목표는 맨(man), 머신(machine), 시스템(system)을 극한 상태까지 높이는데 있다.
④ TPM의 목표는 현장의 체질 개선에 있다.

> **해설**
>
> TPM은 지속적인 개선을 통해 설비 · 사람 · 현장을 변화시키는 것이 목표라 할 수 있다.

**75** 원료에 따른 윤활유를 분류할 때 다음 중 석유계 윤활유에 속하는 것은 무엇인가?

① 동물계 윤활유
② 식물계 윤활유
③ 나프텐계 윤활유
④ 합성 윤활유

> **해설**
>
> - **석유계 윤활유** : 파라핀계, 나프텐계, 혼합 윤활유
> - **비광유계 윤활유** : 동물계, 식물계, 합성 윤활유

**76** 윤활유에 소포제를 첨가하는 주된 목적은 무엇인가?

① 물과 친화성이 있는 광유를 생성
② 오일 층의 공기 기포 생성 방지 및 제거
③ 베어링 및 기타 금속 물질의 부식 억제
④ 온도에 따른 점도 변화율의 감소

- 점도 변화율(VI, Viscosity Index) 조절은 점도지수 향상제(VI Improver)의 역할이다.
- 윤활유는 일반적으로 물과 섞이지 않도록 설계되어야 한다.
- 소포제는 윤활유 내 공기 기포 형성을 방지하고, 형성된 기포를 제거하는 역할을 한다.
- 부식 억제는 방청제(Rust Inhibitor) 또는 산화 방지제(Antioxidant)의 역할이다.

**77** 다음 중 진동 주파수 분석 시 안티-엘리어싱(anti-aliasing)에 사용되는 적합한 필터는 어느 것인가?

① 저역 통과 필터                         ② 시간 윈도
③ 사이드 로브                           ④ 하이패스 필터

진동 주파수 분석에서 안티-엘리어싱(Anti-Aliasing)은 신호 샘플링 과정에서 발생하는 앨리어싱(Aliasing) 현상을 방지하기 위한 기술이다. 앨리어싱(Aliasing)이란 샘플링 속도가 충분히 높지 않으면 고주파 성분이 왜곡되어 낮은 주파수로 잘못 해석되는 현상이다.
- **시간 윈도(Time Windowing)**
  - 신호 분석에서 특정 시간 구간을 선택하는 기법
  - 앨리어싱 방지보다는 신호 분석 및 FFT(고속 푸리에 변환) 적용 시 사용됨
- **사이드 로브(Side Lobe)** : 주파수 분석 시 윈도 함수(Window Function) 적용 후 발생하는 스펙트럼상의 부가적인 주파수 성분
- **하이패스 필터(High-Pass Filter, HPF)** : 저주파 성분을 제거하고 고주파 성분을 통과시키는 필터
- **저역 통과 필터(Low-Pass Filter, LPF)**
  - 샘플링 주파수의 절반(Nyquist Frequency) 이상을 제거하여 앨리어싱을 방지하는 필터
  - 안티-엘리어싱을 위해 사용되는 필터

**78** 다음 중 설비 배치의 목적을 설명한 것으로 적합하지 않은 것은?

① 우량품의 제조 및 설비비의 절감            ② 배치 및 작업의 탄력성 유지
③ 커뮤니케이션 통제와 노동력 증대          ④ 생산량 증가 및 생산 원가의 절감

**※ 설비 배치의 주요 목적**
- **배치 및 작업의 탄력성 유지** : 생산 과정에서 유연성을 유지하여 변화하는 수요나 생산 방식에 대응할 수 있도록 한다.
- **우량품의 제조 및 설비비 절감** : 효율적인 배치를 통해 불량률을 줄이고, 설비 활용도를 높여 설비 비용을 절감할 수 있다.
- **생산량 증가 및 생산 원가 절감** : 적절한 배치를 통해 작업 흐름을 개선하여 생산성을 높이고, 낭비를 줄여 원가를 절감할 수 있다.
- 올바른 설비 배치는 커뮤니케이션을 원활하게 하며, 노동력을 효율적으로 활용하여 인력 비용을 줄이는 것이 일반적이다.
**※ "통제"와 "노동력 증대"는 작업자 간 원활한 협업과 인력 최소화를 위한 것이지 설비배치와 관계는 없다.**

**79** 다음 도표는 설비 보전 조직의 한 형태이다. 어떠한 보전 조직인가?

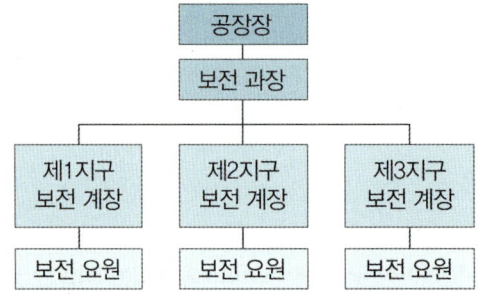

① 부분보전
③ 절충보전
② 지역보전
④ 집중보전

해설

– 지역보전(Area Maintenance)은 특정 지역(공정, 라인, 공장 등)에 대한 보전 활동을 책임지는 방식을 의미한다.
– **중앙집중식 보전조직** : 보전 업무를 한 부서에서 일괄적으로 수행하는 방식, 전문성 확보가 가능하지만, 각 부서와의 협조가 필요하다.

**80** 다음 중 보전용 자재 관리에 대한 설명으로 맞는 것은?

① 소모, 열화되어 폐기되는 것과 예비기 및 예비 부품과 같이 순환 사용되는 것이 있다.
② 불용 자재의 발생 가능성이 적다.
③ 자재 구입의 품목, 수량, 시기의 계획을 수립하기가 용이하다.
④ 보전용 자재는 연간 사용 빈도가 높으며, 소비 속도도 빠른 것이 많다.

해설

– 보전용 자재는 일회성 소모품과 순환 사용이 가능한 예비 부품으로 나뉘며, 이를 효율적으로 관리하는 것이 중요하다.
– 보전용 자재는 필요할 때 즉시 사용할 수 있도록 미리 확보해야 하지만, 사용 빈도 예측이 어려워 불용(사용되지 않는) 자재가 발생할 가능성이 크다.
– 보전용 자재는 설비의 고장 및 유지보수 일정에 따라 필요성이 달라지므로 정확한 품목, 수량, 시기를 예측하기 어렵다.
– 일반적인 생산용 원자재와 달리, 보전용 자재는 사용 빈도가 낮고 소비 속도가 느린 것이 많다. 일부 소모품(윤활유, 필터 등)은 자주 사용되지만, 대체 부품(모터, 기어박스 등)은 긴급 보전을 대비하여 보유하는 경우가 많다.
※ 예비기 : 설비 가동 중 고장이나 정비가 발생했을 때 즉시 교체 투입 가능한 완전한 예비 설비

제 **3** 회

# 설비보전기사 모의고사

과목 **1** 공유압 및 자동제어

**01** 다음 진리표에 대한 논리를 만족하는 밸브로 맞는 것은?(단, a와 b는 입력, y는 출력이다.)

[진리표]

| a | b | y |
|---|---|---|
| 0 | 0 | 0 |
| 1 | 0 | 1 |
| 0 | 1 | 1 |
| 1 | 1 | 1 |

① 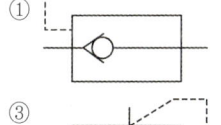  ②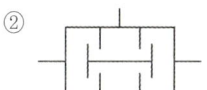

③ 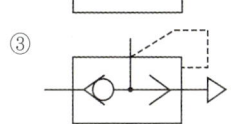  ④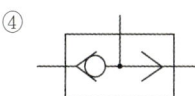

**해설**

• 문제의 진리표는 OR조건이다.

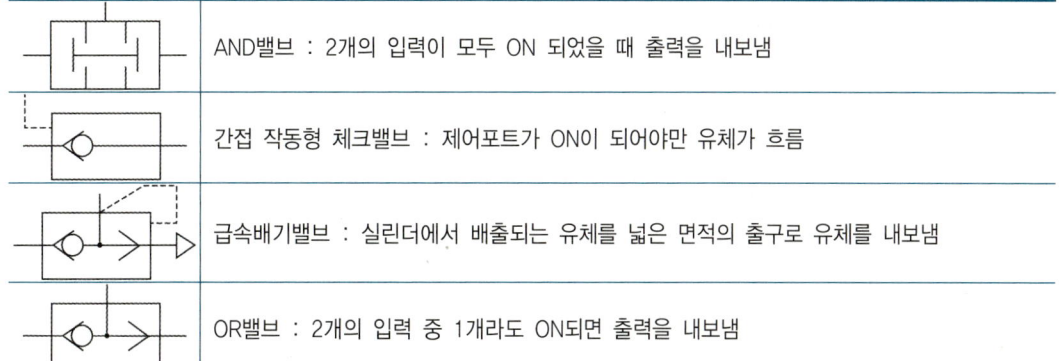

**02** 실리카겔과 같은 물질을 사용하여 압축공기 속의 수분을 제거하는 방식은 무엇인가?

① 고온 건조　　　　　　　　　　② 저온 건조
③ 흡착식 건조　　　　　　　　　　④ 흡수식 건조

**해설**

- **감습장치** : 공기 속에 포함되어 있는 수분을 제거하는 장치의 총칭
- **감습장치의 종류**
  - 냉각 감습 장치 : 냉각 코일 또는 공기 세정기를 사용하는 장치
  - 압축 감습 장치 : 공기를 압축기로 압축하고 냉각기로 냉각해 수분을 응축시키는 장치
  - 흡수식 감습 장치 : 염화리튬, 트리에틸렌 글리콜 등의 흡수제를 사용하는 장치
  - 흡착식 감습 장치 : 실리카겔, 활성 알루미나, 생석회 등의 흡착제를 사용하는 장치

**03** 단위 질량당 유체의 체적의 표현으로 다음 중 맞는 것은?

① 비체적　　　　　　　　　　② 비중
③ 밀도　　　　　　　　　　　④ 비중량

**해설**

- **밀도** : 물질의 질량을 부피로 나눈 값
- **비중** : 어떤 물질의 질량과 이것과 같은 부피를 가진 표준물질의 질량과의 비율
- **비중량** : 물체의 단위 부피당 중량

**04** 다음은 공기압 모터의 특징이다. 틀린 것은?

① 회전 방향을 쉽게 바꿀 수 있다.
② 구동 초기에 최고 회전 속도를 얻을 수 있다.
③ 폭발 및 과부하에 안전하다.
④ 속도를 무단으로 조절할 수 있다.

**해설**

- **공기압 모터의 특징**
  - 전동기에 비하여 관성과 출력의 비가 결정가 보다 작으므로 시동과 정지가 쇼트발생 없이 자연스럽게 운전 가능
  - 폭발의 위험성이 있는 환경에서도 안전하며 주위 온도, 습도 등의 영향이 다른 원동기에 비하여 적은 편이다.
  - 가격이 저렴한 제어 밸브만으로 회전수, 토크를 자유롭게 조절할 수 있다.
  - 속도 제어 및 역 회전 기구가 간단한 편이다.

- 모터 자체의 발열이 적어 섭동부의 마찰열은 압축 공기의 단열 팽창으로 냉각된다.
- 에너지의 축적이 행해져 정전시의 비상용 동력원으로 유효하다.
- 부하에 따른 회전수 변동이 커 일정한 속도 유지가 어렵다.
- 에너지 변화 효율이 낮으며 공기의 압축성에 의해 제어성이 좋지 않은 편이다.
- 회전 날개형 공기압 모터 등은 배기 소음이 크다.

## 05 다음 공기압 서비스 유닛에서 기기 순서가 바르게 나열한 것으로 맞는 것은?

① 압력조절기 → 필터 → 윤활장치
② 윤활장치 → 압력조절기 → 필터
③ 필터 → 압력조절기 → 윤활장치
④ 윤활장치 → 필터 → 압력조절기

**해설**

- **서비스유닛** : 필터, 압력조절밸브, 윤활기로 구성되어 공기탱크를 통해 공급된 공압을 필터를 거쳐 압력조절밸브로 사용자가 원하는 압력으로 조절하고, 조절된 공압에 윤활기를 통해서 미세한 윤활유를 공급하여 시스템에 공압을 공급하는 장치이다.

## 06 다음 중 축압기의 기능에 해당하지 않는 것은?

① 압력에너지 저장
② 맥동압의 제거
③ 서지압의 흡수
④ 회로압의 증대

**해설**

- **축압기의 기능** : 유압 에너지 축적, 사이클 시간 단축, 에너지 보조, 압력 보상, 서지압력 방지, 충격압력 흡수, 유체의 맥동현상 흡수, 2차 & 3차 유압회로 구동, 펌프 대용, 안전장치 역할 등

## 07 다음 중 표준대기압의 1atm의 크기와 일치하지 않은 것은?

① 101325kPa
② $10332kgf/m^2$
③ 1.0132bar
④ 760mmHg

**해설**

1atm = 101.325kPa

**08** 제어계의 시간영역 동작에서 백분율(%) 최대 오버슈트의 의미로 옳은 것은?

① $\dfrac{최종값}{최대오버슈트} \times 100$

② $\dfrac{최대오버슈트}{제2오버슈트} \times 100$

③ $\dfrac{최대오버슈트}{최종값} \times 100$

④ $\dfrac{제2오버슈트}{최대오버슈트} \times 100$

**해설**

- **최대 오버슈트(Maximum Overshoot)란?**
  제어계의 과도응답(Transient Response)에서, 출력 신호가 정상상태 값(Steady-state Value)을 처음 도달할 때 일시적으로 초과하는 최대값.
- **백분율(%) 최대 오버슈트(Percent Overshoot, %OS)** : 정상상태 값에 대해 얼마나 초과했는지를 %로 표현한 것
  - 최대값에서 최종 정상값을 빼고, 그 차이를 최종 정상값으로 나눈 뒤 ×100

**09** 다음 중 밸브의 오버랩에 대한 설명으로 옳은 것은?

① 밸브의 작동 시 포지티브 오버랩 밸브는 서지압력이 발생할 수 있다.
② 밸브의 전환 시 모든 연결구가 순간적으로 연결되는 형태가 제로 오버랩이다.
③ 방향제어밸브는 일반적으로 제로 오버랩을 갖는다.
④ 포지티브 오버랩에서 밸브의 전환시 액추에이터는 부하에 종속된 움직임을 갖는다.

**해설**

- **오버랩의 종류** : 포지티브 오버랩, 네거티브 오버랩, 제로 오버랩
- **포지티브 오버랩**
  - 밸브 전환 시, 잠시 동안 밸브의 연결구가 모두 차단
  - 압력이 떨어지지 않음
  - 잠시 동안 펌프로부터 토출된 유압유가 갈 곳이 없음
  - 압력 릴리프 밸브를 동작시키는데 필요한 시간보다 적은 경우 사용으로 서지압력 발생
- **네거티브 오버랩**
  - 밸브 전환시, 잠시동안 밸브의 연결구가 모두 차단 연결
  - 펌프로부터 토출된 유량을 A 혹은 T포트로 연결하여 최소한의 저항 통로를 형성
  - 유량이 차단되지 않아 서지압력이 없고, 부드럽고 조용한 밸브 전환이 가능
  - 서지 압력으로 인한 유압시스템과 유압 부품의 손상을 방지함
  - 잠시동안 압력이 붕괴되어 액추에이터가 표류될 수 있음

- **제로 오버랩**
  - 밸브 전환시 포지티브 오버랩과 네거티브 오버랩 사이에 존재하는 경계 영역
  - 펌프로부터 토출된 유압유 연결구 B포트로 흘러, 밸브의 전환과 동시에 A포트로 흐름
  - 오버랩을 구현하기 위해 높은 정도의 가공이 필요하며, 가공비가 매우 비쌈
  - 주로 서보밸브를 사용하여 유량이 개폐되는 정도를 동일하게 해줌

---

**10** 그림과 같은 유압회로의 명칭으로 가장 적절한 것은?

① 압력 설정 회로
② 최대압력 제한 회로
③ 임의 위치 로크회로
④ 브레이크 회로

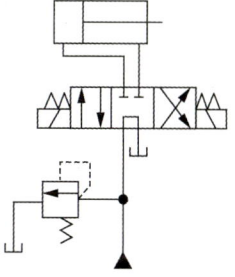

> **해설**
>
> - **로크회로** : 실린더 행정을 임의 위치에서 고정시킬 필요가 있을 때 이동을 방지하는 회로, 즉 고정시켜 놓은 실린더를 움직이지 못하도록 하는 방향제어회로이다.

---

**11** 다음 중 실제의 시간과 관계된 신호에 의하여 제어가 가능한 제어계는?

① 동기 제어계
② 논리 제어계
③ 메모리 제어계
④ 파일럿 제어계

> **해설**
>
> - **논리 제어계** : 요구되는 입력 조건이 만족되면 그에 상응하는 신호가 출력되는 제어계
> - **메모리 제어계** : 어떤 신호가 입력되어 출력 신호가 발생한 후에는 입력신호가 없어져도 그때의 출력 상태를 유지하는 제어계
> - **파일럿 제어계** : 요구되는 입력 조건이 만족되면 그에 상응하는 출력 신호가 발생되는 형태를 요구하는 제어계

**12** 다음 중 자동제어에 해당하는 작업으로 맞는 것은?

① 실린더 전·후진 위치에 리밋 스위치를 설치하여 반복 작업을 한다.
② 요동형 액추에이터에 센서를 설치하여 제한된 각도에서 반복적으로 회전운동을 한다.
③ 아크 용접 로봇이 서보 모터를 이용하여 입력된 경로대로 용접 작업을 수행한다.
④ 캠이 회전운동을 하면서 리밋 스위치를 작동시키면 그 신호를 받아 실린더가 동작한다.

해설

- **자동제어(폐회로 제어 시스템)** : 제어하고자 하는 하나의 변수가 계속 측정되어서 다른 변수, 즉 지령치와 비교되면 그 결과가 첫 번째의 변수를 지령치에 맞추도록 수정을 가하는 제어
  - 여러 개의 외란 변수가 존재할 때
  - 외란 변수들의 특징과 값이 변화할 때
- **제어(개회로 제어 시스템)** : 시스템 내의 하나 또는 여러 개의 입력 변수가 약속된 법칙에 의하여 출력 변수에 영향을 미치는 공정
  - 외란 변수에 의한 영향이 무시할 정도로 작을 때
  - 특징과 영향을 확실히 알고 있는 하나의 외란 변수만 존재할 때
  - 외란 변수의 변화가 아주 작을 때
- 용접 로봇은 위치가 변화함에 따라 계속해서 외란이 발생하기 때문에 폐회로 제어 시스템을 사용해야 하지만, 문제의 보기 ①, ②, ④는 정해진 루틴에 의한 동작이므로 외란발생이 적어 개회로 시스템으로 제어한다.

**13** 다음 중 어떤 목적에 적합하도록 되어 있는 대상에 필요한 조작을 가하는 작업은?

① 자동화
② 시스템
③ 제어
④ 신호처리

해설

- **시스템** : 일정한 목적을 달성하기 위해서 질서가 잡힌 요소의 모임으로 합리적으로 연계 동작해 문제 처리를 실행하는 수단과 규칙
- **자동화** : 여러 가지 신호들을 처리하기 위한 시스템 제어에 있어 그 판단이나 조작을 기계가 사람을 대신하여 작업의 일부나 전부를 수행하는 것
- **신호처리** : 다양한 신호를 원하는 목적에 맞도록 수학적으로 가공, 변환, 교환, 전송, 저장하는 기술

**14** 다음은 유도전동기의 특성이다. 이에 대한 설명으로 맞는 것은?

① 회전수는 주파수의 반비례한다.
② 슬립은 회전자 속도가 동기속도에 비해 얼마나 빠른가를 나타낸다.
③ 동기속도로 회전할 때 슬립 S는 1%이다.
④ 무부하 상태에서 슬립은 1% 이하이다.

• **유도전동기의 특징**
  – 유도전동기의 회전수와 역률은 주파수에 비례하고, 유기기전력, 온도변화, 최대토크는 주파수에 반비례한다.
• 슬립은 손실 속도를 정상속도로 나눈 값이다.
• 슬립은 동기 속도 기준 손실율을 말한다.
• 동기 속도로 회전하는 모터의 슬립은 0%이다. 슬립은 모터의 동기 속도와 실제 회전 속도 사이의 차이를 나타내는데, 동기속도에서는 이 차이가 없기 때문에 슬립이 발생하지 않는다.

**15** 전압을 변위로 변환하는 장치로 다음 중 맞는 것은?

① 벨로즈　　　　　② 스프링
③ 전위차계　　　　④ 전자석

• **탄성변형을 이용한 변환기(기계적 변환)** : 스프링, 벨로즈, 다이어프램, 부르동관 등
• **전위차계** : 전기 회로에 사용되는 부품으로 가변 저항 역할을 하는 기기로 전위차(전압)을 측정할 수 있다.

**16** 그림과 같은 기계시스템에서 f(t)를 입력으로 하고 x(t)를 출력으로 하였을 때의 전달함수는?

① ms²+bs+k
② s / ms²+bs+k
③ 1 / ms²+bs+k
④ k / ms²+bs+k

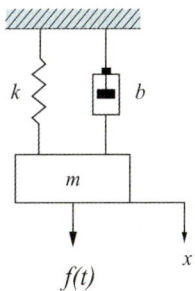

> 해설

$$\Sigma F = ma, \quad m\frac{d^2}{dt^2}x(t) + b\frac{d}{dt}x(t) + kx(t) = f(t)$$

$$(ms^2 + bs + k)X(s) = F(s)$$

$$\frac{X(s)}{F(s)} = \frac{1}{ms^2 + bs + k}$$

**17** 다음 중 자동제어계의 주파수 영역 내에서의 성능을 설명해 주는 정수가 아닌 것은?

① 공진주파수(Resonance Frequency)
② 계단응답(Step Response)
③ 대역폭(band Width)
④ 분리도(Cut Off Rate)

> 해설

- 제어 시스템에서 주파수 영역 내의 성능은 보드 진폭과 위상 플롯으로 나타낸다.
- 계단 응답은 시스템의 신호처리에서 단위 계단 입력에 대해 어떻게 반응하는지를 나타내는 것으로 단위 계단 입력은 갑자기 0에서 1로 전환되는 신호이다. 이러한 것은 시스템의 동적 특성을 이해하는 데 활용된다.

**18** 그림과 같은 블록선도의 전달 함수로 다음 중 맞는 것은?

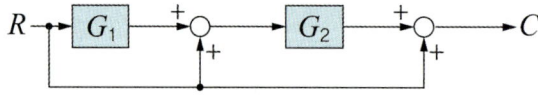

① $G_1 + G_2 + 1$
② $G_1 + G_2 + G_1 G_2$
③ $1 + G_2 + G_1 G_2$
④ $G_1 G_2 \, / \, 1 - G_1 G_2$

> 해설

$$(R \cdot G_1 + R) \cdot G_2 + R = C$$

$$\frac{C}{R} = 1 + G_2 + G_1 \cdot G_2$$

**19** 시퀀스 제어계에서 제어대상을 조작하기 위해 제어대상에 가하는 신호는?

① 제어명령

② 검출신호

③ 조작신호

④ 기준신호

> **해설**
>
> • 제어 명령은 컴퓨터, 기계, 시스템 등을 제어하기 위해 사용되는 지시나 명령어이다.
> • 조작신호는 시스템이나 장치가 특정 작업을 수행하도록 지시하는 전기적, 기계적, 또는 디지털 신호이다.
> • 기준신호는 제어 시스템에서 달성하고자 원하는 출력이라 할 수 있다.
> • **검출신호** : 센서·검출기가 측정한 출력값(피드백 신호)
> ※ 조작신호는 제어기가 생성해서 제어대상(기계, 밸브, 모터 등)에 실제로 가하는 명령 또는 지령 역할을 하는 신호이다.

**20** 온도, 유량, 압력 등을 제어량으로 하는 제어계로서 프로세스에 가해지는 외란의 억제를 주목적으로 하는 것은 다음 중 어떤 것인가?

① 정치제어

② 자동제어

③ 서보 기구

④ 프로세스 제어

> **해설**
>
> • 자동제어는 시스템이나 장치가 인간의 직접적인 개입 없이도 원하는 성능이나 동작을 유지하도록 하는 기술이다.
> • 서보 기구는 물체의 기계적 변위를 제어량으로 읽어 제어하는 시스템으로, 전기식, 유압식, 공압식 등의 종류가 있다. 서보모터의 속도값과 위치값을 측정하여 피드백시키는 시스템이다.
> • 정치제어란 목표값이 미리 정해진 시간적 변화를 추종시키기 위한 제어이다.

---

**과목  2  용접 및 안전관리**

---

**21** 간이 자동화 용접법인 중력식 용접법(Gravity Welding)에 주로 사용되는 피복아크용접봉의 종류로 가장 적절한 것은 무엇인가?

① 철분산화철계 용접봉

② 저수소계 용접봉

③ 일미나이트계 용접봉

④ 고셀룰로스계 용접봉

> **해설**
>
> - **고셀룰로스계 용접봉** : 얇은 판의 용접에 적당
> - **저수소계 용접봉** : 두꺼운 금속 부분에 사용, 우수한 침투력을 갖고 있다.
> - **일미나이트계 용접봉** : 용접봉은 깨끗하고 견고한 용접이 가능

**22** 다음 용접법과 전원특성과의 관계가 잘못 연결된 것은?

① TIG 용접-수하특성
② $CO_2$ 용접-정전류특성
③ 피복 아크 용접-수하특성
④ MIG 용접-정전압특성

> **해설**
>
> - **정전압특성** : 부하 전류가 변하여도 단자 전압은 거의 변하지 않는 특성-MIG 용접과 $CO_2$ 용접
> - **상승특성** : 부하 전류가 증가하면 단자 전압도 다소 높아지는 특성
> - **정전류특성(수하특성)** : 아크길이와 전압이 변하여도 전류는 거의 변하지 않고 아크가 지속되는 특성

**23** 일반적으로 산소-아세틸렌가스 용접 시 사용하는 연강판을 용접할 때 가장 적절한 불꽃은?

① 중성불꽃
② 탄화불꽃
③ 산화불꽃
④ 염화불꽃

> **해설**
>
> - **산소-아세틸렌가스 용접불꽃** : 중성, 산화, 탄화불꽃이 있다.
> - **중성불꽃** : 산소와 아세틸렌의 혼합비가 반반, 불꽃은 백색, 불꽃 온도는 약 3,250℃, 주철, 연강, 청동, 알루미늄, 아연 등 거의 모든 금속용접에 사용 가능하다.

**24** 용접 중 용착금속의 용입 부족 현상 방지 대책으로 맞는 것은?

① 루트 간격을 좁힌다.
② 아크 길이를 길게 한다.
③ 개선 각도를 크게 한다.
④ 용접 속도를 빨리 한다.

**해설**

- **용입 부족** : 용접부의 이음부 전체가 용접되지 않고 불충분하게 용접되어 나타나는 현상
- **용입 부족 현상 방지대책**
  - 루트 간격, 개선 각도 등을 조절한다. 개선이란 홈(Grove)을 파 놓은 것을 의미하는 것으로 적정한 크기를 유지할 필요가 있다.
  - 적절한 직경의 용접봉을 사용한다.
  - 용입이 좋은 용접봉을 선정한다.
  - 용접 전류를 조금 높게 한다.
  - 용접 속도를 약간 느리게 한다.

**25** 다음 중 가스절단에 관한 설명으로 잘못된 것은?

① 아세틸렌 가스의 순도에 영향이 적다.
② 팁의 종류에는 동심형과 이심형이 있다.
③ 산소의 순도(99%)가 높으면 절단속도가 느리다.
④ 모재의 온도가 높을수록 고속절단이 가능하다.

**해설**

산소의 순도가 높을수록 가스 절단 속도가 빨라진다. 최대의 효율을 위해서는 산소 순도를 일반적으로 99.5% 이상 유지할 필요가 있다.

**26** 서브머지드 아크 용접의 특징으로 올바르게 설명된 것은?

① 용착속도가 느리다.
② 용입이 얕다.
③ 비드 외관이 거칠다.
④ 적용 재료의 제약을 받는다.

**해설**

- **서브머지드 아크 용접의 특징**
  - 자동용접의 일종이므로 용접 속도가 빠르다.
  - 열에너지의 손실이 적고 용입이 매우 깊다.
  - 용접 홈의 크기가 작아 모재의 소비가 적다.
  - 용접 변형이나 잔류응력이 적다.
  - 후판, 박판의 용접이 가능하다.
  - 일정한 조건하에서 용접이 이루어지므로 용접이음의 신뢰도가 높다.

**27** 아크 용접기의 감전 방지를 위해 사용하는 것으로 적합한 것은?

① 2차 권선장치  ② 전격 방지 장치
③ 리밋스위치  ④ 헬멧

**해설**

- **전격 방지 장치** : 전격 방지 장치는 용접 작업을 하지 않을 때 용접기의 출력 케이블에 접속된 용접봉 홀더의 전압을 30V 이하의 안전 전압으로 하여 감전 재해를 방지하기 위해 사용하는 장치이다.
- **2차 권선장치** : 전기적 분리를 제공하는 절연 변압기
- **리밋스위치** : 감지 범위 내에 물체가 있는지 여부를 감지하는 데 사용되는 센서유형으로 물체의 위치를 정확하게 표시하도록 설계된 기계 장치이다.

**28** 팁 끝이 모재에 닿아 순간적으로 끝이 막히거나 팁의 과열, 사용 가스의 압력이 부적당할 때, 팁 속에서 폭발음이 나며 불꽃이 꺼졌다가 다시 나타나는 현상을 무엇이라 하는가?

① 역화(Back Flow)  ② 인화(Flash Back)
③ 점화(Ignite)  ④ 역류(Contra Flow)

**해설**

- **인화(Flash Back)** : 팁 끝이 순간적으로 막히면 가스의 분출이 나빠지고 토치의 가스 혼합실까지 불꽃이 그대로 도달되어 토치가 빨갛게 달구어지는 현상
  - 토치의 아세틸렌 밸브를 차단시킨다.
  - 산소 밸브를 차단시킨다.
- **역류(Contra Flow)** : 산소와 아세틸렌가스가 같은 출구로 배출되기 때문에 팁 끝이 막히는 등의 문제 발생 시 고압의 산소가 밖으로 나오지 못하기 때문에 고압의 산소가 저압의 아세틸렌가스 라인으로 밀려들어가는 현상

**29** 다음 중 피복아크 용접에서 아크 쏠림의 방지책으로 틀린 것은?

① 용접봉 끝을 아크 쏠림 반대 방향으로 기울인다.
② 정극성을 역극성으로 한다.
③ 접지점 2개를 연결한다.
④ 아크 길이를 짧게 한다.

**해설**

- **아크 쏠림 방지책**
  - 직류 용접기 대신 교류 용접기를 사용
  - 아크 길이를 짧게, 접지를 용접부와 원거리로 유지

– 접지점을 용접부와 원거리로 유지
– 용접부의 시점과 끝단에는 엔드 탭을 설치

– 긴 용접선에는 후퇴법을 적용
– 용접봉 끝을 아크 쏠림 반대 방향으로 기울인다.

**30** 다음 중 용접기호와 자세가 맞게 연결된 것은?

① V : 위 보기 자세
② F : 아래 보기 자세
③ O : 수평자세
④ H : 수직 자세

해설

• H : 수평 자세(Horizontal Position)
• O : 위 보기 자세(Overhead Position)

• V : 수직 자세(Vertical Position)
• F : 아래 보기 자세(Flat Position)

**31** 용접부 검사에서 교류의 자장에 의한 금속 내부에 와류작용을 이용하는 비파괴 검사법은?

① 방사선 검사
② 초음파 검사
③ 자분 검사
④ 맴돌이 전류 검사

해설

• 맴돌이 전류 검사
– 전자기 유도를 사용하는 방법으로 교류가 흐르는 코일을 전도체에 가까이 할 때 발생하는 와전류를 이용하여 재료 내부의 결함을 검사한다.
– 전도성 재료의 표면 및 하부 결함을 감지할 수 있다.

**32** 다음의 용접부 비파괴 시험 기호 중 와류탐상시험의 기호는?

① ET
② PT
③ RT
④ UT

해설

• RT(Radiographic Testing) : 방사선 탐상 시험
• PT(Penetrant Testing) : 침투 탐상 시험
• ET(Eddy Current Testing) : 와류 탐상 시험
• UT(Ultrasonic Testing) : 초음파 탐상 시험

**33** 다음 중 용접부의 결함검사에 사용되는 비파괴 시험법이라 할 수 없는 것은?

① 자기 탐상법
② 방사선 투과 시험
③ 현미경 조직 시험
④ 형광 침투 시험

> **해설**
>
> - **자기 탐상법** : 물체를 자화시켰을 때 결함 부위에 자장이 형성되어, 자분가루를 뿌렸을 때 결함 부위에 자분이 밀집되게 되고 그 결함의 크기를 알 수 있는 방법
> - **방사선 투과 시험** : X선이나 감마선을 사용하여 객체의 내부 구조를 검사, 이 방법은 결함이나 불연속성을 찾는 데 사용된다.
> - **형광 침투 시험** : 육안 검사로 발견할 수 없는 작은 균열이나 결함 등을 발견할 수 있는 방법으로 형광체를 포함하는 침투액을 사용한다.
> - **현미경 조직 시험** : 금속 내부의 조직을 관찰하는 시험법이다.

**34** 다음 중 가스용접의 안전수칙으로 적절하지 않은 것은?

① 호스는 호스밴드로 확실하게 연결되어 있는가 확인하고 호스걸이가 있을 때에는 걸어 둔다.
② 아세틸렌 가스는 통풍이 잘 되는 곳에 설치한다.
③ 아세틸렌 가스도관과 연결부에는 구리를 사용한다.
④ 자연환기가 불충분한 곳에서는 환기장치를 설치한 후 용접한다.

> **해설**
>
> - **가스용접 시 안전수칙**
>   - 보안경 등 보호구 착용할 것
>   - 토치 내에서 소리가 날 때나 과열 시 역화에 주의할 것
>   - 용접 전 소화기와 소화수 위치 확인할 것
>   - 안전기와 산소 조정기 상태 점검할 것
>   - 가스용기는 열원에서 떨어진 곳에 세워 보관할 것
>   - 가스호스는 꼬이지 않도록 주의할 것
> - 아세틸렌($C_2H_2$) 가스는 구리, 은, 수은과 접촉하면 폭발성 화합물을 만들고 매우 불안전한 기체로 공기 중에서 폭발 위험성이 크다.

**35** 다음 중 전격 방지 대책으로 틀린 것은?

① 용접 작업을 끝냈을 때나 장시간 중지할 때는 스위치를 차단시킬 필요가 없다.
② 용접기 내부에 함부로 손을 대지 않는다.
③ 홀더나 용접봉은 맨손으로 취급하지 않는다.
④ 땀, 물 등에 의해 습기찬 작업복, 장갑, 구두 등을 착용하고 작업하지 않는다.

**해설**

- **전격 방지 대책**
  - 고압 고무장갑을 반드시 착용할 것
  - 타충전부와 접촉을 방지할 것
  - 로프 및 절연 손잡이 취급에 주의하고 손상을 방지할 것
  - 용접용 보호구를 착용하고 용접봉에 접촉되지 않도록 유의할 것
  - 검정품인 자동전격방지장치를 부착하여 사용할 것
  - 절연 용접봉 홀더를 사용할 것

## 36 다음 용접작업의 안전사항에 관한 설명으로 틀린 것은?

① 용접작업은 가연성 물질이 없는 안전한 장소를 선택한다.
② 산소병 밸브 및 도관, 취부구는 기름 묻은 천으로 닦는다.
③ 유류탱크는 증기 열탕물로 완전히 세척한 후 통풍구멍을 개방하고 작업한다.
④ 작업 중에는 소화기를 준비하여 만일의 사고에 대비한다.

**해설**

산소병 밸브, 압력 조정기, 도관, 연결부위 등은 기름 묻은 천으로 닦아서는 안 된다.

## 37 재해 형태에 관한 설명으로 틀린 것은?

① 협착 : 기계설비 또는 물건에 끼워지거나 말려든 상태
② 낙하 : 위에서 떨어지는 물건 등으로 사람이 맞은 경우
③ 전도 : 사람이 건축물 등에서 떨어지는 것
④ 감전 : 전기 접촉이나 방전에 의해 사람이 충격을 받은 경우

**해설**

- **전도** : 사람이 과속, 미끄러짐 등으로 평면상으로 넘어졌을 때
- **추락** : 사람이 건축물 등에서 떨어지는 것

## 38 안전모나 안전대의 용도로 맞는 것은?

① 전도 방지용                    ② 작업 능률 가속용
③ 작업자 용품의 일종              ④ 추락 재해 방지용

해설

- **안전모** : 물체의 낙하 또는 추락 등의 위험 방지
- **안전대** : 로프, 고리, 차단막 등의 추락에 의한 위험 방지 기구

**39** 동력으로 운전하는 기계는 안전을 위하여 다음 중 어떤 장치가 필요한가?

① 동력 차단 장치
② 감시 장치
③ 서행 장치
④ 안전 이탈 장치

해설

동력으로 운전하는 설비의 경우 동력 차단 장치를 설치하여 스위치, 클러치 등을 두고 안전에 대비해야 한다.

**40** 다음 중 누전차단기의 사용 목적으로 틀린 것은?

① 전기 설비 및 전기 기기의 보호
② 감전으로부터 보호
③ 단선 방지
④ 누전으로 인한 화재 예방

해설

**누전차단기** : 전기 회로에 과전류가 흐를 때 이로 인한 사고 예방을 위해 전류 흐름을 차단하는 것

---

과목 ③ 기계 설비 일반

**41** 다음의 기하공차 도시법에 대한 설명 중 올바르지 못한 것은?

① 지정길이 50mm에 대하여 평행도 공차값 0.09mm이다.
② 진원도 공차 값 0.01mm이다.
③ 지정길이 50mm에 대하여 원통도 공차값 0.01mm이다.
④ A는 데이텀을 지시한다.

| ○ | 0.01 | |
|---|---|---|
| // | 0.09/50 | A |

해설

위의 기호는 평행도와 진원도를 표현하고 있다.

**42** 다음 그림이 나타내는 가공방법은 무엇인가?

① 대상 면의 드릴링 가공
② 대상 면의 브로칭 가공
③ 대상 면의 밀링 가공
④ 대상 면의 선삭 가공

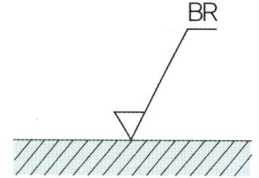

> **해설**
>
> BR : 브로칭, D : 드릴링, M : 밀링, L : 선반

**43** 구멍의 치수가 $\phi 50^{+0.005}_{-0.004}$이고, 축의 치수가 $\phi 50^{+0.005}_{-0.004}$일 때 최대틈새로 맞는 것은?

① 0.009
② 0.008
③ 0.005
④ 0.004

> **해설**
>
> 최대틈새 = 구멍의 최대허용치수 − 축의 최소허용치수
> $50.005 - 49.996 = 0.009$

**44** 다음 도면에서 대상물의 형상과 비교하여 치수 기입이 올바르지 못한 것은?

① $\phi 30$
② $\phi 14$
③ $\phi 9$
④ 7

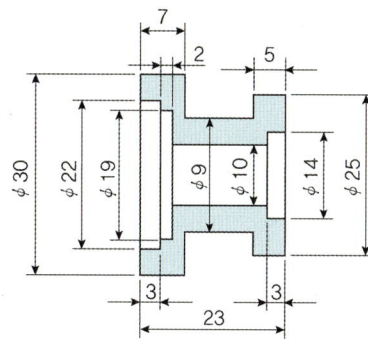

> **해설**
>
> 문제의 도면 치수에서 $\phi 9$의 위치에서는 $\phi 14$ 보다 크고 $\phi 19$ 보다는 작아야 한다.

**45** 금속침투법 중 철-알루미늄 합금 층이 형성될 수 있도록 철강 표면에 알루미늄을 확산 침투시키는 방법은?

① 크로마이징  ② 세라다이징

③ 실리코나이징  ④ 칼로라이징

**해설**

- **세라다이징** : 아연 분말 속에 재료를 묻고 300~400도로 1~5시간 동안 가열한 것
- **크로마이징** : 크롬을 재료에 1000~1400도에서 침투, 확산시킨 방법
- **실리코나이징** : 철강에 규소를 침투, 확산시켜 내산성을 향상시킨 방법

**46** 일반적인 스프링 재료가 갖추어야 할 조건으로 다음 중 틀린 것은?

① 높은 응력에 견딜 수 있어야 한다.
② 표면상태가 양호하고 부식에 강해야 한다.
③ 피로강도와 파괴인성치가 낮아야 한다.
④ 가공하기 쉬운 재료여야 한다.

**해설**

- **스프링 재료가 갖추어야 할 조건**
  - 탄성계수가 크고, 탄성한도, 피로한도 및 크리프한도가 높아야 한다.
  - 내식성 및 내열성이 커야 한다.
  - 비자성이고 도전성이 양호해야 한다.

**47** Mo 금속은 어떤 결정격자 구조인가?

① 정방격자  ② 체심입방격자

③ 면심입방격자  ④ 조밀육방격자

**해설**

- **체심입방격자** : Ba, Cr, Mo, Li, W, V, Na, K 등이 있다.
- **면심입방격자** : Al, $\gamma-Fe$, Ni, Cu, Pt, Au, Pb, Ag, Ca 등이 있다.
- **조밀육방격자** : Mg, Ti, Zn, Cd, Zr, Co, Be, Ce, Hg 등이 있다.

**48** 절삭가공에서 절삭조건과 거리가 가장 먼 것은?

① 공작기계의 모양　　　　　　② 절삭깊이
③ 절삭속도　　　　　　　　　　④ 이송속도

 **해설**

**절삭조건** : 절삭속도, 절삭깊이, 이송속도, 절삭유, 공구의 윗면 경사각 등

**49** 연삭숫돌을 교체한 후 시험 운전 시 최소 몇 분 이상 공회전이 필요한가?

① 1분 이상　　　　　　　　　　② 5분 이상
③ 3분 이상　　　　　　　　　　④ 10분 이상

 **해설**

연삭숫돌을 사용하는 작업의 경우 작업을 시작하기 전에는 1분 이상, 연삭숫돌을 교체한 후에는 3분 이상 시험운전을
하고 해당 기계에 이상이 있는지를 확인해야 한다.

**50** 다음 그림의 화살표로 지시한 버니어캘리퍼스 측정값으로 맞는 것은?

① 15mm　　　　　　② 9.15mm
③ 9.1mm　　　　　　④ 9mm

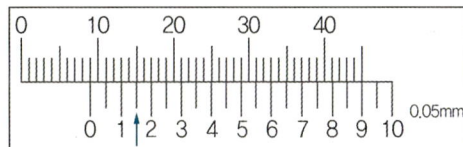

**해설**

버니어 눈금 간격이 0.05mm, 1.5자리(눈금간격 3칸)에 일치하고 있으므로 버니어 치수는 0.15mm이고 어미자의 눈금
과 합하면 9.15mm이다.

**51** 나사의 유효지름을 측정하려 한다. 다음 중 정밀도가 가장 높은 측정법은 무엇인가?

① 나사 마이크로미터에 의한 측정
② 투영기에 의한 측정
③ 공구 현미경에 의한 측정
④ 삼침법에 의한 측정

**해설**

- 나사의 유효지름 측정법
  - 삼침법 : 나사 측정용 3침을 피측정물에 접촉하여 마이크로미터를 이용해 측정한다.
  - 나사 마이크로미터 : 길이의 변화를 나사의 회전각과 지름에 의해 확대하여 작은 길이의 변화를 읽어 측정한다.
  - 공구 현미경 : 피측정물을 확대 관측하여 나사의 유효지름 등을 측정한다.
  - 투영기 : Y축의 선을 E, F와 같이 나사의 경사면에 맞추고, 마이크로미터의 심블을 돌려 측정

## 52 다음 중 공작기계의 절삭 운동과 이송 운동에 대한 설명으로 맞는 것은?

① 선반 가공은 공구를 회전시키고, 공작물이 직선 운동을 하며 가공하는 작업이다.
② 플레이너 가공은 공구를 회전시키고, 공작물이 직선 운동을 하며 나사 가공하는 작업이다.
③ 원통 연삭 가공은 공작물을 회전시키고, 공구는 직선 운동을 하며 가공하는 작업이다.
④ 밀링 가공은 공구를 회전시키고, 공작물이 이송 운동을 하며 가공하는 작업이다.

**해설**

- 선반가공은 공구는 직선운동하며, 공작물이 회전 운동을 하며 가공하는 작업이다.
- 원통연삭기는 공작물이 회전하고, 연삭 휠이 반대 방향으로 회전하며 전후 · 좌우로 이동해 원통 표면을 정밀 연삭한다.
- 플레이너는 공작물이 테이블과 함께 왕복 직선 운동을 하고, 고정된 공구가 절삭 스트로크에서만 가공한다.

## 53 관용나사의 특징으로 올바르지 않은 것은?

① 나사산의 각도가 75도이며 주로 미터나사이다.
② 관용테이퍼 나사는 축심에 대해 1/16의 테이퍼를 가진다.
③ 관용테이퍼 나사는 평행나사에 비해 기밀성이 우수하다.
④ 보통나사에 비하여 피치 및 나사산의 높이가 낮다.

**해설**

관용나사의 각도는 규격에 따라 55도 혹은 60도이며, 종류는 형상에 따라 평행나사 혹은 테이퍼나사를 사용한다.

## 54 베어링의 안지름 기호가 08일 때 이 베어링의 안지름 치수로 다음 중 맞는 것은?

① 30mm          ② 35mm
③ 40mm          ④ 45mm

해설

- 베어링의 안지름
  - 00 = 10mm
  - 01 = 12mm
  - 02 = 15mm
  - 03 = 17mm
  - 04 이후부터는 해당 숫자의 × 5: 8×5=40mm

**55** 다음 중 일반적인 핀의 호칭법에 대한 설명으로 잘못된 것은?

① 평행 핀의 길이는 양 끝의 라운드 부분을 제외한 길이를 말한다.
② 테이퍼 핀의 호칭 지름은 작은 쪽의 지름으로 표시한다.
③ 분할 핀의 호칭 길이는 긴 쪽 길이로 표시한다.
④ 분할 핀의 호칭 지름은 핀이 끼워지는 구멍의 지름으로 표시한다.

해설

분할 핀의 호칭 길이는 짧은 쪽 길이로 표시한다.

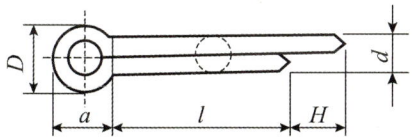

**56** 두 축의 중심선을 일치시키기 어렵거나, 전달토크의 변동으로 충격을 받거나, 고속회전으로 진동을 일으키는 경우에 충격파 진동을 완화시켜 주기 위하여 사용하는 커플링은 무엇인가?

① 머프 커플링　　　　　　　　　　　② 플렉시블 커플링
③ 클램프 커플링　　　　　　　　　　④ 마찰 원통 커플링

해설

- **머프 커플링(슬리브 커플링)** : 주철제의 통 속에 양 축단을 끼워 넣어 키를 이용하여 고정하는 간단한 축이음
- **클램프 커플링** : 축 양단을 단단히 죄어 고정시키는데 사용하는 축이음
- **마찰 원통 커플링** : 두 개로 분리된 원통의 바깥을 원추형으로 만들고 여기에 두 축을 끼우고, 그 바깥에 링을 끼워 고정하는 축이음

**57** 오프셋 링크에서 링크판과 부시를 일체화시킨 것으로, 오프셋 링크와 이음 핀으로 연결되어 있으며, 저속 중용량의 컨베이어, 엘리베이터용으로 사용되는 체인으로 다음 중 가장 적절한 것은?

① 롤러 체인
② 핀틀 체인
③ 부시 체인
④ 블록 체인

해설

- **롤러 체인** : 강판으로 만든 롤러 링크와 서로 핀으로 연결한 체인
- **부시 체인** : 롤러체인에서 롤러를 없앤 형태의 체인으로서 저속용으로 사용하는 체인
- **블록 체인** : 병렬로 된 2장의 링크판 사이에 블록을 삽입하고 이들을 핀으로 연결하여 만든 체인

**58** 펌프를 사용할 때 발생하는 캐비테이션에 대한 대책으로 다음 중 틀린 것은?

① 펌프의 회전수를 낮게 한다.
② 양 흡입 펌프를 사용한다.
③ 흡입 양정을 길게 한다.
④ 펌프의 설치위치를 되도록 낮게 한다.

해설

- **캐비테이션 방지대책**
  – 펌프의 설치 높이를 가능한한 낮춘다.
  – 흡입측의 손실을 가능한한 작게 한다.
  – 흡입 수위를 높인다.
  – 펌프의 회전수를 낮춘다.
  – 동일한 회전수와 토출양에서는 양흡입펌프가 유리하다.
  – 실양정이 크게 변동하여 토출량이 과대하게 되는 경우에는 토출밸브를 조절한다.
  – 흡입관의 스트레이너 등에 이물질이 있는 경우 이를 제거한다.

**59** 전동기 회전 중 진동현상을 보이고 있다. 다음 중 그 원인으로 잘못된 것은?

① 로터와 스테이터의 접촉
② 베어링 손상
③ 커플러, 풀리의 느슨해짐
④ 냉각 불충분

해설

냉각 불충분은 전동기의 과열과 연관이 있다.

**60** 밸브의 제작 및 사용상 주의해야 할 사항으로 다음 중 잘못된 것은?

① 리프트 밸브의 시트와 밸브 박스 재질은 팽창 계수 차에 의해 밸브 시트가 이완되는 것을 방지하기 위해 다른 재질을 사용한다.

② 글루브 밸브를 관에 부착할 때에 밸브 박스 외측에 정확한 흐름 방향을 표시하도록 한다.

③ 체크 밸브는 밸브체의 움직임에 따라 역류방지까지 약간의 시간적 늦음이 발생할 수 있다.

④ 산성 등 화학 약품을 취급하는 곳에서는 다이어프램 밸브를 사용한다.

> **해설**
>
> 밸브 박스의 재질을 다르게 할 경우 팽창 계수 차에 의하여 이완이 적절히 이루어지지 않아 정확한 실링 혹은 유체의 전달이 안 될 수 있으므로, 같은 재질을 사용한다.

---

## 과목 ④ 설비 진단 및 관리

**61** 설비진단 기법과 응용 예를 설명한 다음 사항 중 잘못 연결된 것은?

① 열화상법 – 전기, 전자 부품의 이상발견

② 진동법 – 블로우, 팬 등의 밸런싱 진단

③ 응력법 – 설비 구조물의 응력 분포도 검사

④ 오일 분석법 – 베어링의 오일 휩(Oil Whip) 진단

> **해설**
>
> • **오일분석법** : 베어링 등 금속과 금속이 습동하는 부분의 마모에 대한 진행 상황을 윤활유 중에 포함된 마모 금속의 양, 형태, 성분 등으로 판단하는 방법이며, 페로그래피법과 SOAP법이 있다.
> - 페로그래피법 : 채취한 오일 샘플링을 용제로 희석하고 경사진 고정 슬라이드에 흘려서 슬라이드 아래에 강력한 자석으로 마모 입자를 자력선을 채취된 입자를 페로스코프 현미경으로 마모 입자의 크기, 형상, 성분을 관찰하여 분석한다.
> - SOAP법 : 오일 SOAP법은 채취한 시료유의 연소 시 발생되는 금속 성분의 발광 또는 흡광 현상을 분석하여 오일 중 마모성분과 농도를 검출하는 방법이다.
> • 베어링의 오일휩이란 충분히 윤활된 미끄럼 베어링의 경우 축을 고속으로 회전시켰을 때 축의 위험 속도의 2배가 되면 격심한 진동이 축에 발생하는 것으로, 이에 대한 진단방법은 진동분석법이 적당하다.

**62** 진동의 측정 단위에 해당하지 않는 것은?

① m

② $m/s^2$

③ m/s

④ $m^2/s^2$

> **해설**
>
> 진동의 측정 단위로는 변위(m), 속도(m/s), 가속도($m/s^2$) 등이 있다.

**63** 진동의 종류별 설명으로 다음 중 잘못 설명하고 있는 것은?

① 자유진동 : 외란이 가해진 후 계가 스스로 진동을 하고 있는 경우이다.

② 선형진동 : 진동의 진폭이 증가함에 따라 모든 진동계가 운동하는 방식이다.

③ 비감쇠진동 : 대부분의 물리계에서 감쇠의 양이 매우 적어 공학적으로 감쇠를 무시한다.

④ 규칙진동 : 기계 회전부에 생기는 불평형, 커플링부의 중심 어긋남 등의 원인으로 발생하는 진동이다.

> **해설**
>
> • 진동의 종류는 외력 여부 혹은 감쇠력 여부에 따라 분류할 수 있다.
>   - **외력 여부에 따른 분류**
>     ⓐ 자유진동 : 외력 없음, 외력이 없는 상태하의 진동
>     ⓑ 강제진동 : 외력 존재, 외부의 주기적인 자극에 의한 진동
>   - **감쇠력 여부에 따른 분류**
>     ⓐ 비감쇠진동 : 한 번의 자극만으로 외부 자극 없이도 끝없이 자유 진동함
>     ⓑ 감쇠진동 : 진동하면서 계속 에너지를 잃어감

**64** 설비진단의 개념과 가장 거리가 먼 것은?

① 수리 및 개량법의 결정

② 신뢰성 및 수명의 예측

③ 단순한 점검의 계기화

④ 이상이나 결함의 원인 파악

> **해설**
>
> 설비진단이란 설비의 현재의 상태량을 파악하여 이상 또는 고장에 관한 원인 및 앞으로의 경향을 예지, 예측하여 필요한 대책을 세우는 기술이다.

**65** 진동에서 진폭표시 파라미터로 다음 중 사용되지 않는 것은?

① 댐퍼　　　　　　　　　　　　　② 속도
③ 가속도　　　　　　　　　　　　④ 변위

> **해설**
>
> • 진폭이란 주기적인 진동이 있을 때 그 중심으로부터 최대로 움직인 거리 혹은 변위를 뜻하며, 진폭의 표시에는 위치의 변위량을 전진폭, 파형의 속도를 표시하는 속도진폭, 가속도를 표시하는 가속도진폭이 있다.
> • **댐퍼** : 진동에너지를 흡수하는 장치로서 감쇠라고도 한다.

**66** 방진에 사용되는 패드의 종류 중 많은 수의 모세관을 포함하고 있어 습기를 흡수하려는 경향이 있으며, PVC 등 플라스틱 재료를 밀폐해서 사용하는 재료로 다음 중 맞는 것은?

① 파이버 글라스　　　　　　　　② 스펀지 고무
③ 강철　　　　　　　　　　　　　④ 코르크

> **해설**
>
> • 방진에 사용되는 패드의 종류
> 　－ 스펀지 고무 : 스펀지 고무는 액체를 흡수하려는 경향이 있으므로, 발화물질 등의 액체가 있는 곳에서 이용할 때는 플라스틱 등으로 밀폐된 패드를 이용해야 하며 가벼운 물체일 경우에 사용한다.
> 　－ 코르크 : 비대생장을 하는 식물의 줄기나 뿌리의 주변부에 만들어지는 보호조직으로 코르크 형성층의 분열에 의하여 생기는 것으로서 단열, 방음, 전기적 절연, 탄성력 등에서 뛰어난 성질을 가지고 있다.
> 　－ 파이버 글라스 : 많은 수의 모세관을 포함하고 있어 습기를 흡수하려는 경향이 있다. 따라서 파이버 글라스 패드는 PVC 등 플라스틱 재료를 밀폐해서 사용하는 것이 바람직하다.

**67** 파장과 주파수에 대한 설명으로 다음 중 잘못된 것은?

① 파장은 음파의 1주기 거리로 정의된다.
② 주파수는 소리의 속도에 반비례하고, 파장에 비례한다.
③ 주파수는 음파가 매질을 1초 동안 통과하는 진동 횟수를 말한다.
④ 파장은 소리의 속도에 비례하고, 주파수에 반비례한다.

> **해설**
>
> 주파수와 파장은 서로 반비례의 관계에 있다. 주파수가 높아지면 파장이 짧아지고, 파장이 증가하면 주파수는 감소한다.
>
>
>
> $\lambda = \dfrac{C}{f}$, $\lambda$: 파장, $f$: 주파수, $C$: 음속

**68** 소음계로 소음 측정 시 주의사항으로 다음 중 옳지 않은 것은?

① 반사음 영향에 대한 대책을 세운다.
② 변동이 적은 소음은 fast에 변동이 심한 소음은 slow에 놓고 측정한다.
③ 암소음 영향에 대한 보정값을 고려한다.
④ 청감보정회로를 사용한다.

> **해설**
>
> • 소음계의 slow와 fast 차이
>   - slow : 비교적 안정적인 소음 측정을 할 때
>   - fast : 수시로 변화하는 소음 측정을 할 때
>   - 암소음 : 측정하는 차에 관계없는 주위의 소리
>   - 반사음 : 음파가 물체에 부딪쳐 반사되어 나오는 소리
>   - 청감보정회로 : 인간의 청감각을 주파수 보정 특성에 나타내는 것으로 A 특성을 갖춘 것이어야 하며 자동차에서 발생하는 소음을 측정하는 데 사용하는 C 특성도 함께 갖추어야 한다.

**69** 소음기의 내면에 파이버 글라스(fiber glass)와 암면(rock wool) 등과 같은 섬유성 재료를 부착하여 소음을 감소시키는 장치로 다음 중 적절한 것은?

① 팽창형 소음기                    ② 간섭형 소음기
③ 흡음형 소음기                    ④ 공명형 소음기

> **해설**
>
> • **팽창형 소음기** : 관의 입구와 출구 사이에서 큰 공동이 발생하도록 급격한 관의 지름을 확대시켜 공기의 유속을 낮추어 소음을 감소시키는 장치
> • **간섭형 소음기** : 음파의 간섭을 이용한 것으로서 입구에서 흡인된 소음이 분기되었다가 재차 합류시키면 음의 간섭으로 인해 감쇠되는 원리의 장치
> • **공명형 소음기** : 내관의 작은 구멍과 그 배후 공기층이 공명기를 형성하여 흡음함으로써 감쇠시키는 장치

**70** 다음 중 소음 방지 방법에 해당하지 않는 것은?

① 차음                    ② 소음기
③ 흡음                    ④ 공명

- **차음** : 공기 속을 전파하는 음을 벽체 재료로 감쇠시키기 위하여 음을 반사 또는 흡수하도록 하여 입사된 음이 벽체를 투과하는 것을 막는 것
- **공명** : 2개의 진동체의 고유 진동수가 같을 때 한쪽을 진동시키면, 다른 쪽도 진동하는 현상
- **흡음** : 음파의 파동 에너지를 감쇠시켜 매질 입자의 운동 에너지를 열에너지로 전환하는 것
- **소음기** : 소음을 흡음형, 팽창형, 간섭형, 공명형 등으로 감쇠시키는 장치

**71** 설비의 잠재열화 현상을 파악하기 위해 측정 설비를 이용하여 직접 설비를 감지하는 보전방법에 해당하는 것은?

① 예방보전
② 개량보전
③ 예지보전
④ 보전예방

**해설**

- **예방보전** : 고장, 정지 또는 유해한 성능 저하를 가져오는 상태를 발견하기 위한 설비의 주기적인 검사로 초기 단계에서 이러한 상태를 제거 또는 복구시키기 위한 보전
- **개량보전** : 설비 자체의 체질 개선을 목표로 하는 보전
- **보전예방** : 고장이 없고, 보전이 필요하지 않은 설비를 설계 또는 제작하는 보전

**72** 만성로스 개선 방법 중 설비나 시스템의 불합리 현상을 원리 및 원칙에 따라 물리적 성질과 메커니즘을 밝히는 사고 방식에 적합한 분석법은?

① PM분석
② FTA
③ FMEA
④ QM분석

**해설**

- **FTA(Fault Tree Analysis)** : 시스템에 발생하는 중대한 고장이 어떠한 원인에 의하여 발생하는가를 이론적으로 분석하고 세분화하여 최종적으로는 하나의 부품의 고장 원인까지 규명해 나가는 톱다운의 수법이다.
- **FMEA(Failure Mode and Effect Analysis)** : 사고와 원인의 관계를 계열적으로 해석하는 신뢰성 해석수법의 하나이다.
- **QM(Quality Management)분석** : 회사의 경영상태를 품질 측면에서 관리하여 분석하는 방법이다.

**73** 다음 설명에 부합하는 설비망으로 맞는 것은?

> 설비의 종류, 수, 크기, 용량, 설치위치 등에 연계된 보전개념과 보전작업의 결정 및 정보연계를 의미하는 설비망으로 설비계획, 관리에 대한 명확한 책임 및 권한이 있으며 여러 지역에 동종설비를 설치하여 보전능력의 분산을 갖는다.

① 제품 중심 설비망      ② 시장 중심 설비망
③ 공정 중심 설비망      ④ 프로젝트 중심 설비망

**해설**

- **제품 중심 설비망(제품 중심 배치)** : 공정의 계열에 따라 각 공정에 필요한 기계가 배치
- **공정 중심 설비망(공정 중심 배치)** : 주문 생산과 표준화가 곤란한 다품종 소량 생산일 경우에 알맞은 배치이다.
- **프로젝트 중심 설비망(제품 고정형 배치)** : 주재료와 부품이 고정된 장소에 있고 사람, 기계, 도구 및 기타 재료가 이동하여 작업이 행하여지는 설비망이다.

**74** 설비의 경제성 평가 방법에 해당하지 않는 것은?

① 연환지수법      ② 비용비교법
③ 자본회수법      ④ MAPI 방식

**해설**

- **설비의 경제성 평가 방법의 종류**
  - 자본회수법 : 설비비를 투자하고, 이를 몇 년간 일정한 금액만큼 균등하게 회수하는 방법
  - MAPI 방식 : 자본 배분에 관련된 투자 순위 결정이 주제이고, 긴급률이라고 불리는 일종의 수익률을 구하여 이의 대소에 따라서 설비투자안 상호 간의 우선순위를 평가하는 방식
  - 비용비교법 : 기계 설비의 1년당 자본 비용과 가동비의 합, 즉 연간비용을 평가 척도로 하여 설비 투자 정책을 결정하는 방법
  - 신MAPI 방식 : MAPI 방식의 단점을 보완한 방식을 투자 순위 결정을 위한 긴급도 비율이라는 비율을 도입한 방식
- **연환지수법** : 주어진 시계열에서 각 구간의 값을 바로 앞의 구간에 대한 백분율로 나타내는 지수를 이용하여 경제 변동의 모양을 밝히고 설명하는 방법
  - 시계열 : 시간의 흐름에 따라 기록되어지는 것을 의미

**75** 치공구 관리 기능 중 보전 단계에서 실시하는 내용으로 맞지 않는 것은?

① 공구의 검사
② 공구의 제작 및 수리
③ 공구의 보관과 공급
④ 공구의 설계 및 표준화

 **해설**

공구의 설계 및 표준화는 보전 단계가 아닌 치공구의 설계단계에서 실시하는 내용에 해당한다.

**76** 윤활유의 열화에서 다음 중 내부변화인 윤활유 자체의 변질과 관련된 것으로 맞는 것은?

① 유화
② 산화
③ 이물혼입
④ 희석

**해설**

- **유화** : 융합되지 아니하는 두 가지의 액체에 계면 활성제를 넣어서 섞고 한쪽의 액체를 다른 쪽의 액체 가운데에 분산하여 유제를 만드는 조작
- **희석** : 용액에 물이나 다른 용매를 더하여 농도를 묽게 하는 것
- **이물혼입** : 정상성분이 아닌 물질이 섞인 것

**77** 순환급유 종류 중 마찰면이 기름 속에 잠겨서 윤활하는 급유 방법은?

① 패드 급유
② 나사 급유
③ 유욕 급유
④ 원심 급유

**해설**

- **패드 급유** : 패킹을 가볍게 저널에 접촉시켜 급유하는 방법으로 모사 급유법의 일종으로 패드의 모세관 현상에 의하여 각 윤활 부위에 직접 접촉하여 공급하는 형태의 급유 방식으로 경하중용 베어링에 많이 사용된다.
- **나사 급유** : 축 면에 나선 홈을 만들고 축을 회전시켜 축의 회전에 따라 기름이 홈을 따라 올라가 축 면에 급유되는 방법으로 일종의 나사 펌프 급유이며 저속에는 이용되지 않는다.
- **원심 급유** : 원심력을 이용한 방법으로 엔진 종류의 크랭크 핀 급유에 사용된다. 금속제의 바퀴를 크랭크축에 붙이고 그 바퀴로 하여금 원심력에 의하여 오일을 공급한다. 오일은 파이프로 바퀴의 홈 속에 적하하도록 되어 있어 바퀴가 회전하면 원심력에 의해 홈 속에 저장되고 구멍을 통해 핀에 공급된다.

**78** 다음 중 윤활유 분석법으로서 마모입자의 상태(크기·형상)를 파악하여 기계의 이상을 진단하는 방법은?

① 회전전극법                 ② 페로그래피법

③ 원자흡광법                 ④ ICP법

**해설**

- SOAP법은 윤활유 속에 함유된 미량금속성분을 분석하여, 윤활부의 마모를 초기에 검출하여 진단하는 방법이다.
  - ICP(고주파 유도 결합 플라즈마) : 고주파 코일의 축을 따라 아르곤 등의 불활성 기체와 분무 시료의 혼합물을 흘림으로서 전자적으로 플라즈마 상태를 생성시켜, 이에 의한 발광을 광원으로 사용하는 것
  - 회전전극법 : 전극을 회전시키면서 화학 반응과 분석 등을 하는 방법
  - 원자흡광법 : 기체상태의 중성원자가 복사선에너지를 흡수하는데 관하여 연구하는 방법
- 페로그래피법 : 윤활유 속에 함유된 마모분의 양과 형상을 분석함으로서, 윤활부의 윤활상태를 진단하는 방법으로 강한 자력에 의해 윤활유 속의 마모분을 분리하여 마모입자를 분석

**79** 그리스를 가열했을 때 반고체 상태의 그리스가 액체 상태로 되어 떨어지는 최초의 온도는?

① 이유도                 ② 주도

③ 적하점                 ④ 산화안정도

**해설**

- **주도** : 그리스의 점도에 해당하며 무르고 단단한 정도를 나타낸 값
- **이유도** : 그리스를 장시간 사용하지 않고 저장할 경우 또는 사용 중 그리스를 구성하고 있는 기름이 분리되는 현상
- **산화 안정도** : 내산화도를 평가하는 방법으로 윤활유를 일정 조건에서 산화시킨 후 신유와의 점도비, 전산가 증가 등을 시험하여 오일의 산화 안정성을 평가한다.

**80** 기어의 손상 중 윤활유의 성능과 가장 관계가 높은 파손 형태는?

① 피팅                 ② 스폴링

③ 이의 절손                 ④ 스코어링

**해설**

- **피팅** : 이면에 높은 응력이 반복 작용된 결과 이면상에 국부적으로 피로된 부분이 박리되어 작은 구멍을 발생하는 현상
- **이의 절손** : 매우 큰 과부하가 기어의 이에 작용하거나, 한번 혹은 수회 약간의 과부하가 반복되어 발생하는 이의 파손
- **스폴링** : 치면의 표면 하에 재료의 피로가 생겨, 상당히 큰 금속조각이 치면에서 탈락하는 손상
- **스코어링** : 고속, 고하중 기어에서 이면의 유막이 파단되어 국부적으로 금속접촉이 일어나 마찰에 의해 그 부분이 용융되어 뜯겨나가는 현상

제 **4** 회

# 설비보전기사 모의고사

---

## 과목 ( 1 ) 공유압 및 자동제어

**01** 오리피스에 관하여 설명한 것으로 맞는 것은?

① 길이가 단면치수에 비해 비교적 긴 교축이다.
② 유체의 압력강하는 교축부를 통과하는 유체점도의 영향을 거의 받지 않는다.
③ 유체의 압력강하는 교축부를 통과하는 유체점도에 따라 크게 영향을 받는다.
④ 유체의 압력강하는 교축부를 통과하는 유체온도에 따라 크게 영향을 받는다.

> **해설**
>
> 오리피스는 파이프의 단면을 좁혀 국부적인 유동 저항으로 쓰이는데, 단면 병목 구간의 길이가 매우 짧기 때문에 점도가 아니라 차압에 의해서만 유량이 조절된다.

**02** 유압실린더가 불규칙적으로 작동할 때, 그 원인으로 맞는 것은?

① 솔레노이드 소손
② 모터 고장
③ 작동유의 점도변화
④ 펌프 케이싱의 지나친 조임

> **해설**
>
> 유압실린더의 불규칙적 작동은 유압실린더로 공급되는 유체가 균일하게 공급되지 않아 발생하는 현상이므로, 공급하는 유체의 점도가 높아지면 유압실린더의 속도가 감소하여 불규칙적으로 작동할 수 있다. ①, ②, ④번은 유압실린더로 전달되는 유체의 문제가 아닌 동작신호체계 혹은 구조상 문제의 원인이다.

**03** 공기압 회로에서 3/2-Way 밸브의 기본 기능으로 옳은 것은?

① 방향 전환 및 차단
② 압력 조정
③ 유량 조절
④ 속도 제어

---

> **해설**
>
> 3/2-Way 밸브는 3포트, 2위치로 구성되어 단순한 방향전환·차단에 의해 공급-출구-배기에 사용된다.

**04** 유공압 시스템에서 사용하는 압력제어 밸브의 종류가 아닌 것은?

① 언로딩 밸브
② 시퀀스 밸브
③ 리듀싱 밸브
④ 디셀러레이션

> **해설**
>
> • **압력제어밸브의 종류** : 릴리프밸브, 리듀싱밸브, 언로딩밸브, 시퀀스밸브, 카운터밸런스 밸브 등

**05** 실린더 입구의 분기회로에 유량제어 밸브를 설치하여 실린더 입구측의 불필요한 압유를 배출시켜 작동효율을 증진시킨 속도제어회로는?

① 미터 아웃 회로
② 블리드오프 회로
③ 미터 인 회로
④ 로크 회로

> **해설**
>
> • **로크(Lock) 회로** : 부하가 클 때 또는 장치내의 압력저하에 의하여 실린더 피스톤이 이동되는 경우 피스톤의 이동을 방지하는 회로
> • **미터 인 회로** : 액추에이터로 유입하는 유량을 제어하여 액추에이터의 속도를 조절하는 회로
> • **미터 아웃 회로** : 액추에이터에서 유출하는 유량을 제어하여 액추에이터의 속도를 조절하는 회로
> • **블리드 오프 회로** : 액추에이터로 유입하는 유량을 바이패스시켜 액추에이터의 속도를 제어하는 회로

**06** 일반적인 유압 발생장치에서 기름 탱크의 용량을 결정하는 기준은?

① 스트레이너 유량의 3배 이상
② 공기 청정기 통기용량의 3배 이상
③ 펌프 토출량의 3배 이상
④ 펌프의 토출량과 같은 크기

> **해설**
>
> • **유압 작동유의 탱크 선정** : 오일의 양은 실린더의 직경과 길이를 가지고 산출한다.
> • **사용 오일량(L)** = 실린더의 단면적($m^2$) × 실린더의 길이(m) ÷ 1000
>   – 1000을 나누는 것은 리터단위로 환산하기 위함

- **기본 필요량** : 실린더와 펌프가 잠겨 있어야 하는 양
- **오일 필요량** = 사용 오일량 + 기본 필요량
- **탱크의 크기** : 최소 필요량과 기본 필요량을 계산하여 크기를 선정한다.

## 07 전진과 후진 시 추력이 같은 장점을 갖고 있는 실린더는?

① 텔레스코프형 실린더
② 양 로드 실린더
③ 탠덤 실린더
④ 다위치형 실린더

**해설**

- **탠덤 실린더** : 꼬치 모양으로 연결된 복수의 피스톤을 n개 연결시켜 n배의 출력을 얻을 수 있도록 한 실린더
- **다위치형 실린더** : 복수의 실린더를 직결, 여러 방향의 위치를 결정하는 실린더
- **텔레스코프형 실린더** : 긴 행정을 지탱할 수 있는 다단튜브형 로드를 갖췄으며, 튜브형의 실린더가 두 개 이상 서로 맞물려 있는 것으로서 높이에 제한이 있는 경우에 사용한다.

## 08 다음은 공기압 유량제어밸브에 대한 설명이다. 틀린 것은?

① 공기압의 속도제어는 배기 교축에 의한 속도제어회로를 주로 채택한다.
② 공기압 회로의 유량을 조정하고자 할 때 사용하는 것은 교축밸브이다.
③ 공기압실린더의 속도제어를 위해 방향제어밸브와 실린더의 중간에 설치하는 것은 속도제어밸브이다.
④ 공기압실린더의 배기유량을 감소시켜 실린더의 속도를 증진시키는 것은 급속배기밸브이다.

**해설**

- 급속배기밸브는 공기압실린더에서 배기되는 유량을 순간적으로 단면적이 넓은 배기구로 배출하여 순간적으로 속도를 증진시키는 밸브이다.

## 09 유압실린더를 선정할 때 주요 고려사항에 해당하지 않는 것은?

① 유압 펌프의 종류
② 부하를 제어하는데 필요한 힘
③ 스트로크
④ 실린더의 작동속도

**해설**

- 유압실린더 선정 시 고려사항
  - 동작방향, 동작형태, 필요한 힘, 이동거리(스트로크), 쿠션종류, 패킹재질, 방진커버, 부식우려

## 10 공압 및 유압에 관한 설명으로 맞지 않는 것은?

① 공압은 인화나 폭발의 위험이 없다.
② 공압은 공기탱크에 에너지를 저장할 수 있다.
③ 유압은 위치 제어성이 우수하고, 이송 속도도 매우 빠르다.
④ 유압은 가스나 스프링 등을 이용한 축압기에 소량의 에너지 저장이 가능하다.

**해설**

- **공압의 특징**
  - 유압기기에 비해 가격이 저렴하며 유지보수가 용이하다.
  - 저압을 사용하므로 기기파손의 위험이 적다
  - 화재의 위험이 적다.
  - 시스템이 청결하다.
  - 공기의 압축성에 의해 정밀제어가 곤란하다.
- **유압의 특징**
  - 작은 장치로도 큰 힘을 낼 수 있다.
  - 제어의 용이성과 정확도가 좋다.
  - 응답이 빠르다.
  - 윤활성, 방청성, 내열성이 우수하며, 보수가 용이하다.
  - 비압축성에 의해 액추에이터 속도의 한계가 있다.
  - 누유로 인해 시스템이 불결하다.

## 11 다음 중 제어에 관한 정의로 올바르지 않은 것은?

① 작은 에너지로 큰 에너지를 조절하기 위한 시스템을 말한다.
② 기계나 설비의 작동을 자동으로 변화시키는 구성 성분의 전체를 의미한다.
③ 사람이 직접 개입하지 않고 어떤 작업을 수행시키는 것을 말한다.
④ 기계의 재료나 에너지의 유동을 중계하는 것으로 수동인 것이다.

**해설**

제어란 기계의 재료나 에너지의 유동을 중계하는 것으로써 수동이 아닌 것을 의미한다.

**12** 다음 중 비접촉식 검출 센서(스위치)에 해당하지 않는 것은?

① 광전 스위치
② 리밋 스위치
③ 유도형 센서
④ 용량형 센서

**해설**

• **광전 스위치** : 빛을 발광부와 수광부를 통해 근접한 물체를 검출하는 센서
• **유도형 센서** : 자기장에 의해 유도된 전류를 사용하여 근접한 금속 물체를 검출하는 센서
• **용량형 센서** : 전기력을 이용하여 근접한 비금속과 금속 물체 모두 검출하는 센서

**13** 전기의 기본이 되는 전하량의 단위는?

① 줄[J]
② 클롱[C]
③ 볼트[V]
④ 암페어[A]

**해설**

• **줄[J]** : 에너지의 단위이며, 1[J]은 1[A]의 전류가 1초 동안 흘렀을 때의 에너지이다.
• **볼트[V]** : 전위차 및 기전력의 단위이다.
• **암페어[A]** : 전류의 단위이다.

**14** 조작하고 있는 동안만 열리는 접점으로 조작 전에는 항상 닫혀있는 접점은?

① B접점
② D접점
③ A접점
④ C접점

**해설**

• **A접점** : 조작하고 있는 동안만 닫혀있고, 조작 전에는 항상 열려있는 접점
• **C접점** : 2개의 고정 접점과 1개의 가동 접점을 가지며, 여자 코일에 의해 한쪽 접점을 열고 다른 쪽 접점을 닫도록 동작하는 것

**15** 미분조절기로서 제어편차의 증가율이 제어변수의 값이 되는 제어 방법은?

① D 동작
② K 동작
③ I 동작
④ P 동작

해설

- **D 동작(미분제어)** : 진동을 제거, 출력이 제어편차의 시간변화에 비례, 단독 사용이 없고 P동작이나 PI동작과 결합하여 사용, 응답초과량(Over Shoot)이 감소
- **I 동작(적분동작)** : off-set 제거(잔류편차 제거), 진동이 발생, 제어 안전성 낮음
- **P 동작** : off-set 생성(잔류편차 생성), 부하변동이 적은 제어에 사용, 프로세스의 반응속도가 빠른 편이 아님
- **K(비례상수)** : 두 변수의 비가 일정할 때, 그 일정한 값

---

**16** 다음 중 스테핑 모터의 일반적인 특징은?

① 진동 및 공진의 문제가 없다.　　　② 회전각도의 오차가 적다.
③ 대용량의 기기를 만들 수 있다.　　④ 관성이 큰 부하에 적합하다.

해설

- **스테핑 모터의 특징**
  - 브러시가 없고 부하와 독립적이다.
  - 오픈루프 제어가 가능하다.
  - 홀딩토크 특성과 뛰어난 응답특성을 갖는다.
  - 저속에서 DC모터보다 상대적으로 토크 특성이 좋다.
  - 구조가 간단하며 신뢰성이 높다.
  - 펄스 수에 비례하는 회전각도를 얻을 수 있어 정확한 각도제어를 할 수 있다.

---

**17** 입력이 어떤 정상 상태에서 다른 상태로 변화했을 때, 출력이 정상 상태에 도달할 때까지의 응답은?

① 임펄스 응답　　　　② 스텝 응답
③ 램프 응답　　　　　④ 과도 응답

해설

- **스텝 응답** : 제어 시스템이나 신호 처리에서 시스템이 스텝 입력(갑자기 변하는 입력)에 어떻게 반응하는지를 나타내는 것으로 이는 시스템의 동적 특성을 이해하는 데 중요하다. 또한 시스템 출력의 가장 기본적인 종류의 하나로서 입력이 0에서 1의 계단모양(반드시 1이 아니어도 됨)으로 갑자기 바뀔 때 나타나는 시스템의 출력이라 할 수 있다.
- **램프 응답** : 어떤 시각까지는 일정하고, 그 이후는 일정 속도로 계속 변화하는 입력 신호에 대한 응답이다. 단위 램프 입력과 같은 함수이며 스텝입력의 적분형태로 시간과 비례한다. 이러한 입력을 주었을 때 시스템의 응답을 측정하면 램프 응답이다.
- **임펄스 응답** : 시스템이 임펄스 입력에 대해 어떻게 반응하는지를 나타내는 함수이다. 이것은 시스템의 특성을 이해하는 데 사용한다. 임펄스 응답은 스텝입력을 미분한 형태로서 실제로는 존재하지 않으나 시스템을 분석하는데 편리하기 때문에 사용된다.

**18** $F(t) = \mathcal{L}^{-1}\left[\dfrac{1}{(s^2+6s+10)}\right]$ 의 값은?

① $e^{-3t}\cos\omega t$  ② $e^{-t}\sin5t$

③ $e^{-3t}\sin t$  ④ $e^{-t}\sin5\omega t$

**해설**

공식 $\mathcal{L}^{-1}\left[\dfrac{\omega}{(s+a)^2+\omega^2}\right]=e^{-at}\sin\omega t$

$\dfrac{1}{s^2+6s+10}=\dfrac{1}{(s+3)^2+1}$, $a=3$, $\omega=1$, $\mathcal{L}^{-1}\left[\dfrac{1}{(s+3)^2+1}\right]=e^{-3t}\sin t$

**19** 다음 그림과 같은 회로에서 V(s)는?

① $V(s) = RI(s) + (1/sL)I(s)$
② $V(s) = (1/R)I(s) + sLI(s)$
③ $V(s) = RI(s) + sLI(s)$
④ $V(s) = RI(s) + (1/L)I(s)$

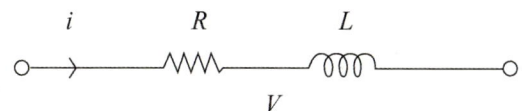

**해설**

$V= Ri + L\dfrac{di}{dt}$, $i \Rightarrow I(s)$, $\dfrac{di}{dt} \Rightarrow sI(s)$

$V = RI(s) + sLI(s)$

**20** 다음 진리표는 어떤 논리동작인가?

① 논리합(OR동작)
② 논리곱(AND동작)
③ 부정논리합(NAND동작)
④ 부정(NOT동작)

| A | B | X |
|---|---|---|
| 0 | 0 | 0 |
| 0 | 1 | 1 |
| 1 | 0 | 1 |
| 1 | 1 | 1 |

해설

- **논리곱** : 두 명제가 모두 참일 때만 결과가 참이 되는 연산
- **논리합** : 입력된 값 중 적어도 하나가 참일 때 결과값이 참이 되는 연산
- **부정논리곱**
  - 모든 입력이 참일 때만 거짓(0)을 출력
  - 그 외의 경우에는 참(1)을 출력하는 논리 게이트
- **부정 게이트**
  - 입력된 신호를 반전시키는 기능
  - 입력이 1(높은 전압)일 경우 출력은 0(낮은 전압)이 되고, 입력이 0일 경우 출력은 1이 된다.

---

## 과목 2 용접 및 안전관리

**21** 다음 중 진공상태에서 이루어지는 용접으로 맞는 것은?

① 가스 아크 용접      ② 일렉트로 슬래그 용접

③ 불활성가스 용접      ④ 전자 빔 용접

해설

- **전자 빔 용접** : 진공 상태에서 용접이 이루어지기 때문에 산화 및 질화를 방지할 수 있다. 용접속도가 빠르고 깊고 좁은 용접부를 형성할 수 있다. 반도체, 원자력, 우주항공 등에 사용된다.

---

**22** 고주파 펄스 TIG 용접기의 장점으로 틀린 것은?

① 0.5mm 이하의 박판 용접에서도 안정된 용접이 이루어진다.
② 전극봉 소모가 많다.
③ 20A 이하의 저전류에서 아크 발생이 안정하다.
④ 좁은 홈 용접에서 아크 교란이 없어 안정하다.

해설

- **고주파 펄스 TIG 용접기의 장점**
  - 전극소모가 적고 수명이 길다.
  - 매우 좁은 열 영향부(HAZ)를 만든다.
  - 용접부의 성능 개선을 위한 열처리가 거의 필요 없다.
  - 에너지 효율이 좋아서, 낮은 전력 소모로 빠른 용접을 실시한다.

– 0.13mm 이하의 매우 얇은 두께와 25mm 정도의 두께도 용접이 가능하다.
– 강종 제한이 거의 없다.(탄소강, 스테인리스강, 합금강, 알루미늄, 구리, 티타늄, 니켈 등)
– 용접 시간이 짧고, 국부적인 가열로 인해 용접부의 산화나 변형의 위험성이 작다.

**23** 일렉트로 슬래그 용접에 관한 설명으로 올바르지 않은 것은?

① 스패터가 발생하지 않고 조용하다.
② 용접시간을 단축할 수 있으며 능률적이고 경제적이다.
③ 용융금속의 용착량은 90%가 된다.
④ 용접 홈의 가공 준비가 간단하고 각 변형이 적다.

**해설**

• 일렉트로 슬래그 용접의 특징
 – 홈(I형 홈 적용) 가공이 간단하다.
 – 용접 후 각 변형(Angular Distortion)이 극소하다.
 – 슬래그 혼입, 기공, 스패터 등의 결함이 거의 없다.
 – 용접금속 중 산소, 질소의 함유량이 적다.
 – 수직자세의 후판 작업일수록 고능률 용접이 된다.
 – 플럭스의 소비량이 현저히 적다.
 – 아크 용접에 비해 냉각속도가 느리다.
 – 열영향부의 결정립을 조대화시켜 노치인성이 발생할 수 있고 고온균열을 일으킨다.

**24** 전원이 없는 야외에서 차축이나 레일의 접합을 위해 사용하는 용접법은?

① 테르밋 용접                    ② 가스 압접
③ 일렉트로 슬래그 용접          ④ 업셋 용접

**해설**

• **테르밋 용접(Thermit Welding)** : 용접 열원을 외부로부터 공급받는 것이 아닌 테르밋 반응에 의해 생성되는 열을 이용하여 접합하는 방법이다.
• **테르밋 반응(Thermit Reaction)** : 금속 산화물과 알루미늄 간의 탈산 반응
• **테르밋 용접 용도**
 – 철강 계통으로는 주로 레일의 접합, 차축, 선박의 선미 프레임(Stern Frame) 등
 – 비교적 큰 단면을 가진 주조나 단조품의 맞대기 용접과 보수 용접에 사용
 – 동 계통으로는 주로 전기용품 재료의 이음 분야에 이용
 – 동과 철강과의 용접에도 사용

**25** 산소-아세틸렌 가스불꽃의 최고온도 범위는?

① 2,000~2,500℃

② 3,000~3,500℃

③ 4,000~4,500℃

④ 5,000~5,500℃

**해설**

- 산소 + 아세틸렌 불꽃의 온도 : 약 3,000~3,500℃(3,480℃)
  - 아크용접에 비해 훨씬 낮고 열이 집중되지 않아 비능률적이지만 산소 + 아세틸렌 용접은 설비비가 싸고 간편하다.
- 전기아크의 온도 : 약 6,000℃

**26** 용접봉의 저장 및 취급 시의 주의사항으로 다음 중 틀린 것은?

① 수분을 흡수한 용접봉은 건조하여 재사용한다.

② 용접봉 취급 시 피복제가 벗겨지지 않도록 한다.

③ 저수소계 용접봉은 건조를 하지 않는다.

④ 용접봉은 충분히 건조된 장소에 보관한다.

**해설**

저수소계 용접봉은 습기를 포함하지 않도록 보관에 충분히 주의를 기울여야 한다. 피복 Arc 용접봉은 포장되기 전에 충분한 건조가 되어 있지만 개봉되기까지 상당한 기간이 경과하기 때문에 가능한 한 건조하여 사용하는 것이 좋다.

**27** 황이 층상으로 존재하는 강을 서브머지드 아크 용접할 때 발생하며, 고온균열의 일종에 속하는 것은?

① 비드 밑 균열

② 라미네이션 균열

③ 매크로 균열

④ 설퍼 균열

**해설**

- **라미네이션 균열(Lamination Crack; 층상균열)** : 라미네이션이 용접부 근처에 있으면 용접열과 확산성 수소의 영향으로 인해 라미네이션이 갈라진다. 라미네이션이란 압연 공정 중에 강괴 내의 개재물이나 유황 편석 등이 압연 방향을 따라 납작하게 퍼져나가는 층상이다.
- **비드 밑 균열(Under Bead Crack)** : 모재의 용융선 근처의 열영향부에서 발생
- **설퍼균열(Sulfer Crack)** : 황이 층상으로 존재하는 강을 서브머지드 아크 용접할 때 일어나는 고온균열 형태이다.

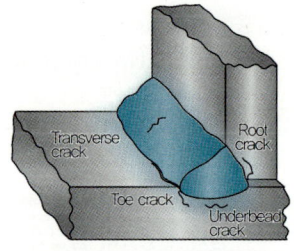

**28** 모재와 전극 사이에 아크열을 이용하는 방법으로 용접 작업에서의 주된 에너지원은?

① 가스 에너지　　　　　　　　　② 기계적 에너지
③ 전기 에너지　　　　　　　　　④ 전자파 에너지

> **해설**
>
> • **가스용접** : 가스 에너지(열에너지) 이용
> • **마찰용접** : 기계적 에너지 이용
> • **전자 빔 용접** : 전자파 에너지 이용

**29** 다음 중 불활성 아크 용접에 사용하는 가스는?

① Ar, He　　　　　　　　　　　② $O_2$, $CO_2$
③ $N_2$, Ne　　　　　　　　　　④ $O_2$, $N_2$

> **해설**
>
> **불활성 가스** : 아르곤(Ar), 헬륨(He), 네온(Ne) 등

**30** 용접기의 무부하 전압을 20~30V 이하로 유지하여 용접사를 감전으로부터 보호하는 장치는?

① 핫 스타트 장치　　　　　　　　② 전격 방지 장치
③ 고주파 발생 장치　　　　　　　④ 원격 제어 장치

> **해설**
>
> • **전격방지장치** : 용접 작업을 하지 않을 때 용접기의 출력 케이블에 접속된 용접봉 홀더의 전압을 30V 이하의 안전
>   전압으로 유지하도록 하여 감전 재해를 방지하기 위한 장치이다.
> • **핫 스타트 장치** : 아크의 초기 안정을 도모하는 장치

**31** 다음 중 용접부의 형상과 기능에 어떤 변화도 주지 않고 표면이나 내부에 존재하는 결함을 검출하거나 품질이나 형상을 조사하는 방법은?

① 금속학적 시험

② 파괴 시험

③ 기계적 시험

④ 비파괴 시험

해설

• 비파괴 시험(NDT; Non-Destructive Test) : 제품을 파괴하지 않고 재질, 성능, 상태, 결함의 유무 확인 등의 검사 방법이다.

**32** X선 투과 검사에서 용입 부족은 필름상에 어떻게 보이는가?

① 검은 직선

② 검은 둥근점

③ 백색 직선

④ 백색 둥근점

해설

| 스패터 | 기공 | 슬래그 | 용입 부족 | 언더컷 |
| --- | --- | --- | --- | --- |
| 백색 둥근점 | 검은 둥근점 | 검은 반점 | 검은 직선 | 가늘고 긴 검은선 |

**33** 다음 중 자분 탐상 시험법의 자화 방법의 종류가 아닌 것은?

① 프로드법

② 공진법

③ 축 통전법

④ 직각 통전법

해설

• 자분 탐상 시험법의 자화 방법의 종류
  - 극간법, 관통법, 코일법, 축 통전법, 프로드법, 직각 통전법
• 초음파 검사법의 종류 : 공진법, 펄스 반사법, 투과법 등

## 34 드릴 작업 시 안전에 관한 사항 중 설명이 잘못된 것은?

① 가공 중 드릴이 같이 먹어 들어가면 기계를 멈추고 손 돌리기로 드릴을 뽑아낸다.
② 회전하고 있는 주축이나 드릴에 손이나 걸레를 대거나 머리를 가까이 하지 않는다.
③ 작거나 가벼운 일감은 손으로 잡고 작업한다.
④ 드릴의 착탈은 회전이 완전히 멈춘 다음 행한다.

 **해설**

드릴 작업 시 일감은 바이스, 스토퍼 등의 고정구를 이용하여 작업한다.

## 35 다음 중 크레인 후크 걸이용 와이어로프가 벗겨지는 것을 방지하기 위한 장치는?

① 과부하 방지 장치
② 해지 장치
③ 권과 방지 장치
④ 비상 정지 장치

**해설**

• **권과 방지 장치** : 와이어로프 등의 권과를 방지하는 장치
• **과부하 방지 장치** : 기중기 등의 정격 총 하중을 초과하여 발생되는 안전사고를 방지하는 장치
• **비상 정지 장치** : 기계가 비정상적으로 동작할 시 즉시 정지시키는 장치

## 36 다음 중 가스용접 작업 중 점화 시에 폭음을 발생시키는 원인이 아닌 것은?

① 혼합가스의 배출이 불완전하다.
② 산소와 아세틸렌 압력이 부족하다.
③ 아세틸렌 순도가 높다.
④ 가스의 분출속도가 부족하다.

**해설**

아세틸렌가스의 순도가 높을수록 용접 작업에 더 좋다. 순도가 높은 아세틸렌가스를 사용하면 장비의 수명을 연장하고 유지보수 및 교체 비용을 줄일 수 있다.

**37** 다음 중 작업장에 조명 설치 시 필요한 조건으로 틀린 것은?

① 작업 장소와 바닥 등에 너무 짙게 그림자를 만들지 않아야 한다.
② 작업 장소와 그 주위의 밝기의 차이가 커야 한다.
③ 작업 성질에 따라 빛의 질이 적당하여야 한다.
④ 광원이 흔들리지 않아야 한다.

> **해설**
>
> 작업장 내의 조명 밝기는 균일하게 유지되어야 한다.

**38** 다음 중 산업 현장에서 가장 높은 비율을 차지하는 사고 발생원인에 해당하는 것은?

① 시설 장비의 결함                    ② 잘못된 작업 환경
③ 천재지변                          ④ 근로자의 불안전한 행동

> **해설**
>
> 산업 현장에서 안전사고의 가장 큰 원인으로 근로자의 불안전한 행동을 뽑는다.

**39** 다음 중 산업안전보건법의 목적으로 볼 수 없는 것은?

① 산업안전보건에 관한 정책의 수립 및 실시
② 산업안전보건 기준의 확립
③ 산업재해의 예방과 쾌적한 작업 환경 조성
④ 근로자의 안전과 보건을 유지 · 증진

> **해설**
>
> · **산업안전보건법의 목적**
>   – 산업 안전 및 보건에 관한 기준을 확립
>   – 산업재해를 예방하며 쾌적한 작업환경을 조성
>   – 노무를 제공하는 자의 안전 및 보건을 유지 · 증진

**40** 산업 현장에서 분류하는 상해의 종류가 아닌 것은?

① 타박상                 ② 추락
③ 골절                   ④ 동상

 해설

- 산업현장에서 분류하는 상해의 종류 : 골절, 동상, 부종, 찔림, 타박상, 절단, 중독, 질식, 찰과상, 베임, 화상, 뇌진탕, 익사, 피부병, 청력장애, 시력장애 등

## 과목 ③ 기계 설비 일반

**41** 기하공차를 나타내는 데 있어서 대상면의 표면은 0.1mm만큼 떨어진 두 개의 평행한 평면 사이에 있어야 한다는 것을 표현한 것으로 맞는 것은?

① | ⊥ | 0.1 | A |

② | ⌀ | 0.1 |

③ | — | 0.1 |

④ | ▱ | 0.1 |

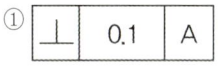 해설

| —: 진직도 | ⊥: 직각도 | ▱: 평면도 | ⌀: 원통도 |
| --- | --- | --- | --- |

**42** 다음은 기계제도의 투상법에 대한 설명으로 올바른 내용은?

① 제3각법은 평면도가 정면도 위에 우측면도는 정면도 오른쪽에 있다.
② 동일한 부품을 각각 제1각법과 제3각법으로 도면을 작성할 경우 배면도의 투상도는 다르다.
③ 제1각법은 물체와 눈 사이에 투상면이 있는 것이다.
④ KS규격은 제3각법만을 사용한다.

해설

정투상법에는 제1각법과 제3각법이 있다. 제1각법은 물체를 보는 위치에서 물체 뒷면의 투상면에 비춰 투상하는 방법이고 제3각법은 물체를 보는 위치에서 물체 앞면의 투상면에 반사되도록 하여 투상하는 방법이다.

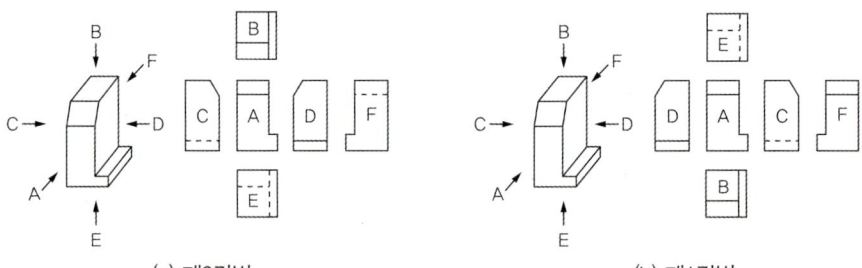

(a) 제3각법                                  (b) 제1각법
(A: 정면도,  B: 평면도, C: 좌측면도, D: 우측면도, E: 저면도, F: 배면도)

**43** 그림과 같은 정면도와 우측면도에 가장 적합한 평면도로 맞는 것은?

① 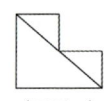          ②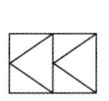

③           ④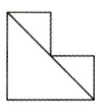

 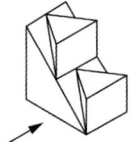 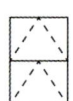

(정면도)    (우측면도)

해설

평면도와 입체도는 다음과 같다.
• 정면도와 우측면도로부터 평면도는 3각형의 꼭지점이 왼쪽에 위치해야 한다.
• 우측면도로부터 평면도는 실선으로 표기되어야 함을 알 수 있다.

**44** 다음 중 표면 경화 방법이 아닌 열처리는?

① 침탄법                          ② 질화법
③ 고주파 경화법                   ④ 오스템퍼링

- **표면경화법의 종류**
  - 침탄법, 질화법, 고주파법, 화염법, 숏피닝 등

---

**45** 파괴시험을 정적시험과 동적시험으로 나눌 때 동적시험에 해당하는 것으로 다음 중 맞는 것은?

① 경도시험             ② 피로시험

③ 인장시험             ④ 크리프시험

경도시험, 인장시험, 크리프시험은 시험 시 하중의 변화가 없는 정적시험이다.

---

**46** 담금질한 강재의 잔류 오스테나이트를 마텐자이트화시키는 작업으로 0℃ 이하의 온도에서 냉각시키는 조작은?

① 질량효과             ② 항온열처리

③ 심랭처리             ④ 고주파경화

- **질량효과** : 질량 및 단면치수의 약간의 변화로 담금질경화층 깊이가 크게 변화하는 것
- **항온열처리** : 변태점 이상으로 가열한 재료를 연속적으로 냉각하지 않고 어느 일정한 온도의 염욕 중에 냉각하여 그 온도에서 일정한 시간 동안 유지시킨 뒤 냉각시켜 담금질과 뜨임을 동시에 하는 방법
- **고주파경화** : 고주파 유도전류로 강재의 표피를 급열하고 이어서 급랭 경화시키는 방법

---

**47** 일반적인 줄 작업의 주의 사항으로 올바르지 못한 것은?

① 보통 줄의 사용 순서는 중목 → 황목 → 세목 → 유목의 순으로 작업한다.

② 오른손 팔꿈치를 옆구리에 밀착시키고 팔꿈치가 줄과 수평이 되게 한다.

③ 눈은 항상 가공물을 보며 작업하고 줄을 당길 때는 가공물에 압력을 주지 않는다.

④ 왼손은 줄의 균형을 유지하기 위해 손목을 수평으로 하고 손바닥으로 줄 끝을 가볍게 누르거나 손가락으로 감싸준다.

**해설**

- 줄의 작업 순서 : 황목 → 중목 → 세목 → 유목

---

**48** 다음 중 밀링머신 절삭 작업에 해당하지 않는 것은?

① 총형 절삭　　　　　　　　　　② 널링 절삭
③ 곡면 절삭　　　　　　　　　　④ 키 홈 절삭

**해설**

널링 가공은 선반에서만 가능하다.

---

**49** 선반에서 사용하는 척 중 4개의 조(Jaw)가 각각 단독으로 이동하여 불규칙한 공작물의 고정에 적합한 것은?

① 벨척　　　　　　　　　　　　② 연동척
③ 콜릿척　　　　　　　　　　　④ 단동척

**해설**

- **연동척** : 1곳의 핸들 구멍을 회전시키는데 따라 동시에 3개의 조를 같은 양 만큼 이동시킬 수 있는 척
- **콜릿척** : 나사 등을 이용하여 바깥쪽에서 균일한 힘으로 제품을 고정하는 척
- **벨척** : 4, 6, 8개 등 여러 개의 볼트를 방사상으로 고정하는 척

---

**50** 일반적인 직접측정의 특징에 해당하지 않는 것은?

① 측정물의 실제치수를 직접 잴 수 있다.
② 측정 범위가 다른 측정 방법보다 넓다.
③ 기준 치수인 표준게이지가 필요하다.
④ 양이 적고 종류가 많은 제품을 측정하기에 적합하다.

**해설**

- **직접측정** : 측정기를 직접 제품에 접촉시켜 실제 길이를 알아내는 방법
- **간접측정** : 표준 치수의 게이지와 비교하여 측정기의 바늘이 지시하는 눈금에 의하여 그 차이를 읽어내는 측정기이다.

**51** 길이 700mm의 배관에 물이 2.5m/s로 흐르고 있다. 밸브를 1.2s 동안 급폐쇄했을 때 발생하는 압력상승량 $\Delta P$는 몇 kgf/cm$^2$인가? (단, 유체의 충격파 속도는 1000m/s이고 표준 중력가속도는 9.8m/s$^2$이다)

① 12.5

② 25.5

③ 36.5

④ 45.7

> **해설**
>
> $\Delta P = 102 \times 1000 \times 2.5 = 255,000 kgf/m^2 = 25.5 kgf/cm^2$
>
> **참고** • 급폐쇄(워터해머) 조건에서 압력상승은 Joukowsky식 사용
>
> $\Delta P = \rho a \Delta V$

**52** 다음 보기는 V벨트 제품의 호칭을 나타낸 것이다. '2032'의 의미는?

| 일반용 V벨트 A 80 또는 2032 |
|---|

① 명칭

② V벨트의 길이

③ 호칭번호

④ 종류

> **해설**
>
> • A : V벨트 규격, 80 또는 2032 : V벨트 길이(인치)

**53** 축의 센터링 불량 시 나타나는 현상으로 맞지 않는 것은?

① 구동의 전달이 원활하다.

② 기계성능이 저하된다.

③ 진동이 크다.

④ 베어링부의 마모가 심하다.

> **해설**
>
> 축의 센터링 불량은 축의 동심이 양호하지 않은 상태이므로 회전 시 진동이 크게 발생해 구동의 전달이 원활하지 않다.

**54** 와셔를 굽히거나 구멍을 만들어 그곳에 끼운 후 볼트, 너트의 풀림을 방지하는 용도의 와셔로 맞는 것은?

① 스프링 와셔
② 고무 와셔
③ 폴 와셔
④ 락 플레이트 와셔

> 해설
>
> • **폴 와셔** : 너트의 이완을 방지하는 와셔
> • **고무 와셔** : 너트의 누수, 누유를 방지하는 와셔
> • **스프링 와셔** : 너트로 전달되는 진동을 방지하는 와셔
> • **락 플레이트 와셔** : 너트가 진동과 충격에 의해 풀림을 방지하는 와셔

**55** 다음 중 운동체와 정지체의 기계적 접촉에 의해 운동체를 감속 또는 정지시키고, 정지 상태를 유지하는 기능을 가진 요소는?

① 클러치
② 브레이크
③ 래칫 휠
④ 감속기

> 해설
>
> • **클러치** : 한 축에서 다른 축으로 동력을 끊었다 이었다 하는 장치
> • **감속기** : 한 축에서 다른 축으로 동력을 전달할 때, 회전 속도를 줄이는 장치
> • **래칫 휠** : 휠의 주위에 특별한 형태의 이를 갖고 이것에 스토퍼를 물려, 축의 역회전을 막기도 하고, 간헐적으로 축을 회전시키기도 하는 톱니바퀴

**56** 유성기어 감속기에 대한 설명으로 잘못된 것은?

① 윤활 시 1kW 이하의 소형에는 그리스 윤활을 할 수 있고, 그 이상의 것은 유욕 윤활 방법이 사용된다.
② 무단변속기와 조합하여 큰 감속비를 얻을 수 있다.
③ 고정된 내접기어에 유성기어가 맞물려 회전하면서 감속한다.
④ 작동 시 구름마찰을 한다.

> 해설
>
> • **유성기어 감속기의 특징**
>   – 1kW 이하의 소형에는 그리스를 사용하고 그 이상의 것은 유욕 윤활 방법이 쓰인다.
>   – 적은 단수로 큰 감속비를 얻을 수 있다.

– 큰 토크의 전달이 가능하다.
– 입력축과 출력축을 동축선상에 배치할 수 있다.
– 복수의 피니언기어에 부하를 분산하므로, 톱니의 마모와 손상이 비교적 적다.
– 구조가 복잡하고 변속비의 계산이 어렵다.
• 구름마찰이란, 한 물체가 다른 물체의 표면 위에서 구를 때 점 또는 선 접촉 상태의 마찰로 기어와 기어가 맞물려 돌아가는 유성기어의 경우에는 적합하지 않다. 유성기어의 경우는 일반적으로 구름마찰과 미끄럼마찰이 혼합된 형태라 할 수 있다.

## 57 다음 중 전동기 과열의 원인으로 적당하지 않은 것은?

① 빈번한 가동 및 정지
② 과부하 운전
③ 단선
④ 베어링 부에서의 발열

**해설**

• **전동기의 과열 원인**
– 전동기 회전이 구속되어 있는 경우
– 전동기측 토크보다 부하 측의 토크가 연속적으로 큰 경우
– 전동기의 주위 온도가 높을 경우
– 전압이 높을 경우
– 전압강하가 커서 전동기 출력이 저하되면서 전동기가 구속되는 상태로 될 경우
– 콘덴서 단자 사이가 단락되어 있는 경우
– 콘덴서 용량이 정격보다 클 경우
– 기동 및 정지의 빈도가 높아서 제동장치들을 자주 사용할 경우
• 단선은 전류가 흐르지 않는 상태이므로 과열의 원인이 될 수 없다.

## 58 유압용 펌프에서 진동, 소음의 발생 원인에 해당하지 않는 것은?

① 임펠러 파손
② 볼 베어링 손상
③ 캐비테이션 발생
④ 그리스 과다 주입

**해설**

그리스 과다 주입은 베어링에서 발생하는 현상으로 그리스 내부 마찰과 베어링 회전요소들의 휘저음 현상으로 인한 소음이 발생하며, 특히 고속베어링의 과급유 상태가 되면 초음파 수준의 고주파 소음이 발생한다.

**59** 다음은 송풍기의 운전 중 점검 사항이다. 이에 해당하지 않는 것은?

① 임펠러의 부식 여부

② 베어링의 진동

③ 베어링의 온도

④ 윤활유의 적정여부

> **해설**
>
> 임펠러의 부식 여부는 운전 중이 아닌 운전을 정지하고 나서 이루어지는 점검 사항이다.

**60** 다음 중 터보형 압축기의 종류로 맞는 것은?

① 나사식 압축기

② 회전식 압축기

③ 왕복식 압축기

④ 축류식 압축기

> **해설**
>
> • **왕복식 압축기** : 실린더 내를 피스톤이 왕복 운동을 함으로써 공기를 압축하는 방식이며, 밸브 개폐에 시간이 걸리기 때문에 피스톤의 이동속도를 낮게 해야 하며, 진동이 발생하기 쉽다.
> • **터보형 압축기** : 모터나 다른 동력원으로부터 구동력을 가하여 익을 회전시켜, 회전하는 익(Vane) 사이를 공기가 통과하는 사이에 발생하는 익의 양력에 의하여 일을 얻어 공기를 압축하는 형식
> • **나사식 압축기** : 기체를 나사부의 공간에 압입하고 압축하여 압력을 높이는 장치로서, 나사부 및 기관 내에서 윤활유를 사용하지 않는 것으로 청정한 압축공기를 얻을 수 있고 고속회전하며 소형, 경량이다.
> • **축류식 압축기** : 동일한 중심을 가진 일련의 회전하는 회전자와 고정자를 축 방향으로 흐르게 하고, 단면적이 점점 줄어들어 공기를 단계적으로 압축하는 압축기이다.
> • **회전식 압축기** : 회전운동을 하는 로터에 의해 가스를 흡입 또는 배출하는 방식의 압축기

| 과목 | ④ | 설비 진단 및 관리 |
| --- | --- | --- |

**61** 진동하는 동안 마찰이나 다른 저항으로 에너지가 손실되지 않는 진동의 종류는?

① 비감쇠 진동

② 양진폭 진동

③ 편진폭 진동

④ 실효값 진동

> **해설**
>
> 감쇠란 파동이나 입자가 물질을 통과할 때 에너지 또는 입자의 수가 감소하는 현상으로서 에너지의 손실이 없다는 것은 비감쇠에 해당한다.

**62** 다음의 가속도 센서의 부착 방법 중 사용할 수 있는 주파수 영역이 넓고 정확도가 우수하나 가속도계 이동 및 고정시간이 길고 고정 시 구조물에 탭 작업을 하여 고정하는 방법은?

① 손고정
② 나사고정
③ 왁스고정
④ 영구자석고정

해설

- **손고정** : 꼭대기에 가속도계가 고정된 막대 탐촉자는 빠른 측정에는 편리하나, 손의 흔들림으로 인해서 전체적인 측정 오차가 생길 수 있다. 가속도계의 고정 및 이동이 쉽고, 사용 주파수 영역이 좁으며 정확도가 떨어져 측정 오차가 크다.
- **왁스고정(밀랍고정)** : 밀랍을 발라서 센서를 고정하며, 고온이 되면 밀랍이 녹아 센서가 떨어지므로 사용 범위를 40℃ 이하로 제한한다.
- **영구자석고정(자석고정)** : 영구자석은 측정 지점이 평탄한 자성체일 때 부착 방법이다.

**63** 진동 측정 파라미터를 선정할 때 일반적으로 속도를 많이 활용하는 이유에 해당하지 않는 것은?

① 진동에 의해 발생하는 에너지는 진동 속도의 제곱에 비례한다.
② 인체의 감도는 일반적으로 속도에 비례한다.
③ 진동에 의한 설비의 피로는 진동속도에 반비례한다.
④ 과거의 경험적 기준 값은 대부분 속도가 일정할 때의 기준이다.

해설

속도는 진동에 의해 발생하는 운동에너지가 진동속도의 제곱에 비례하고, 설비 내부로 확산되어 가는 과정에서 마모를 발생시키기 때문에 진동속도는 설비가 어느 정도 마모하고, 손상되어 가는가를 나타내는 효과적인 양이다. 또한 재료의 피로면에서도 속도는 높게 평가된다.

**64** 다음 중 소음의 물리적 성질의 설명이 틀린 것은?

① 음선 : 음의 진행 방향을 나타내는 선으로 파면에 수직
② 파동 : 음에너지의 전달이 매질의 변형운동으로 이루어지는 에너지 전달
③ 음파 : 공기 등의 매질을 전파하는 소밀파(압력파)
④ 파면 : 파동의 높이가 같은 점들을 연결한 면

해설

**파면** : 파동이 진행할 때 특정 시간에 같은 변위를 가지는 점들을 이어서 만든 선 혹은 면

**65** 1자유도 진동시스템에서 비감쇠진동일 때 고유진동 주파수에 대한 설명으로 다음 중 올바른 것은? (단, 스프링 상수: k[N/mm], 질량: m[kg]이다.)

① 고유진동 주파수는 $f = \frac{1}{2\pi}\sqrt{\frac{m}{k}}$ 으로 나타낸다.

② 고유진동 주파수와 강제진동 주파수가 일치하면 시스템이 안정된다.

③ 고유진동 주파수는 시스템의 스프링상수에 비례한다.

④ 고유진동 주파수는 외부로부터 주기적인 힘이 가해짐으로써 발생하는 진동 현상이다.

> **해설**
>
> - **고유진동 주파수**
>   - 진동체에 물리량이 주어졌을 때 그 진동체가 갖는 특정한 값을 가진 진동수와 파장만의 진동이 허용될 때의 진동
> - **고유진동주파수** $f = \frac{w_n}{2\pi} = \frac{1}{2\pi}\sqrt{\frac{k}{m}}$

**66** 유도형 변위센서를 사용하여 다음 중 측정하기 곤란한 것은?

① 회전수
② 가속도 진동
③ 축(shaft)의 팽창량
④ 축(shaft)의 중심 변화

> **해설**
>
> - **변위센서** : 물체가 이동한 거리 또는 위치를 계측하는 센서
> - **가속도센서** : 이동하는 물체의 가속도나 충격의 세기를 측정하는 센서

**67** 다른 진동체 상의 고정된 기준점에 대하여 어느 진동체의 상대적인 이동을 의미하며, 순간적인 위치 및 시간 지연을 나타내는 진동의 특성은?

① 진폭
② 주파수
③ 위상
④ 포락선

> **해설**
>
> - **진폭** : 주기적인 진동이 있을 때 그 중심으로부터 최대로 움직인 거리 혹은 변위
> - **주파수** : 주기 현상에 있어서 단위 시간 또는 길이 사이에 동일한 상태가 반복되는 횟수
> - **포락선** : 규칙성을 가진 곡선 무리의 모두에 접하는 곡선

## 68 다음 중 소음과 관련한 용어와 기호의 연결이 바르지 못한 것은?

① 감각소음레벨 – PNL
② 등가소음도 – Leq
③ 교통소음지수 – TNI
④ 음의 세기레벨 – PWL

**해설**

- **음의 세기레벨** – SIL(Sound Intensity Level)
- **등가소음도** – Leq(Equivalent Noise Level)
- **교통소음지수** – TNI(Traffic Noise Index)
- **감각소음레벨** – PNL(Perceived Noise Level)

## 69 다음 중 진동 차단기의 종류에 해당하지 않는 것은?

① 심 플레이트
② 강철 스프링
③ 공기 스프링
④ 합성고무 절연재

**해설**

- **진동 차단기의 종류**
  - 강철스프링, 천연고무 또는 합성고무 절연재, 패드, 공기스프링

## 70 마스킹 효과에 관한 설명으로 다음 중 틀린 것은?

① 두 음의 주파수가 비슷할 때는 마스킹 효과가 대단히 작아진다.
② 마스킹 효과는 음파의 간섭에 의해 일어나는 현상이다.
③ 두 음의 주파수가 거의 같을 때는 맥동이 생겨 마스킹 효과가 감소한다.
④ 저음이 고음을 잘 마스킹한다.

**해설**

- **마스킹 효과** : 음원이 두 개인 경우, 소리의 크기가 서로 다른 소리를 동시에 들을 때 큰 소리만 들리고 작은 소리는 듣지 못하는 현상이다. 이 현상은 음의 간섭으로 인하여 발생되며, 마스킹의 특징은 다음과 같다.
  - 저음이 고음을 잘 마스킹한다.
  - 두 음의 주파수가 비슷할 때는 마스킹 효과가 매우 커진다.
  - 두 음의 주파수가 같을 경우 맥동이 생겨 마스킹 효과가 감소한다.

**71** 설비를 목적에 따라 분류할 때 유틸리티 설비는 어느 것인가?

① 운반 장치　　　　　　　　　　　② 서비스 숍
③ 항만 설비　　　　　　　　　　　④ 발전 설비

> **해설**
>
> 유틸리티 설비는 생산 설비를 작동되게 하기 위한 보조 설비로서, 생산 설비를 작동하기 위해서는 전기, 가스, 물 등의
> 공급이 필요하다. 이러한 설비는 발전설비에 해당한다.

**72** 일명 공정별 배치라고도 부르며 제품의 종류가 많고 수량이 적으며, 주문생산과 표준화가 곤란한 다품종 소량생
산에 적합한 설비배치 형태에 해당하는 것으로 다음 중 맞는 것은?

① 혼합형 배치　　　　　　　　　　② 제품별 배치
③ 기능별 배치　　　　　　　　　　④ 제품고정형 배치

> **해설**
>
> • **제품별 배치** : 공정의 계열에 따라 각 공정에 필요한 기계가 배치되는 형식으로 생산량이 많고 표준화되고 작업의 균
> 　형이 유지되며, 재료의 흐름이 원활한 경우 잘 이용된다.
> • **혼합형 배치** : 기능별 배치, 제품별 배치 및 제품 고정형 배치와의 혼합형으로, 기능별과 제품형의 혼합된 경우가 많다.
> • **제품 고정형 배치** : 주재료와 부품이 고정된 장소에 있고, 사람, 기계, 도구 및 기타 재료가 이동하여 작업이 행하여진다.

**73** 다음 발주 방식 중 재고관리에서 재고가 일정 수준에 이르면 일정 발주량을 발주하는 방식은?

① 정기 발주방식　　　　　　　　　② 정량 발주방식
③ 사용고 발주방식　　　　　　　　④ 정수 발주방식

> **해설**
>
> • **정기 발주방식** : 이 방식은 발주시기를 일정하게 하고, 소비의 실적 및 예상의 변화에 따라 발주 수량을 그때마다 바
> 　꾸는 것
> • **정수 발주방식(사용고 발주방식)** : 최고 재고량을 일정량으로 정해 놓고, 사용할 때마다 사용량 만큼을 발주해서, 언제
> 　든지 일정량을 유지하는 방식

**74** 다음 만성로스에 관한 설명으로 올바르지 못한 설명은?

① 만성로스는 잠재하므로 표면화하기 어려운 경향이 있다.
② 만성로스 개선을 위해서는 특징을 충분히 파악하는 것이 중요하다.
③ 만성로스를 제로화하기 위해서는 관리도 분석기법의 활용이 가장 바람직하다.
④ 만성로스는 원인과 결과의 관계가 불명확하고 복합적 원인인 경우가 많다.

> **해설**
>
> 만성로스의 제로화를 위해 PM분석을 활용하고 있다.

**75** 다음 용어의 약어 중 고장과 고장 사이의 평균시간은?

① MTBF                     ② MTTF
③ MTTR                     ④ MTBM

> **해설**
>
> - MTBF(Mean Time Between Failures) : 평균 고장 간격 시간
>   – 한 고장이 발생한 후 다음 고장까지의 평균 시간
> - MTBM(Mean Time Between Maintenance) : 평균 정비 간격 시간
>   – 정비(수리 또는 예방 정비)가 이루어지는 평균 간격 시간
> - MTTF(Mean Time To Failure) : 평균 고장까지의 시간
>   – 첫 고장이 발생할 때까지의 평균 운전 시간
>   – 주로 수리 불가능 부품( 베어링, 전구 등) 수명지표
> - MTTR(Mean Time To Repair) : 평균 수리 시간
>   – 고장이 발생했을 때 수리·복구에 소요되는 평균 시간
>   – 장비 가용도(Availability) 계산 시 중요
> - MTFF(Mean Time To First Failure) : 첫 고장까지의 평균 시간
>   – 신품 또는 Overhaul 후 첫 고장이 일어날 때까지 걸리는 평균 시간
>   – 초기 품질 신뢰성을 평가할 때 사용
> ※ Overhaul: 기계나 설비를 완전히 분해·점검·청소·수리·교환하여 신품과 유사한 상태로 회복시키는 보전활동

**76** 미끄럼 베어링에 그리스 윤활을 사용할 때 다음 중 고려해야할 사항이 아닌 것은?

① 중하중의 경우에는 극압제를 첨가한 그리스를 사용한다.
② 급유방법에는 급유하기 편리한 주도의 그리스를 선택한다.
③ 진동 하중을 받을 때에는 굳은 그리스를 사용하지 않는다.
④ 운전 온도에 적정한 점도의 윤활유를 기유로 하여 안정되는 증주제를 사용한 그리스를 선택한다.

> **해설**

- 미끄럼 베어링의 그리스 윤활 시 고려 사항
  - 온도 : 온도 상승이 마찰에만 의한 경우 베어링의 온도는 56℃가 한도이다. 따라서 적정한 윤활유를 기유로 제조한 그리스를 선택해야 한다.
  - 용도 : 일반적으로 2m/s 이하에 적합하다.
  - 급유 방법 : 급유하기에 적합한 주도의 그리스를 선택한다.
  - 하중 : 중하중의 경우에는 극압제, 그래파이트 등이 첨가된 그리스를 선택하고, 충격 또는 진동하중을 받을 때는 굳은 그리스를 사용한다.

**77** 윤활유 분석을 위한 시료 채취 시 주의 사항으로 적절하지 못한 것은?

① 샘플링라인이나 밸브, 채취 기구는 샘플링 전에 충분히 플러싱을 한다.
② 시료는 가동 중인 설비에서 채취한다.
③ 채취 개소는 일정한 장소나 지점에서 채취한다.
④ 탱크 바닥에서 채취한다.

> **해설**

- 윤활유 분석을 위한 시료 채취 시 주의 사항
  - 설비시스템의 한 지점에서 동일 방법으로 채취한다.
  - 윤활작용을 하고 돌아오는 귀환라인의 전 단계에서 채취한다.
  - 정상운전 조건에서 채취한다.
  - 탱크의 경우 중간에서 채취한다.
  - 파이프 직경이 크고 유속이 느릴 때 파이프 바닥에서 시료를 채취하는 것은 피한다.
  - 시료 채취 전 채취용 밸브를 청결하게 한다.
  - 오일 속의 입자수 대비 시료병 속에 근본적으로 존재하는 입자수는 10:1보다 크게 유지한다.
  - 윤활유 추가 전에 시료를 채취한다.
  - 가능한 한 시료채취 후 48시간 내에 분석한다.

**78** 다음 중 액상윤활유로서 갖추어야 할 성질로 잘못 설명한 것은?

① 사용 상태에서 충분한 점도를 가질 것
② 가능한 화학적으로 활성이며, 청정 균질할 것
③ 한계 윤활상태에서 견디어 낼 수 있는 유성이 있을 것
④ 산화나 열에 대한 안전성이 높을 것

- 윤활유가 갖추어야 할 성질
  - 점도가 적당하고 유막이 강할 것
  - 온도에 따른 점도변화가 적고 유성이 클 것
  - 인화점이 높고 발열이나 화염에 인화되지 않을 것
  - 중성이며, 베어링이나 금속을 부식시키지 않을 것
  - 사용 중에 변질되지 않을 것
  - 불순물이 잘 혼합되지 않을 것
  - 발생 열을 흡수하여 열전도율이 좋을 것
  - 내열, 내압성일 것

※ 윤활유가 활성(活性)하면 쉽게 산화·열화되어 문제를 일으킨다.

**79** 그리스 기유에 대한 요구 성질로 다음 중 틀린 것은?

① 오일 실 등에 영향이 없을 것　　② 적당한 점도 특성을 가질 것
③ 증주제와 친화력이 좋을 것　　④ 증발온도가 낮을 것

기유(Base oil)는 그리스에서 증주제와 함께 윤활의 주체가 되는 성분으로, 증발온도가 낮으면 비교적 낮은 온도에서도 쉽게 증발하므로 바람직하지 않다. 따라서 기유의 증발온도는 높을수록 좋다.

**80** 기계의 운전 중 윤활고장 현상으로 나타나는 직접적인 증상에 해당하지 않는 것은?

① 동력비 감소　　② 마찰 부분의 손상
③ 소음이나 진동의 발생　　④ 온도의 상승

동력비 감소는 윤활 불량으로 기계부품 간 마찰이 증가하여 동력 전달 효율이 떨어지는 현상을 말하며, 이는 간접적인 이상 증상으로 본다.

# 설비보전기사 모의고사

제 **5** 회

---

| 과목 | 1 | 공유압 및 자동제어 |
| --- | --- | --- |

**01** 기체의 온도를 일정하게 유지하면서 압력 및 체적이 변화할 때, 압력과 체적은 서로 반비례한다는 법칙은 무엇인가?

① 베르누이 법칙
② 보일-샤를의 법칙
③ 보일의 법칙
④ 샤를의 법칙

> **해설**
> • **샤를의 법칙** : 기체의 부피는 1도 올라갈 때마다 0도일 때 부피의 1/273씩 증가한다는 법칙
> • **베르누이 법칙** : 유체가 흐르는 속도와 압력, 높이의 관계를 수량적으로 나타낸 법칙
> • **보일-샤를의 법칙** : 양이 일정할 때, 이상 기체의 부피, 압력, 온도의 관계를 나타내는 법칙

**02** 미리 정해진 순서에 따라 동일한 유압원을 이용하여 여러 가지 기계 조작을 순차적으로 수행하는 회로는?

① 언로드 회로
② 시퀀스 회로
③ 증압 회로
④ 카운터 밸런스 회로

> **해설**
> • **카운터밸런스회로** : 중력에 의한 낙하를 방지하기 위해 배압을 유지하는 압력 제어 회로
> • **언로드회로** : 펌프에서 송출되는 유체를 기름탱크로 되돌려 펌프를 무부하 상태로 만들어 수명을 늘리는 회로
> • **증압회로** : 일부에서 짧은 행정 또는 순간적으로 고압을 필요로 할 경우 활용하는 회로

**03** 다음 중 공압 작동기(Actuator)의 종류에 해당하지 않는 것은?

① 공압 모터
② 요동 액추에이터
③ 공압 실린더
④ 공기 압축기

액추에이터란, 유체에너지를 운동에너지로 변환시키는 장치이므로, 공기 압축기처럼 유체 에너지를 생성시키는 장치로 분류되지 않는다.

## 04 다음 중 유압 작동유의 구비조건으로 틀린 것은?

① 윤활성이 좋을 것　　② 화학적으로 반응이 좋을 것
③ 적당한 점도가 유지될 것　　④ 비압축성일 것

해설

- 유압 작동유의 구비 조건
  - 인화점과 발화점이 높아야 한다.
  - 윤활성이 크고 비압축성이어야 한다.
  - 강한 유막을 형성해야 한다.
  - 적당한 점도와 유동성이 있어야 한다.
  - 물, 먼지 등의 불순물과 분리가 잘 되어야 한다.
  - 녹과 부식 방지 효과가 있어야 한다.
  - 장시간 사용하여도 화학적 변화가 없어야 한다.
  - 거품이 적고 비중이 적당해야 한다.
  - 화학적으로 안정적이어야 한다. (사용 시간에 따라 화학적 변화가 일어나면 안 된다.)

## 05 다음 중 공유압 변환기의 사용 시 주의점으로 옳은 것은?

① 반드시 액추에이터보다 낮게 설치한다.
② 수평 방향으로 설치한다.
③ 발열장치 가까이 설치한다.
④ 액추에이터 및 배관 내의 공기를 충분히 뺀다.

해설

공유압 변환기는 공기의 유입이 있을 경우 결로에 의한 응축수, 기포 발생으로 인한 정밀도 저하 등의 영향이 발생할 수 있기 때문에 공기를 충분히 빼야 한다.

**06** 다음 중 공압 센서의 특징으로 틀린 것은?

① 높은 작동 힘이 요구되는 곳에 사용된다.
② 폭발 방지를 필요로 하는 장소에서도 사용된다.
③ 자장의 영향에 둔감하다.
④ 물체의 재질이나 색에 영향을 받지 않고 검출할 수 있다.

해설

높은 작동 힘이 요구되는 곳에 사용되는 것은 유압 센서이다.

**07** 다음 보기의 특성에 해당하는 것은?

**[보기]**

"압력제어 밸브의 조정 핸들을 조작하여 압력을 설정한 후 압력을 변화시켰다가 다시 핸들을 조작하여 원래의 설정값에 복귀시켰을 때 최초의 압력값과는 오차가 발생한다."

① 릴리프 특성           ② 압력 조절 특성
③ 히스테리시스 특성     ④ 유량 특성

해설

- **유량특성** : 제어 밸브 전후의 차압을 일정하게 했을 때 밸브의 양정과 밸브를 통과하는 유량의 관계를 백분율로 표시한 것
- **릴리프특성** : 2차측 공기의 압력을 외부에서 상승시켰을 때 릴리프 구멍에서 배기되는 고압의 압력특성
- **압력조절특성** : 압력 제어밸브의 핸들을 돌렸을 때 회전각에 따라 압력이 원활하게 변화하는 특성

**08** 200bar 이상의 고압에 주로 이용되는 유압펌프로 다음 중 맞는 것은?

① 피스톤펌프          ② 기어펌프
③ 베인펌프           ④ 나사펌프

해설

기어, 나사, 베인 펌프는 회전펌프에 속하는 펌프로서 회전식 펌프의 특징은 구조가 간단하고 취급이 용이하며, 고압을 얻기가 비교적 쉽지만, 피스톤펌프처럼 왕복동형 보다는 높은 압력을 생성할 수 없으며, 펌프 중 가장 높은 고압을 발생시키는 펌프는 왕복동형 펌프이다.

$$200bar = 200 \times 10^5 Pa(N/m^2) = 200 \times \frac{10^5}{9.8 \times 10^4} = 204.08 kg_f/cm^2$$

**09** 다음 중 어큐뮬레이터 취급 시 주의사항에 해당하지 않는 것은?

① 어큐뮬레이터에 부속쇠 등을 용접하거나 가공, 구멍 뚫기 등을 하지 않는다.

② 충격 완충용은 가급적 충격이 발생하는 곳에서 멀리 설치한다.

③ 봉입 가스는 불활성 가스 또는 공기압을 사용한다.

④ 펌프와 어큐뮬레이터 사이에 유압유가 펌프로 역류하지 않도록 체크 밸브를 설치한다.

> **해설**
>
> • **어큐뮬레이터 취급 시 주의사항**
> - 축압기에 부속쇠 등을 용접하거나 가공, 구멍 뚫기 등을 해서는 안 된다.
> - 펌프와 축압기 사이에는 체크밸브를 설치하여 유압유가 펌프에 역류하지 않도록 한다.
> - 축압기와 관로와의 사이에 스톱밸브를 넣어 토출압력이 봉입가스의 압력보다 낮을 때는 차단한 후 가스를 넣어야 한다.
> - 봉입 가스압은 6개월 마다 점검하고, 항상 소정의 압력을 예압시킨다.
> - 가스봉입형식인 것은 미리 소량의 작동유를 넣은 다음 가스를 소정의 압력으로 봉입한다.
> - 봉입 가스는 질소가스 등의 불활성가스 또는 공기압을 사용할 것이며, 산소 등의 폭발성 기체를 사용해서는 안된다.
> - 충격 완충용에는 가급적 충격이 발생하는 곳에 가까이 설치한다.

**10** 압축공기가 2개의 입구에 모두 작용할 때만 출구에 압축 공기가 나오는 동작을 하는 밸브로 다음 중 맞는 것은?

① 감압 밸브      ② 분류 밸브
③ OR 밸브      ④ 2압 밸브

> **해설**
>
> • **OR 밸브** : 두 개의 개별 유체 입력을 단일 출력으로 흐르게 하는 밸브
> • **감압 밸브** : 밸브로 유입된 유체의 압력을 낮춰 토출하는 밸브
> • **분류 밸브** : 압력이 다른 2개의 유압 관로에 각각의 관로의 압력에는 관계없이 항상 일정한 관계를 가진 유량으로 분할하는 밸브

**11** 폐회로 제어에 대한 설명으로 맞는 것은?

① 피드백 신호가 없다.

② 실제 값과 기준 값의 비교기능이 있다.

③ 2진 신호를 사용한다.

④ 외란변수의 변화가 작을 때 사용한다.

해설

- **폐회로 제어**
  - 피드백에 의하여 제어량과 목표값을 비교하고 그들이 일치되도록 정정 동작을 하는 제어

## 12 다음 중 스테핑모터의 종류가 아닌 것은?

① VR형(Variable Reluctance type)　　② PM형(Permanent Magnet type)
③ IT형(Induction type)　　　　　　　④ HB형(Hybrid type)

해설

- **스테핑모터의 종류 : VR, PM, HB**
  - VR형(가변리럭턴스형) : 회전자의 치형(salient pole, 돌극)이 자기저항 최소 경로로 정렬되는 원리
  - PM형(영구자석형) : 회전자에 영구자석을 부착하여 구동
  - HB형(하이브리드형) : VR형과 PM형을 결합, 고정밀·고토크에 유리
- **유도형(Induction type) : 교류유도전동기의 원리를 이용하는 방식**

## 13 다음 중 제어계의 성능으로서 3가지 중요한 특성값에 해당하지 않는 것은?

① 결합계수　　　　　　　　　　　② 속응성
③ 정상편차　　　　　　　　　　　④ 안정도

해설

제어계의 성능을 결정하는 중요한 세 가지 요소는 안정성(Stability), 정확성(Accuracy), 그리고 속도(Response Time)이고, 이와 같은 요소들이 제어 시스템을 얼마나 잘 작동하게 하는가를 결정한다.

## 14 피드백 제어계의 특징으로 다음 중 틀린 것은?

① 품질이 향상된다.
② 생산속도를 상승시킨다.
③ 운전 및 수리에 고도의 지식이 필요 없다.
④ 연료, 원료 및 동력을 절감할 수 있다.

**해설**

- **피드백 제어계의 특징**
  - 제어량을 목표값과 비교하였을 때 정확하다는 이점이 있다.
  - 정확하고 대역폭이 증가하지만 구조가 복잡하고 비용이 많이 든다.
  - 제어 부품의 성능에 큰 영향을 받지 않는다.
  - 계의 특성 변화에 대한 입력 대 출력비의 감도가 줄어든다.
  - 외부 조건의 변화에 대한 영향을 감소시킬 수 있다.

**15** 다음 블록선도의 전달함수의 값으로 맞는 것은?

① 1+1/G

② G/(1+G)

③ G/(1−G)

④ 2G

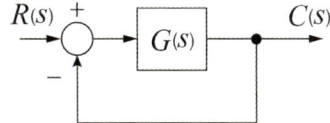

**해설**

$$C(S) = [R(S) - X] \cdot G(S)$$

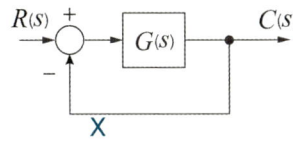

$$X = [R(S) - X] \cdot G(S) = R(S) \cdot G(S) - X \cdot G(S)$$

$$X = \frac{R(S) \cdot G(S)}{1 + G(S)}, \quad C(S) = \left[ R(S) - \frac{R(S) \cdot G(S)}{1 + G(S)} \right] \cdot G(S) = R(S) \cdot \frac{G(S)}{1 + G(S)}$$

$$\frac{C(S)}{R(S)} = \frac{G(S)}{1 + G(S)}$$

**16** 다음 중 주파수 영역에서 속응성 및 안정도를 표시하기 위한 양에 해당하지 않는 것은?

① 위상여유

② 피크시간

③ 게인여유

④ 대역폭

**해설**

- **속응성** : 자동 조정 체계가 설정값의 변동에 신속히 응답하는 성질
- **주파수 안정도** : 발전력과 부하 사이의 상당한 불균형을 경험한 이후에 안정한 주파수를 유지할 수 있는 능력
- **주파수 위상** : 반복되는 파형의 한 주기에서 첫 시작점의 각도 혹은 어느 한 순간의 위치
- **대역폭** : 데이터 전송 속도
- **주파수 영역에서 시스템의 속응성과 안정도를 표시하기 위한 양**
  - 이득 마진(Gain Margin) : 시스템이 불안정해지기 전에 이득을 얼마나 더 증가시킬 수 있는지를 나타내는 것
  - 위상 마진(Phase Margin) : 시스템이 불안정해지기 전에 위상을 얼마나 더 변화시킬 수 있는지를 나타내는 것

**17** 1차 요소 $G(s) = \dfrac{1}{1+Ts}$ 인 제어계의 절점 주파수에서의 이득[dB]을 구한 것으로 맞는 것은?

① $-6$

② $-4$

③ $-5$

④ $-3$

**해설**

- 절점주파수
  - 주파수 전달함수의 실수부=허수부를 만족하는 주파수 $\omega$를 절점주파수라 한다.
  - 보드선도에서는 굴곡점에 해당한다.
- 주파수 응답

$$G(jw) = \frac{1}{1+jwT}, \quad |G(jw)| = \frac{1}{\sqrt{1+(wT)^2}}$$

- dB 이득

$$G_{dB}(w) = 20\log_{10}|G(jw)| = 20\log_{10}\left(\frac{1}{\sqrt{1+(wT)^2}}\right) = -10\log_{10}(1+(wT)^2)$$

여기서 $w_c$를 컷오프 주파수라 하면 $w_c T = 1$, 대입하면,

$$G_{dB}(w_c) = -10\log_{10}(1+1) = -10\log_{10}2 \approx -3.01dB\,(\approx -3dB)$$

∴ 이득은 $-3$dB이다.

**18** $V(t) = Ri(t) + L\dfrac{d}{dt}i(t) + \dfrac{1}{c}\displaystyle\int i(t)dt$ 를 S함수로 표시한 것으로 다음 중 맞는 것은?(단, t는 시간영역이고, S는 주파수영역이다.)

① $V(s) = \dfrac{1}{R}I(s) + SLI(s) + \dfrac{1}{SC}(s)$

② $V(s) = RI(s) + \dfrac{1}{SL}I(s) + SCI(s)$

③ $V(s) = RI(s) + SLI(s) + \dfrac{1}{SC}I(s)$

④ $V(s) = \dfrac{1}{R}I(s) + \dfrac{1}{SL}I(s) + SCI(s)$

**해설**

$$V(t) = Ri(t) + L\frac{d}{dt}i(t) + \frac{1}{C}\int i(t)dt$$

$$i(t) = I(s), \quad \frac{d}{dt}i(t) = SI(s), \quad \int i(t)dt = \frac{1}{S}I(s)$$

$$V(s) = RI(s) + SLI(s) + \frac{1}{CS}I(s)$$

**19** 제어계를 동작시키는 기준으로서 직접 제어계에 가해지는 신호는?

① 기준입력신호　　　　　　　　　② 동작신호

③ 조작량　　　　　　　　　　　　④ 궤환신호

**해설**

- **기준입력** : 제어계를 동작시키는 기준으로서 직접 폐회로에 가해지는 입력
- **동작신호** : 기준입력과 제어량의 차이로 제어동작을 일으키는 신호로 편차라고도 함
- **조작량** : 제어량을 조정하기 위하여 제어장치가 제어대상에 주는 양
- **궤환신호** : 주피드백 신호

**20** 개루프 시스템과 비교하여 폐루프 시스템의 장점으로 틀린 것은?

① 기준입력과 출력사이의 오차 보정

② 성능 향상

③ 외란 제거

④ 설치비용의 절감

**해설**

- **폐루프 시스템(Closed Loop System)의 단점**
  - 복잡해지고 값이 고가이다.
  - 제어계 전체가 불안정해질 가능성이 있다.
- **개루프 시스템(Open Loop System)의 장점**
  - 시스템을 설계하는데 있어 복잡하지 않다.
  - 시스템이 단순한 편이고 제어계가 불안정하지 않다.
  - 제품의 단가를 줄일 수 있다.
- **개루프 시스템(Open Loop System)의 단점**
  - 외부조건(외란)의 변화에 대처가 가능하다.
  - 목표값과 오차가 클 수 있다.

**21** 다음 중 TIG 용접과 MIG 용접으로 분류되는 용접은 무엇인가?

① 불활성가스 아크용접
② 교류 아크 셀룰로스계 피복용접
③ 직류 아크 일미나이트계 피복용접
④ 서브머지드 아크용접

 해설

- **불활성가스 아크용접** : Ar, He, Ne 등의 고온에서 반응하지 않는 불활성 가스 속에서 텅스텐봉 또는 금속 전극선과 모재 사이에 아크를 발생시켜 용접하는 방법이다.
- 불활성가스 아크 용접은 텅스텐 불활성가스 아크용접(TIG)과 금속 불활성가스 아크 용접(MIG)의 두 가지 방법이 있다.

**22** 이산화탄소 아크 용접 시 건강에 가장 나쁜 영향을 미치는 것으로 다음 중 맞는 것은?

① 탄소의 축적에 의한 질식
② 질소의 축적에 의한 중독 작용
③ 이산화탄소의 축적에 의한 질식
④ 복사 에너지에 의한 질식

해설

이산화탄소 아크 용접 중 발생할 수 있는 오염물질로는 일산화탄소, 오존, 포스겐, 불화수소, 이산화탄소 등이 있다.

**23** 2차 무부하 전압 80V, 아크전압 30V, 아크전류 250A인 교류 용접기를 사용할 때 효율과 역률은? (단, 내부손실은 2.5kW이다.)

① 효율 50%, 역률 75%
② 효율 45%, 역률 70%
③ 효율 70%, 역률 45%
④ 효율 75%, 역률 50%

해설

- **효율** = (아크 출력÷소비 전력)×100[%], $\dfrac{7.5}{10} \times 100 = 75\%$

- **역률** = (소비전력÷전원입력)×100[%], $\dfrac{10}{20} \times 100 = 50\%$

- **소비전력** = 아크출력+내부손실 = 7.5+2.5 = 10kW
- **전원입력** = 무부하 전압×정격 2차 전류 = 80×250 = 20,000W = 20kW
- **아크출력** = 아크전압×정격 2차 전류 = 30×250 = 7,500W = 7.5kW

## 24 다음 중 아크 용접 피복제의 역할로 틀린 것은?

① 스패터의 발생을 적게 한다.
② 용착금속의 급랭을 촉진한다.
③ 용착 금속에 필요한 합금 원소를 첨가시킨다.
④ 슬래그 제거를 쉽게 한다.

해설

• **피복제의 역할** : 슬래그가 형성, 탈산작용을 하며 용착 금속의 급랭을 방지

## 25 연강용 피복 아크 용접봉의 기호 E4303에서 E의 의미는?

① 용착금속의 강도                    ② 피복제 성분
③ 전기 용접봉                       ④ 심선의 지름

해설

• **E** : Electric Arc Welding의 첫글자(전극봉의 첫글자)
• **43** : 용착금속의 최저 인장강도(43kgf/mm$^2$)
• **0** : 용접자세-전 자세
• **3** : 피복제-라임티타니아계

## 26 다음 용접법 중 용착효율이 가장 높은 방법으로 맞는 것은?

① 서브머지드 아크 용접
② 피복 아크 용접
③ FCAW 용접(플럭스 코드 아크 용접)
④ MIG 용접

해설

• **용착효율** : 전체 사용된 용접 금속에 대해 실제 용접부에 용착된 용접 금속의 중량 비
• **용착효율이 높은 용접법** : 서브머지드 아크 용접과 일렉트로 슬래그 용접 - 거의 100%
• **용착효율이 낮은 용접법** : 피복 아크 용접 - 스패터, 슬래그, 버리는 잔봉 등으로 인해 낮음

## 27 산소 용기의 취급 시 주의사항으로 옳은 것은?

① 안전을 위해 용기는 눕혀서 보관한다.
② 기름이 묻은 손이나 장갑을 끼고 취급하지 않는다.
③ 통풍이 잘 되고 직사광선이 잘 드는 곳에 보관한다.
④ 가연성 물질과 함께 보관한다.

**해설**

- 산소용기의 취급 시 주의사항
  - 운반할 때에는 반드시 캡을 씌운다.
  - 산소병 표면온도가 40℃ 이상이 되지 않도록 해야 하므로 직사광선은 피해야 한다.
  - 겨울철 용기가 동결될 때는 직화(直火)로 녹이지 말고 40℃ 이하의 더운물에 녹인다.
  - 밸브 개폐 시 용기 앞에서 열지 말고 옆에서 열도록 한다.
  - 산소가 새는 것을 조사할 때는 비눗물을 사용한다.
  - 기름 묻은 손 또는 장갑을 끼고 용기를 만져서는 안 된다.
  - 운반도중 굴리거나, 넘어뜨리거나 또는 던지거나 해서는 안 된다.
  - 적재할 때는 구르지 않도록 받침(고임) 목 등을 사용한다.
  - 세워 놓고 사용할 때는 체인으로 묶는 등 전도방지대책을 취한다.
  - 화기로부터 5m 이상 떨어지게 한다.

## 28 피복 아크 용접에서 용접부에 기공(Blow Hole)이 생기는 원인으로 맞지 않은 것은?

① 용접 재료의 탄소 함량이 너무 높을 때
② 아크에 수소 또는 일산화탄소가 너무 많을 때
③ 용착부가 급냉될 때
④ 용접 재료가 건조하거나 용접 표면이 청결할 때

**해설**

- 용접부에 기공(Blow Hole)이 생기는 주원인
  - 모재 금속과 용접 재료의 탄소 함량이 너무 높음
  - 용접 재료가 젖었거나 용접 표면이 불결함
  - 아크 길이가 크거나 용접 속도가 너무 빠름
  - 용접 소모품이 제대로 청소되거나 보관되지 않음
  - 녹, 먼지, 스케일과 같은 오염물질이 많은 환경에서 용접

**29** 연강용 가스 용접봉의 성분 중 강의 강도를 증가시키나 연신율, 굽힘성 등은 감소시키는 원소는?

① S

② P

③ C

④ Si

해설

탄소가 연강용 가스 용접에 미치는 영향으로 탄소 함량이 증가하면 급랭강화가 심해져 열 영향부의 경화 및 비드 밑 균열이나 모재에 균열이 생길 수 있다.

**30** 다음 중 일반적인 용접의 단점으로 틀린 것은?

① 품질검사가 곤란하다.

② 작업공정이 단축된다.

③ 저온 취성이 생길 우려가 있다.

④ 잔류응력이 발생한다.

해설

- **용접의 단점**
  - 최적의 용접조건을 불만족 시 결함 발생 우려가 매우 높다.
  - 결함으로 인한 응력집중현상이 발생하고 기밀성은 유지가 어려워진다.
  - 제품의 진동을 감쇠시키기 어렵다.
  - 용접 시 발생한 고온의 열이 변형 및 잔류응력을 남기게 된다.
- 작업공정이 단축되는 것은 용접의 장점이다.

**31** 다음 중 방사선 투과 사진의 상의 질을 나타내는 척도는?

① 탐촉자

② 투과도계

③ 자분탐상계

④ 흡수도계

해설

- **방사선투과시험(Radiographic Testing : RT)** : X선이나 감마선을 사용하여 객체의 내부 구조를 검사, 이 방법은 결함이나 불연속성을 찾는 데 사용된다.
- **투과도계** : 방사선투과사진의 상의 질을 나타내는 것으로 지름이 다른 여러 개의 가는 철사를 삽입하여 만들었다.

모의고사 05

**32** 다음 중 비파괴 검사법과 연결이 잘못된 것은?

① 침투검사 – 초음파 침투 검사
② 자분검사 – 누설 자속 이용
③ 방사선 투과 검사 – X선 투과 검사
④ 누수검사 – 수압 또는 공기압 이용

**해설**

- 침투검사 – 침투액 및 현상제를 이용
- 초음파 침투검사 – 초음파 이용

**33** 다음 시험법 중 시험체의 표면 검사에 적합한 시험법에 해당하지 않는 것은?

① 자분탐상시험
② 외관시험
③ 침투탐상시험
④ 초음파탐상시험

**해설**

- **표면 균열검사** : 외관시험, 자분탐상시험, 침투탐상시험
- **내부 결함검사** : 초음파탐상시험

**34** 다음 중 용접 작업에 관한 안전사항으로 틀린 것은?

① 빈 용기를 용접할 때는 속에 위험한 가스나 증기가 있는지 점검할 것
② 용접 시에는 반드시 보호장구를 착용할 것
③ 아연도금 강판의 용접 시에는 안전상 환기장치를 차단시키고 할 것
④ 용접 작업장 주위에는 인화물질을 두지 말 것

**해설**

- **아연도금 강판의 용접 시 안전사항**
  - 유독가스 접촉을 피하기 위해 적절한 개인 보호 예방조치를 취해야 한다.
  - 보호장비 : 장갑, 용접 헬멧, 강철 발가락 부츠, 가죽 자켓 등
  - 호흡보호구 필수, 아연도금 강철을 용접할 때 유독한 산화아연 연기를 흡입하지 않도록 할 것
  - 통풍이 잘되는 곳에서 용접하는 경우에도 호흡보호구는 착용하도록 한다.

**35** 흄(fume) 및 분진(dust)에 의한 재해에 해당하지 않는 것은?

① 증상이 중복될 경우 적혈구 수가 일시적으로 증가한다.
② 용접 시 발생하는 중금속이 원인이 된다.
③ 흄(fume)을 흡수한 후 수 시간 후에 발열이 일어나 38~40℃의 고열이 발생한다.
④ 금속 산화물의 미립자를 흡수하여 발생하는 것으로 발열성 질환이다.

 **해설**

- **흄(fume)과 분진(dust)에 노출 시 다음과 같은 건강 문제 발생**
  - 직업성 천식 : 기침, 천명, 가슴 답답함
  - 비염 : 코가 막히거나 흐르는 증상
  - 외인성 알레르기성 폐렴 : 발열, 기침, 숨 가쁨 악화, 체중 감소
  - 적혈구 수에는 큰 영향을 미치지 않음
  - 백혈구 수는 감소할 수 있음
- ※ 흄(fume) : 금속이나 비금속이 고온에서 승화, 증류, 화학반응 등에 의해 발생한 아주 미세한 고체 입자의 연기(취기성 연기)를 의미, 주로 용접, 용해, 금속 가공, 화학반응 과정에서 발생한다.

**36** 다음 중 외부에서 신선한 공기를 송급시키는 호흡용 보호구는?

① 방독 마스크  ② 호스 마스크
③ 보호 마스크  ④ 방진 마스크

**해설**

**송기 마스크(호스 마스크)** : 적정공기 상태가 유지되기 어려운 밀폐공간과 같은 장소 등에서 사용하고 있다.

**37** 산업재해를 예방하고 쾌적한 작업 환경을 조성함으로써 근로자의 안전과 건강을 유지·증진함을 목적으로 제정된 법은?

① 사회보장법  ② 근로기준법
③ 환경보건법  ④ 산업안전보건법

**해설**

- **산업안전보건법** : 사업장 산업재해를 예방하고 쾌적한 작업환경을 조성하여 근로자의 생명과 신체 안전을 도모하고 질병을 방지하며, 건강을 유지·증진시키기 위한 근로자 보호를 위한 법
- **환경보건법** : 환경오염과 유해화학물질 등이 사람의 건강과 생태계에 미치는 영향을 조사, 평가하고 이를 예방 및 관리를 위한 법
- **근로기준법** : 근로자의 인간다운 생활을 보장하고 근로조건의 최저기준을 정해 놓은 법
- **사회보장법** : 출산, 양육, 실업, 노령, 장애, 질병, 빈곤 및 사망 등의 사회적 위험으로부터 모든 국민을 보호하고 국민 삶의 질을 향상시키는 데 필요한 소득·서비스를 보장하는 사회보험, 공공부조, 사회서비스를 보장하기 위한 법

**38** 다음 중 드릴 작업 시 안전 대책으로 틀린 것은?

① 회전하고 있는 주축이나 드릴에 손이나 걸레를 대거나 머리를 가까이하지 않는다.
② 상처나 균열이 있는 것은 사용하지 않는다.
③ 드릴은 사용 후에만 점검한다.
④ 드릴의 착탈은 회전이 완전히 멈춘 후에 행한다.

**해설**

드릴은 사용 전에 필히 날의 이상 유무 및 고정 상태 등을 점검해야 한다.

**39** 다음의 선반 작업 시 안전사항으로 틀린 것은?

① 기계 위에 공구나 가공물을 올려놓지 않는다.
② 공작물의 측정은 절삭 또는 회전 중에 장갑을 끼고 한다.
③ 절삭공구의 고정은 확실하게 한다.
④ 가공물의 장착이 끝나면 척 렌치류는 벗겨 놓는다.

**해설**

- 선반 작업 시 안전사항
  - 베드 위에 공구를 올려놓지 않는다.
  - 공작물의 측정은 기계를 정지시킨 후 실시한다.
  - 칩(chip)이나 부스러기를 제거할 때는 반드시 브러시를 사용한다.
  - 회전 중에 가공품을 직접 만지지 않는다.
  - 시동 전에 심압대가 잘 죄어져 있는가를 확인한다.
  - 운전 중에 백 기어(Back Gear)를 사용하지 않는다.
  - 보링작업이나 암나사를 깎을 때 구멍 안에 손가락을 넣어 소제하지 않는다.
  - 작업 시 공구는 항상 정리해 둔다.

**40** 다음 중 산업안전보건법에서 규정하고 있는 중대재해와 관련성이 없는 것은?

① 사망자가 3명 발생한 재해
② 3개월 이상 요양을 요하는 부상자가 동시에 2명이 발생한 재해
③ 사망자 1명과 3개월 이상 요양이 필요한 부상자 1명이 발생한 재해
④ 직업성 질병자가 동시에 5명이 발생한 재해

해설

• **중대재해** : 중대재해처벌법상 중대재해는 중대산업재해와 중대시민재해로 구분된다.
  – 중대산업재해 : 사망자가 1명 이상, 6개월 이상 치료가 필요한 부상자가 2명 이상, 급성중독 등 직업성 질병자가 10명 이상 발생한 재해
  – 중대시민재해 : 특정 원료 또는 제조물, 공중이용시설 또는 공중교통수단의 결함을 원인으로 하여 사망자가 1명 이상, 2개월 이상 치료가 필요한 부상자가 10명 이상, 3개월 이상 치료가 필요한 질병자가 10명 이상 발생한 재해

---

**과목 ③ 기계 설비 일반**

**41** 헐거운 끼워 맞춤에 대한 다음 설명으로 맞지 않는 것은?

① 구멍의 최소 치수에서 축의 최대 치수를 뺀 값이 최소 틈새이다.
② 구멍의 최대 치수에서 축의 최소 치수를 뺀 값이 최대 틈새이다.
③ 축의 최대 치수에서 구멍의 최대 치수를 뺀 값이 최대 죔새이다.
④ 항상 틈새가 발생한다.

해설

• **최대 죔새** : 축의 최대 치수에서 구멍에 최소 치수를 뺀 값이다.
• **최소 죔새** : 축의 최소 치수에서 구멍에 최대 치수를 뺀 값이다.
  – 죔새만 발생하면 억지 끼워 맞춤이다.

**42** 그림과 같은 원형축 형상에서 기호표시란의 (Y)에 들어갈 수 있는 기하 공차는?

①         ②

③         ④

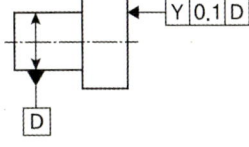

해설

• 진원도, 경사도, 원주 흔들림, 대칭도 공차 중 Y에 적합한 것은 원주 흔들림 공차이다.
• **원주 흔들림 공차** : 어떤 직선을 회전축으로 하고 대상 물체(부품)를 회전시켜 대상 물체 형체의 흔들림 변동값을 규제하는 기하공차이다.

---

**43** 핸들, 바퀴의 암, 리브, 훅(Hook) 구조물 부재 등의 절단면을 나타내는 단면도로 맞는 것은?

① 회전단면도

② 전단면도

③ 반단면도

④ 부분단면도

> **해설**
>
> - **회전단면도** : 핸들이나 바퀴의 암, 리브, 훅 등을 축에 수직한 단면으로 절단하여 그 축에 90도로 회전을 시켜 단면처리하는 방법
> - **전(온)단면도** : 대상 물체를 반으로 절단하여 단면도 표시
> - **반(한쪽)단면도** : 대상 물체를 1/4만 절단하여 단면도 표시
> - **부분단면도** : 대상 물체에서 단면이 필요한 일부분만 절단하여 단면도 표시

**44** 일반적인 고주파 담금질의 특징으로 틀린 설명은?

① 직접 가열하므로 열효율이 높다.

② 가열 시간이 길어서 경화면의 탈탄이나 산화가 많이 발생한다.

③ 열처리 불량이 적고 변형 보정을 필요로 하지 않는다.

④ 직접 부분 담금질이 가능하므로 필요한 깊이만큼 균일하게 경화된다.

> **해설**
>
> - **고주파 담금질의 특징**
>   - 제한된 국부적 경화법이다.
>   - 표면산화와 탈탄이 최소로 발생한다.
>   - 피로강도가 증가한다.
>   - 공정을 생산라인과 바로 연결시켜 사용한다.
>   - 시설비가 고가이다.
>   - 강종이 제한된다.
>   - 가열시간이 짧다.
>   - 변형이 적다.
>   - 경화시키지 않은 표면에 필요한 교정작업이 가능하다.
>   - 유지비가 저렴하다.
>   - 형상에 제한이 있다.

**45** 재료의 강도와 경도를 증가시키기 위하여 실시하는 열처리로 맞는 것은?

① 풀림

② 불림

③ 담금질

④ 뜨임

> **해설**
>
> - **풀림** : 금속이나 유리를 일정한 온도로 가열한 다음에 천천히 식혀 내부 조직을 고르게 하고 응력을 제거하는 열처리 방법
> - **불림** : 강을 표준상태로 만들기 위한 열처리로 강을 단련한 후, 오스테나이트의 단상이 되는 온도범위에서 가열하여 대기 속에 방치하여 자연냉각하는 열처리 방법
> - **뜨임** : 강철을 재가열했다가 내부 응력을 없애는 열처리 방법

## 46 다음 중 공작기계의 구비조건으로 틀린 것은?

① 가공능력이 좋아야 한다.
② 가공된 제품의 정밀도가 높아야 한다.
③ 기계효율이 좋고, 고장이 적어야 한다.
④ 강성이 없어야 한다.

**해설**

• 공작기계 구비조건
  – 공작기계의 운동 정밀도가 높아야 한다.
  – 정강성, 동강성, 열강성이 커야 한다.
  – 공작기계 각부의 진동이 적어야 한다.
  – 습동부의 마모가 적고 내구성이 좋아야 한다.
  – 단위 시간당의 생산능률이 좋아야 한다.
  – 에너지가 적게 들고 공작기계의 값이 싸야 한다.
  – 공작기계의 조작이 간편하고 안전성이 커야 한다.

## 47 구성인선의 방지대책으로 틀린 것은?

① 절삭 깊이를 적게 할 것
② 경사각을 작게 할 것
③ 절삭속도를 빠르게 할 것
④ 절삭공구의 인선을 날카롭게 할 것

**해설**

• 구성인선 방지책
  – 절삭 깊이를 적게 할 것
  – 경사각을 크게 할 것
  – 절삭공구의 인선을 예리하게 할 것
  – 윤활성이 좋은 절삭 유제를 사용할 것
  – 절삭속도를 크게 할 것

## 48 일반적인 래핑의 특성으로 다음 중 맞지 않은 내용은?

① 먼지의 발생이 없고 가공면에 랩제가 잔류하지 않는다.
② 정밀도가 높은 제품을 가공할 수 있다.
③ 가공이 간단하고 대량생산이 가능하다.
④ 가공면은 윤활성 및 내마모성이 좋다.

> **해설**
>
> - **래핑 가공의 특징**
>   - 가공면이 매끈하고 적절한 방법에 의하여 거울과 같은 면을 얻을 수 있다.
>   - 정밀도가 높은 제품을 만들 수 있다.
>   - 대량생산을 할 수 있다.
>   - 작업 방법이 간단하며, 설비 비용도 많이 필요하지 않다.
>   - 가공면은 내식성, 내마멸성이 좋다.
>   - 비산하는 래핑 입자가 다른 기계 또는 제품에 부착하면 마멸시키는 원인이 된다.
>   - 가공면에 랩제가 잔류하기 쉬우며, 제품을 사용할 때 마멸을 촉진시킨다.

**49** 정반 위에 놓고 이동시키면서 공작물에 평행선을 긋거나 평행면의 검사용으로 사용되는 금긋기 공구의 종류는?

① 펀치

② 서피스 게이지

③ 디바이더

④ 다이얼 게이지

> **해설**
>
> - **펀치** : 철판에 구멍을 뚫는 공구
> - **다이얼 게이지** : 측정물의 길이를 비교하는 측정기
> - **디바이더** : 양각 끝이 모두 침상으로 되어 있는 컴퍼스 모양의 제도용구

**50** 다음의 측정공구 중 비교측정에 사용되는 측정기는?

① 측장기

② 마이크로미터

③ 옵티미터

④ 버니어 캘리퍼스

> **해설**
>
> - **비교측정** : 측정하려고 하는 양(+)의 값을 이미 알고 있는 같은 종류의 값과 비교해서 구하는 측정 방법
> - **측장기** : 길이를 측정하는 기계
> - **옵티미터** : 표준 치수의 물체와 측정하고자 하는 물체의 치수 차이를 광학적으로 확대하여 정밀하게 측정하는 비교측정기
> - **마이크로미터** : 피치를 가진 나사를 이용한 길이측정기
> - **버니어 캘리퍼스** : 외경, 내경, 깊이 등을 측정하는 기기

**51** 다음 그림과 같은 센터 게이지의 용도는?

① 나사 절삭바이트의 각도 측정
② 나사의 강도 측정
③ 나사산의 피치 측정
④ 나사의 길이 측정

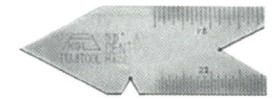

**해설**

- 센터 게이지 : 각도 측정용

**52** 축 고장 시 설계 불량의 직접 원인으로 틀린 것은?

① 재질 불량
③ 형상구조 불량
② 치수강도 부족
④ 끼워맞춤 불량

**해설**

설계 불량의 직접 원인은 형상 구조, 치수·강도, 재질 등 설계 초기 단계에서 잘못 설정된 요소로 인해 발생하는 것이며, 간접 원인은 설계가 완료된 후 가공 과정에서 발생한 문제로 인해 축의 고장이 일어나는 경우를 말한다.

**53** 기어 손상에서 이 부분이 파손되는 주원인에 해당하지 않는 것은?

① 균열
③ 피로 파손
② 과부하 결손
④ 마모

**해설**

- 기어 이의 파손의 원인 : 과부하 절손, 피로 파손, 균열, 소손 등

**54** 다음 브레이크 중 화물을 올릴 때는 제동 작용을 하지 않고 화물을 내릴 때 자중에 의한 제동 작용을 하는 브레이크는?

① 원판 브레이크
③ 블록 브레이크
② 나사 브레이크
④ 밴드 브레이크

> 해설
> - **원판 브레이크** : 회전축에 고정되어 바퀴와 같이 도는 둥근 강판을 패드로 누름으로써 회전을 멈추게 하는 장치
> - **밴드 브레이크** : 유성 기어 장치가 들어 있는 드럼 둘레에 띠를 감아, 액추에이터로 밴드의 안쪽에 부착되어 있는 마찰재를 드럼에 압착시켜 정지시키는 장치
> - **블록 브레이크** : 브레이크 드럼에 브레이크 블록을 밀어 넣어 제동하는 장치

**55** 나사의 표시 방법 중 유니파이 보통 나사를 나타내는 기호로 맞는 것은?

① UNC                  ② UNF
③ CTC                  ④ CTG

> 해설
> - UNF : 유니파이 가는 나사
> - UNC : 유니파이 보통 나사
> - CTC : 박강 전선관 나사
> - CTG : 후강 전선관 나사

**56** 축이음 핀의 빠짐 방지나 볼트, 너트의 풀림 방지에 사용되고 있는 요소는?

① 코터                  ② 분할핀
③ 평행핀                 ④ 테이퍼핀

> 해설
> - **코터** : 축과 축 등을 결합시키는 데 사용하는 쐐기
> - **평행핀** : 캠축에 캠축 스프로킷을 고정할 때 안내 위치를 결정하는 핀
> - **테이퍼 핀** : 톱니바퀴, 벨트, 핸들 따위의 보스를 축에 간단히 고정하는 테이퍼가 붙은 핀

**57** 송풍기의 풍량을 조절하는 방법으로 맞지 않는 것은?

① 가변 피치에 의한 조절
② 송풍기의 회전수를 변화시키는 방법
③ 흡입구 댐퍼에 의한 조절
④ 송풍기 축의 축 방향의 신장 조절

• 송풍기 풍량 조절방법
  - 댐퍼 제어, 각도 제어, 회전수 제어
  - 가변피치에 의한 조절, 송풍기의 회전수를 제어하는 방법, 흡입날개 조절(Suction Vane Control), 흡입구 댐퍼에 의한 조절, 토출구 댐퍼에 의한 조절

**58** 펌프 운전 시 압력계가 정상보다 높게 나오는 원인으로 맞지 않는 것은?

① 파이프의 막힘
② 실양정이 설계 양정보다 낮을 때
③ 밸브를 너무 막을 때
④ 안전밸브의 불량

해설

실양정이란 흡입양정과 토출양정의 합이다. 그러므로 실양정이 설계 양정보다 높을 때 압력계가 정상보다 높게 나오는 원인이 된다.

**59** 감속기의 기어박스를 점검한 결과 이뿌리 면이 상대편 기어의 이끝 통로에 따라 마모되었다. 다음 중 문제 해결 방법으로 적합하지 않은 것은?

① 기어의 이끝 높이를 크게 한다.
② 압력각을 증가시킨다.
③ 기어의 이끝 면을 가공한다.
④ 피니언의 이뿌리 면을 가공한다.

해설

• 이의 간섭 방지법
  - 압력각을 크게 한다.
  - 피니언의 이뿌리 면과 기어의 이끝 면을 가공한다.
  - 기어의 이끝 높이를 작게 한다.

**60** 왕복 압축기와 비교한 원심식 압축기의 단점으로 다음 중 맞는 것은?

① 윤활이 어렵다.
② 설치 면적이 넓다.
③ 고압 발생이 어렵다.
④ 맥동 압력이 있다.

해설

- **원심식 압축기의 단점**
  - 소용량 압축기는 효율이 감소하여 비경제적이다.
  - 부하가 감소하면 서징이 발생한다.
  - 냉매 회수 장치가 필요하다.
  - 흡입관 및 배출관이 직접 팽창식에서는 커지므로 브라인식이 필요하다.
  - 압축 압력을 크게 하지 못한다.

---

## 과목 (4) 설비 진단 및 관리

**61** 다음 중 진동의 전달경로 차단방법에 해당하지 않는 것은?

① 질량이 큰 경우 거더(girder)의 이용
② 진동 차단기 설치
③ 기초(base)의 진동을 제어하는 방법
④ 언밸런스(unbalance)의 양을 크게 하는 방법

해설

- **진동 방지 기술의 종류**
  - 진동차단기, 질량이 큰 경우 거더의 이용, 2단계 차단기의 사용, 기초의 진동을 제어하는 방법

---

**62** 고속 회전기의 축 진동 측정, 회전수 측정, 위치 측정 등에 사용되는 진동센서로 맞는 것은?

① 동전형 속도 센서
② 와전류형 변위 센서
③ 서보형 가속도 센서
④ 압전형 가속도 센서

해설

- **동전형 속도 센서** : 가동코일이 붙은 추가 스프링에 매달려 있는 구조로 진동에 의해 가동코일이 영구자석의 자계 내를 상하로 움직이면 코일에는 추의 상대속도에 비례하는 기전력이 유기된다.
- **서보형 가속도 센서** : 피드백에 원리를 두고 있으며, 변위를 변위센서로 검출해서, 서보 증폭기를 통해 구동부에 전류를 흘리고 변위에 비례하는 복원력을 발생시켜 질량을 평행위치로 복귀시킨다.
- **압전형 가속도 센서** : 압전소자가 스프링을 겸한 질량-스프링 시스템을 구성하고 있어서 가속도가 가해지면 그 크기에 비례한 전하를 일으킨다.

## 63 다음 중 미스얼라인먼트의 원인에 해당하지 않은 것은?

① 회전축의 질량중심선이 축의 기하학적 중심선과 일치하지 않는 경우
② 회전하는 축이 휘어진 경우
③ 베어링의 설치가 잘못된 경우
④ 축 중심이 기계의 중심선에서 어긋났을 경우

**해설**

- **미스얼라인먼트** : 축, 커플링, 베어링 등의 중심선 정렬이 적절하게 이루어지지 않을 경우 발생하며, 각도 정렬 불일치, 평행 정렬 불일치, 베어링 정렬 불일치 등이 있다.
- **미스얼라인먼트 발생 원인**
  - 열팽창에 의한 발생
  - 기계가 직접적으로 적절한 정렬이 이루어지지 않았을 경우
  - 힘이 파이프와 지지대등에 의해 기계에 전달될 때
  - 기초가 평평하지 않거나, 들린 경우 또는 침식된 경우

## 64 소음의 물리적 성질 중 음파의 종류를 설명한 것으로 잘못된 것은?

① 평면파 : 음파의 파면들이 서로 평행한 파
② 발산파 : 음원으로부터 거리가 멀어질수록 더욱 넓은 면적으로 퍼져나가는 파
③ 진행파 : 둘 또는 그 이상 음파의 구조적 간섭에 의해 시간적으로 일정하게 음압의 최고와 최저가 반복되는 패턴의 파
④ 구면파 : 음원에서 모든 방향으로 동일한 에너지를 방출할 때 발생하는 파

**해설**

- **진행파** : 음파의 진행 방향으로 에너지를 전송하는 파
- **맥동파(맥놀이)** : 둘 또는 그 이상 음파의 구조적 간섭에 의해 시간적으로 일정하게 음압의 최고와 최저가 반복되는 패턴의 파

## 65 진동 방지의 일반적인 방법 중 고주파 진동을 방지하는데 가장 효과적인 방법은?

① 기초 진동을 제어
② 2단계 차단기의 사용
③ 질량이 큰 거더를 사용
④ 진동 차단기의 사용

**해설**

- **기초 진동을 제어** : 설치대에 큰 질량을 더해주거나, 강철 보강재와 감쇠 재료를 사용한 제어
- **진동 차단기의 사용** : 밑바닥에 직접 진동 보호 대상체를 놓거나, 스프링형 진동 차단기를 사용한 경우
- **질량이 큰 거더를 사용** : 보호 물체를 스프링 차단기 위에 놓인 거더 위에 설치하는 경우, 보호 물체의 질량과 함께 블록의 질량은 차단기의 고유 진동수를 원래보다 작게 하는 역할을 한다.

**66** 다음 중 감쇠 형태의 종류에 해당하지 않는 것은?

① hysteretic damping  ② viscous damping
③ Coulomb damping  ④ critical damping

**해설**

- **감쇠의 종류** : 점성감쇠(viscous damping), 쿨롱감쇠(Coulomb damping), 고체감쇠(hysteretic damping) 등이 있다.
  - Hysteretic damping : 재료 내부의 히스테리시스 현상(내부 마찰)으로 인한 에너지 손실 → 속도와 무관하게 일정한 에너지 소산 발생.

**67** 소음을 측정하기 위해 공장에서 준비해야 할 자료에 해당되지 않는 것은?

① 공장 배치도  ② 기계 배치도
③ 생산 현황도  ④ 작업 공정도

**해설**

공장의 소음을 측정하기 위해서는 소음이 발생하는 곳의 기계배치 및 작업방식에 대한 파악이 필요하므로, 현재의 생산품목 및 개수에 대한 내용을 담고 있는 생산 현황도는 이미 제품이 생산된 후의 과정이므로 소음을 파악하기 위한 자료로는 맞지 않는다.

**68** 질점의 단순조화진동을 $y = C\cos(\omega_n t - \phi)$라 할 때 이 진동의 주기로 맞는 것은?

① $\dfrac{2\pi}{\omega_n}$  ② $\dfrac{\omega_n}{2\pi}$

③ $2\pi\omega_n$  ④ $\dfrac{\pi}{\omega_n}$

**해설**

고유주기는 단위 사이클 당 걸린 시간으로 표현된다. $T = \dfrac{2\pi}{\omega_n}(\sec/cycle, \sec)$

**69** 음의 전파는 매질의 진동에너지가 전달되는 것이므로 음의 진행 방향에 수직한 단위 면적을 단위시간에 통과하는 음에너지는?

① 음압
② 음의 세기
③ 음향 출력
④ 음의 지향성

> **해설**
>
> • **음압** : 음에너지에 의해 매질에 생기는 미세한 압력변화
> • **음향 출력** : 음원으로부터 단위시간당 방출되는 총 음에너지
> • **음의 지향성** : 음원으로부터 방사된 소리의 세기 또는 감도가 방향에 따라 변하는 것

**70** $x$방향의 운동방정식이 다음과 같이 나타날 때, 이 진동계에서의 감쇠 고유진동수(damped natural frequency)는?

$$2\ddot{x} + 3\dot{x} + 8x = 0$$

① $1.35\,rad/s$
② $2.25\,rad/s$
③ $1.85\,rad/s$
④ $2.75\,rad/s$

> **해설**
>
> $m = 2, \ C = 3, \ k = 8$
>
> $\omega_n = \sqrt{\dfrac{k}{m}} = \sqrt{\dfrac{8}{2}} = 2, \ C_c = \dfrac{2k}{\omega_n} = 8, \ \psi = \dfrac{C}{C_c} = \dfrac{3}{8} = 0.375$
>
> $\omega_d = \omega_n \sqrt{1 - \psi^2} = 2 \times \sqrt{1 - 0.375^2} = 1.85$

**71** 공장 설비 계획에 관하여 기계 설비의 배치와 안전의 유의사항으로 맞지 않는 것은?

① 기계설비의 주위에는 충분한 공간을 둔다.
② 기계 배치는 안전과 운반에 관계없이 가능한 가깝게 설치한다.
③ 공장 내외에는 안전 통로를 설정한다.
④ 원료나 제품의 보관 장소는 충분히 설정한다.

> **해설**
>
> 기계 배치는 안전과 운반을 고려하여 산업안전법에 의해 적절하게 설치한다.

모의고사 05

**72** TPM에서의 설비종합효율을 계산하기 위해서 고려되어야 할 사항이 아닌 것은?

① 로스율
② 시간가동률
③ 성능가동률
④ 양품율

> **해설**
>
> 종합효율 = 시간 가동률 × 성능 가동률 × 양품율

**73** 다음 중 설비 효율 개선 활동으로 보기 어려운 것은?

① 정기적인 윤활 및 점검
② 설비 표준작업 조건 설정
③ 불량품 재작업률 향상
④ 설비 이상 경보 시스템 구축

> **해설**
>
> 재작업률이 높다는 것은 품질 불량이 많다는 뜻이며, 이는 오히려 설비 효율 저하 요인이 된다.

**74** 제조 능력의 요인은 크게 외적요인과 내적요인으로 나눈다. 다음 중 외적요인이 아닌 것은?

① 자재
② 자금
③ 노동
④ 설비

> **해설**
>
> • 제조 능력의 외적요인
>   – 관련 산업의 발달 정도 : 기계공업의 기술 수준, 소재 공업의 기술 수준
>   – 외주업체 및 계열업체의 수준 : 외주부품의 품질 안정도, 납기 및 가격 등의 적정성
>   – 시장의 규모 및 안전성 : 내수 시장의 안정성 및 확대 전망, 수출 시장의 규모 및 전망

**75** 지그와 고정구, 금형, 절삭공구, 검사구 등 각종의 공구를 통칭하는 용어는?

① 계측공구

② 치공구

③ 제작공구

④ 공작기계

해설

- **계측공구** : 여러 방법과 장치를 이용하여 어떤 사실을 양적으로 표착하는 공구
- **공작기계** : 주조, 단조 등으로 만든 기계부품을 가공하는 기계
- **제작공구** : 재료를 가지고 기능과 내용을 가진 새로운 제품을 만드는 공구

**76** 다음 중 베어링에 그리스를 충전하는 휴대용 그리스 펌프로 1회의 공급으로 수일 또는 수주 간의 주기를 가진 경우에 사용하는 것은?

① 그리스 컵

② 집중그리스 윤활장치

③ 오일 미스트

④ 그리스 건

해설

- **그리스컵** : 컵 속의 그리스가 열에 녹아 마찰면으로 공급되는데 그리스를 베어링에 도달시키기 위해 나사 혹은 스프링으로 압입해야 한다.
- **오일 미스트** : 열악한 조건에서 고속으로 사용되는 베어링에 대해서 이상적인 윤활
- **집중그리스 윤활장치** : 강압 그리스 펌프를 주체로 하여 이로부터 관지름 2인치 정도의 주관을 시공하고 분배관을 배열하여 다수의 베어링에 동시 일정량의 그리스를 확실히 급유하는 방법

**77** 다음은 그리스의 시험방법에 대한 설명이다. 올바르지 않은 것은?

① 주도 : 그리스의 굳은 정도, 유동성을 표시하는 시험이다.

② 동판부식 : 그리스에 함유된 부식성 유황물질로 인한 금속의 부식여부 및 이물질의 양을 측정하는 시험이다.

③ 수분 : 그리스에 함유되어 있는 수분의 함유량을 측정하는 시험이다.

④ 적점 : 그리스가 온도상승에 따라 저하되는 최저의 온도, 내열성을 확인하는 시험이다.

해설

동판부식은 기름 중에 함유된 유리 유황 및 부식성 물질로 인한 금속의 부식 여부에 관한 시험으로 이물질의 양을 측정하지는 않는다.

**78** 다음 중 윤활관리의 4원칙에 포함되지 않는 것은?

① 적소                   ② 적법

③ 적량                   ④ 적유

**해설**

- 윤활관리의 4원칙
  - 적유 : 설비가 필요로 하는 적정 윤활제를 선정
  - 적법 : 적합한 급유방법을 결정
  - 적량 : 적정량의 급유량을 결정
  - 적기 : 적정 간격으로 적당한 시기에 공급함으로서 설비의 성능과 정밀도를 유지

**79** 다음 중 윤활설비의 고장과 원인에서 작업에 의한 고장원인에 해당하지 않는 것은?

① 플러싱의 불충분
② 높은 전도열 및 마찰면의 불충분한 방열
③ 과잉급유 및 부주의
④ 급유가 빠르거나 너무 느림

**해설**

- 윤활설비의 작업에 의한 고장 원인
  - 급유작업의 부주의                 – 과잉의 급유 또는 과소한 급유
  - 급유시간이 너무 느리거나 빠름     – 플러싱의 불충분
  - 작업상의 움직임과 충격에 의한 무게

**80** 다음 중 기름 속에 회전체의 일부가 들어가 기름을 튀겨 윤활이 되도록 하는 방식의 급유법으로 맞는 것은?

① 나사 급유              ② 유욕식 급유
③ 비산 급유              ④ 사이펀 급유

**해설**

- **나사 급유** : 축 면에 나선 홈을 만들고 축을 회전시켜 축의 회전에 따라 기름이 홈을 따라 올라가 축 면에 급유되는 방법
- **유욕식 급유** : 중 · 저속의 밀폐기어, 감속기 내의 베어링 하우징 등 윤활 개소의 일부가 오일 배스에 잠긴 상태로 윤활하는 방식
- **사이펀 급유** : 베어링의 컵에 오일을 저축하는 기름 탱크에 뚜껑을 씌우고 그 속에 가는 털실 또는 무명실을 감아서 만든 끈을 넣어 오일이 모세관 작용에 의하여 일단 올라가고 다음에 사이펀 작용에 의해 적하하는 원리

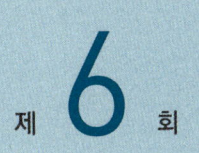

# 설비보전기사 모의고사

제 **6** 회

---

과목 **1** 공유압 및 자동제어

**01** 다음은 압력에 관한 설명으로 적합하지 않은 것은?

① 절대압력 = 계기압력 + 표준대기압
② 절대진공도 = 표준대기압 + 진공계압력
③ 진공도는 항상 절대압력으로 나타낸다.
④ 대기압보다 높으면 정압, 낮으면 부압이라 한다.

**해설**

• 게이지상의 진공도는 대기압을 0으로 놓고 완전진공을 760mmHg로 표시하는 것이다.
• 절대 진공도는 760mmHg에서 게이지 상의 진공도를 뺀 값을 나타낸다.

**02** 다음의 방향제어 밸브의 조작 방식 기호 중 기계적 조작 방식에 해당하지 않는 것은?

①

②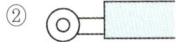

③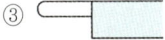

④

**해설**

플런저 방식(기계조작)
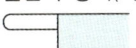

직동형(전자조작)
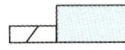

롤러(기계조작)
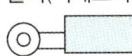

스프링(기계조작)

---

**03** 다음 중 유압 작동유의 점도가 너무 높을 경우에 대한 설명으로 틀린 것은?

① 동력 손실의 증대

② 내부 마찰의 증대와 온도 상승

③ 기계 마찰 부분의 마모 증대

④ 작동유의 비활성

**해설**

- **유압 작동유의 점도가 높을 경우**
  - 유동 저항이 증가하여 압력손실이 커진다.
  - 동력손실이 증가한다.
  - 마찰이 증가한다.
  - 캐비테이션이 발생한다.
- **유압 작동유의 점도가 낮을 경우**
  - 누설 가능성이 커진다.
  - 용적효율이 떨어진다.
  - 압력을 유지하기 힘들다.
  - 윤활유로서의 역할이 힘들어진다.

**04** 리드 스위치의 일반적인 특성으로 다음 중 틀린 것은?

① 소형, 경량이다.

② 회로 구성이 복잡하다.

③ 반복 정밀도가 높다.

④ 스위칭 시간이 짧다.

**해설**

리드 스위치란, 두 개의 끝단에 강한 자성체의 성격을 가진 금속 리드 소자를 아주 미세한 간격으로 겹치게 한 후, 유리 관에 넣고 밀봉한 형태로서 구성이 간단하다.

**05** 다음 중 일반적인 단동 실린더의 속도제어에 적합한 방법으로 옳은 것은?

① 미터 인 제어

② 미터 아웃 제어

③ 블리드 오프 제어

④ 재생제어

**해설**

단동 실린더는 실린더 내부 스프링에 의해 후진하고, 전진 시에만 유체의 압력을 공급하여 전진하는 실린더이다. 여기서, 미터 인 제어의 경우 실린더로 공급되는 유체의 양을 조절하는 방식이며, 미터 아웃 제어의 경우 실린더에서 배출되는 유체의 양을 조절하는 방식이므로 전진 시에는 미터 인 방식으로 속도제어가 되지만, 미터 아웃 방식을 사용할 때는 스프링 때문에 정확한 속도제어가 불가능하다.

**06** 공압 모터 중 고속 회전과 경량화가 가장 중요한 분야에 적합한 것은?

① 피스톤형 모터 - 고토크 · 저속용
② 베인형 모터 - 중속 · 중토크용
③ 터빈형 모터 - 초고속 · 저토크용
④ 기어형 모터 - 일정속도 · 저토크용

> **해설**
>
> • **터빈모터** : 공기 유동을 이용해 수만~수십만 rpm 초고속 가능
> • **피스톤/베인형 모터** : 중저속 · 고토크용

**07** 다음 중 공유압의 동력과 같은 의미를 갖는 것은?

① 에너지                          ② 일률
③ 거리                            ④ 일량

> **해설**
>
> **일률** : 단위시간 동안에 이루어지는 일의 양

**08** 다음 중 유압모터의 관성력으로 인한 펌프작용을 방지하기 위해 필요한 보상회로의 명칭으로 맞는 것은?

① 일정 토크 구동 회로              ② 브레이크 회로
③ 유압모터 직렬 회로              ④ 유압모터 병렬 회로

> **해설**
>
> • **브레이크 회로** : 시동시의 서지압력 방지나, 정지시키고자 할 경우에 유압적으로 제동을 부여하는 회로로서 카운터밸런스밸브 혹은 압력릴리프밸브가 사용된다.
> • **유압모터 병렬 회로** : 병렬배치 미터인 회로와 병렬배치 미터아웃 회로가 있다. 미터인 회로는 유압모터를 독립적으로 구동, 정지, 속도제어가 되는 이점이 있다. 미터아웃 회로는 각 유압모터의 속도를 제어하고, 유압모터의 부하변동에 따라, 다른 유압모터의 회전속도에 영향을 주기 쉽다.
> • **유압모터 직렬 회로** : 유압모터를 직렬로 배치하므로 펌프 용량을 작게 할 수 있고, 별도의 유량 분배 장치도 필요하지 않다. 또한 회로의 일부 배관 지름은 병렬 배치의 경우보다 작아지며, 압력관과 귀환관은 각각 한 개의 배관으로 충분하다. 다만, 펌프의 송출 압력은 각 유압모터의 압력 강하가 누적된 값이 되므로 전체적으로 증가한다.
> • **일정 토크 구동 회로** : 유압모터축의 최대토크를 전속도 범위에 걸쳐 일정하게 할 수 있으므로 인쇄기계, 제지기계, 고무나 직물기계 등의 구동에 적합하다.

**09** 방향제어 밸브의 구조 중 스풀 방식의 밸브에 대한 설명으로 틀린 것은?

① 전환밸브에서 가장 널리 사용되는 형식이다.
② 다양한 조작방식을 쉽게 적용할 수 있다.
③ 다양한 유압 흐름의 형식을 쉽게 설계할 수 있다.
④ 밸브 습동 부분에서의 내부 누설이 없고 조작이 확실하다.

> **해설**
>
> - **포펫밸브의 특징**
>   - 디지털 제어에 적합
>   - 밀봉성이 우수
>   - 작동유의 오염에 강함
>   - 큰 조작력이 필요
>   - 시트 표면 마모가 쉽게 일어남
>   - 압력제어 밸브로 많이 사용됨
> - **스풀밸브의 특징**
>   - 포트부의 개구면적을 연속적으로 변화 가능함
>   - 높은 가공 정밀도가 요구됨
>   - 작동유 오염에 취약
>   - 스풀과 슬리브 사이의 틈새에 누설 가능함
>   - 방향제어 밸브로 주로 사용됨

**10** SI 단위계에서 압력을 표시하는 단위로 맞는 것은?

① 파스칼(Pa)
② 뉴턴(N)
③ 와트(W)
④ 바(bar)

> **해설**
>
> - **바(bar)** : 압력의 단위이지만 SI단위에는 해당하지 않고 피트−파운드 단위계이다.
> - **뉴턴(N)** : 힘의 단위
> - **와트(W)** : 일률, 전력의 단위

**11** 회전수 계측 센서 중 광학식 엔코더의 특징으로 틀린 것은?

① 처리회로가 간단하다.
② 진동 및 충격에 약하다.
③ 디지털 신호이므로 노이즈 마진이 작다.
④ 고분해능화가 용이하다.

**해설**

- **광학식 엔코더** : 광학식 로터리 엔코더는 엔코더 중에서도 가장 널리 쓰이는 형태로, 패턴이 지정된 엔코더 휠 또는 디스크를 통해 빛이 통과될 때 센서를 이용하여 위치 변화를 식별하는 방식의 엔코더이다.
- **광학식 엔코더 특징**
  - 먼지, 액체, 온도 등 여러 외부 요인에 의한 영향을 받는다.
  - 다양한 액체에 직접 노출되며, 주변 온도의 변화에 큰 영향을 받는다.
  - 실링이 제대로 이루어지지 않을 경우 모래, 염분, 먼지 등에 취약하다.
  - 고분해능 및 고정밀 측정이 가능하다.
  - 고정밀 로봇 및 공작기계에 사용된다.
  - 강한 자기장의 영향을 받는 환경에서 사용하기에 적합하다.
  - 디지털 신호이므로 노이즈 마진이 크다.
- **노이즈 마진**
  디지털 신호가 여러 스테이지의 논리회로 소자를 거치면서 목적지로 가는 동안 이 신호에 노이즈가 들어와도 원래의 값을 유지하여 목적지까지 도착할 수 있는지에 대한 의미

**12** 폐회로 제어계에서 설정값과 피드백 변수의 비교 연산 결과 발생하는 값을 무엇이라 하는가?

① 외란　　　　　　　　　　　　　② 제어편차
③ 목표값　　　　　　　　　　　　④ 기준값

**해설**

- **외란** : 제어 대상이 되는 온도, 압력, 수위 등에 대해 직접적으로 변화를 초래하는 원인
- **기준값** : 제어계를 동작시키는 기준으로서 직접 폐루프에 가해지는 값이며, 목표치와 비례
- **목표값** : 외부에서 주어지며 피드백 제어계에 속하지 않는 신호로 설정값이라고도 한다.

**13** 다음 제어 방식 중 의미가 다른 하나는 무엇인가?

① 개루프제어　　　　　　　　　　② 귀환제어
③ 폐루프제어　　　　　　　　　　④ 피드백제어

**해설**

- **귀환제어** : 제어계의 출력 신호의 일부를 입력부로 되돌리는 회로, 입출력 신호 사이의 관계를 유지하는데 사용하는 제어
- **개루프제어** : 시스템 내의 하나 또는 여러 개의 입력 변수가 약속된 법칙에 의하여 출력 변수에 영향을 미치는 제어
- **폐루프제어** : 제어하고자 하는 하나의 변수가 계속 측정되어서 다른 변수, 즉 지령치와 비교되면 그 결과가 첫 번째의 변수를 지령치에 맞추도록 수정을 가하는 제어
- **피드백제어** : 피드백에 의하여 제어량과 목표값을 비교하고 그들이 일치되도록 정정 동작을 하는 제어

**14** 3상 유도 전동기가 원래의 속도보다 저속으로 회전할 경우 원인으로 틀린 것은?

① 과부하　　　　　　　　　　　　② 베어링 불량
③ 퓨즈 단락　　　　　　　　　　　④ 축받이의 불량

퓨즈 단락은 전동기의 과열원인이다. 퓨즈는 전기회로를 보호하기 위한 소자로, 정격 이상의 과전류가 흐를 때 내부의 도체(퓨즈 엘리먼트)가 용단(녹아 끊어짐)되어 회로를 차단하는 원리이다. 이 현상을 퓨즈 단락(퓨즈 용단)이라고 한다.

**15** 질량 M인 물체에 힘 f를 가하여 거리 x만큼 이동한 물리계의 전달함수의 표현으로 맞는 것은? (단, 초기조건은 0이다.)

① $Ms$　　　　　　　　　　　　　② $1/Ms^2$
③ $Ms^2$　　　　　　　　　　　　④ $1/Ms$

**해설**

· **2차 지연요소** : 전달함수 특성방정식의 최고 차수가 2인 시스템

$$f = Ma, \ a = \frac{f(t)}{M} = \frac{d^2x(t)}{dt^2}$$

$$\frac{F(s)}{M} = s^2 X(s), \ G(s) = \frac{X(s)}{F(s)} = \frac{1}{Ms^2}$$

초기조건이 0이므로, 이 전달함수는 시스템의 동적인 반응을 나타낸다.

**16** 다음 중 되먹임 제어계가 아닌 것은?

① 공정제어　　　　　　　　　　　② 자동조정
③ 서보기구　　　　　　　　　　　④ 수동조정

**해설**

공정제어, 서보기구, 자동조정 등은 되먹임 제어계(Feedback Control Systems)에 해당한다. 자동조정이 어려운 경우 수동조정을 하게 되는데, 수동조정은 제어 시스템에서 매개변수를 수동으로 조정하여 시스템의 성능을 최적화하는 과정이라 할 수 있다. 이러한 수동조정도 자동조정 대신에 이루어지는 것이라면 되먹임 제어계라 할 수 있는 부분도 있다.
· 공정제어는 시스템의 출력이 원하는 결과를 얻기 위해 입력을 조정하는 방식으로 작동한다. 이는 되먹임 루프를 통해 시스템의 현재 상태를 지속적으로 모니터링하고, 필요한 경우 조정을 통해 목표 상태를 유지하는 것을 포함한 제어 형태이다.

- 서보기구는 시스템의 출력이 원하는 결과를 얻기 위해 입력 신호에 따라 조정되는 되먹임 제어 시스템의 한 예이다. 속도 및 위치 제어에 있어 유용한 시스템이다.
- 자동조정은 시스템이 원하는 성능을 유지하도록 도와주는 방법 중 하나로, 시스템의 출력을 측정하고 입력을 조정하여 목표값에 도달하도록 하는 제어이다.

**17** 제어계에서 가장 많이 이용되는 전자요소로 다음 중 맞는 것은?

① 증폭기
② 가감산기
③ 변복조기
④ 주파수 변환기

 **해설**

제어계에서 사용되는 증폭기는 신호의 크기를 증가시켜 센서에서 오는 약한 신호를 처리하거나, 구동기를 제어하는 데 사용된다.

**18** 다음과 같은 블록선도의 등가 합성 전달 함수로 맞는 것은?

① G(s) / 1−G(s)H(s)
② H(s) / 1−G(s)H(s)
③ H(s) / 1+G(s)H(s)
④ G(s) / 1+G(s)H(s)

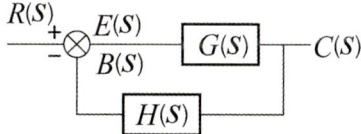

**해설**

$$C(s) = E(s) \cdot G(s), \ B(s) = E(s) \cdot G(s) \cdot H(s)$$
$$E(s) = R(s) - B(s) = R(s) - E(s) \cdot G(s) \cdot H(s)$$
$$E(s) \cdot [1 + G(s) \cdot H(s)] = R(s)$$
$$C(s) = \frac{R(s)}{1 + G(s) \cdot H(s)} \cdot G(s)$$
$$\frac{C(s)}{R(s)} = \frac{G(s)}{1 + G(s) \cdot H(s)}$$

**19** 다음 중 라플라스 변환의 특징으로 틀린 것은?

① 주파수 영역에 대한 해석을 쉽게 한다.　　② 미분방정식을 선형 방정식화 한다.

③ 초기값을 무시할 수 있다.　　④ 위상(Phase)과 밀접한 관계가 있다.

**해설**

[라플라스 변환의 특징]
− 시간 영역의 함수를 복소수 주파수 영역의 함수로 변환하는 수학적 기법이다.
− 라플라스 변환은 선형 연산자이다.
− 미분과 적분 연산을 간단한 곱셈과 나눗셈으로 변환할 수 있다.
− 시스템의 초기 및 최종 상태를 쉽게 구할 수 있다.
− 각 함수에 대해 유일한 라플라스 변환이 존재한다.
− 모든 복소수에서 수렴진 않는다.
− 라플라스 변환의 식이 같아도 수렴하는 복소수가 달라진다.
− 서로 다른 신호에서 같은 식의 라플라스 변환이 만들어 질 수 있다.

**20** 순차 제어와 되먹임 제어의 차이점은 다음 중 무엇인가?

① 조절부　　② 비교부

③ 출력부　　④ 조작부

**해설**

순차 제어는 정해진 순서대로 작업을 수행하는 반면, 되먹임 제어는 실시간으로 공정을 조정하여 목표를 달성해 가는 제어이다. 즉, 되먹임 제어는 시스템의 출력과 기준 입력을 비교하고, 그 차이(오차)를 감소시켜 가며 목표를 달성하는 피드백 제어이다.

---

**과목 ② 용접 및 안전관리**

**21** 마찰용접의 특징에 대한 설명으로 틀린 것은?

① 용접물의 형상치수, 단면모양, 길이, 무게 등의 제한을 받지 않는다.
② 취급과 조작이 간단하고 이종 금속의 접합이 가능하다.
③ 작업능률이 높고 변형의 발생이 적다.
④ 국부 가열이므로 열영향부가 좁고 이음 성능이 좋다.

- 마찰용접의 특징
  - 최고의 접합강도를 경제적으로 실현가능한 용접기술이다.
  - 고강도 접합이 가능하다.
  - 비철금속간의 이종재접합이 가능하다.
  - 높은 정밀도와 $CO_2$배출량이 적다.

**22** 가스용접용 연료가스 중 산소와 화합할 때 불꽃온도(℃)가 가장 높은 것은?

① $H_2$  ② $C_2H_2$
③ $CH_4$  ④ $C_3H_8$

- 가스 용접에 쓰이는 가스는 산소와 아세틸렌, 산소와 수소, 산소와 석탄가스 등
- 산소와 아세틸렌 : 3,500℃, 산소와 수소 : 2,500℃, 산소와 석탄가스 : 1,500℃
- 아세틸렌가스 : $C_2H_2$, 수소 : $H_2$, 메탄 : $CH_4$, 프로판 : $C_3H_8$

**23** 탄산가스 아크 용접에서 와이어 송급 시 아크 길이를 자동으로 자기 제어할 수 있는 특성은?

① 전압회복특성  ② 상승특성
③ 수하특성  ④ 정전하특성

해설

- **상승특성** : 부하 전류가 증가하면 단자 전압도 다소 높아지는 특성
- **정전류특성(수하특성)** : 아크길이와 전압이 변하여도 전류는 거의 변하지 않고 아크가 지속되는 특성

**24** AW 300의 아크 용접기로 150[A]의 용접전류를 사용하여 용접하는 경우 허용 사용률은 약 얼마인가? (단, 용접기의 정격 사용률은 40%이다.)

① 60%  ② 120%
③ 80%  ④ 160%

AW 300 : 교류아크용접기의 정격 2차 전류가 300A

$$허용사용률 = \left(\frac{정격2차전류}{실제사용전류}\right)^2 \times 정격사용률$$

$$허용사용률 = \left(\frac{300}{150}\right)^2 \times 40 = 160\%$$

**25** MIG 용접으로 알루미늄을 용접할 경우 사용하는 가스로 다음 중 적당한 것은?

① Ar+N                      ② Ar+$O_2$
③ Ar+He                  ④ $CO_2$

**해설**

알루미늄 용접에는 주로 아르곤(Ar) 가스를 사용한다. TIG 및 MIG 용접으로 진행 시 공정에서 아주 좋은 아크 안정성을 제공하고, 깨끗하고 강한 용접이 가능하다. 두꺼운 알루미늄 시트의 경우는 아르곤(Ar)과 헬륨(He)의 혼합 가스를 사용할 수도 있다.

**26** 아크용접에서 위빙비드(Weaving Bead)의 위빙 폭은 용접봉 지름의 몇 배인가?

① 2~3배                    ② 4~5배
③ 6~7배                    ④ 8~9배

**해설**

- **직선비드** : 비드의 폭이 용접봉 지름의 2배가 되지 않도록 한다.
- **위빙비드** : 횡운동, 지그재그를 통해 만들어지기 때문에 직선비드보다 폭이 넓으며 마치 물결 무늬, 실을 꼬아 놓은 것과 같은 형태이고 비드의 폭은 용접봉 지름의 3배가 되지 않도록 한다.

**27** 직류 아크 용접기를 사용하여 용접할 경우는 극성을 주의하여야 한다. 이 때 용접봉에는 (−)극을 연결하고 모재에는 (+)극을 연결하여 용접하는 것은?

① DCEP                    ② DCRP
③ 직류 역극성              ④ 직류 정극성

**해설**

| 직류 정극성 용접 | 직류 역극성 용접 |
|---|---|
| • 모재(+)극, 용접봉(−)극<br>• DCSP, DCEN<br>• 비드 폭이 좁고 용입이 깊다.<br>• 강, 스테인리스강 등의 용접에 적당 | • 모재(−)극, 용접봉(+)극<br>• DCRP, DCEP<br>• 용입이 얇고 비드 폭이 넓다.<br>• 청정작용이 있다.<br>• 비철금속, 주철 등의 용접에 적당 |
| • DCSP : Direct Current Straight Polarity<br>• DCRP : Direct Current Reverse Polarity | • DCEN : Direct Current Electrode Negative<br>• DCEP : Direct Current Electrode Positive |

**28** 다음 중 아크 용접의 분류에 해당하지 않는 것은?

① Submerged Arc Welding
② Projection Welding
③ Shield metal Arc Welding
④ Stud Welding

**해설**

• 아크용접은 비소모성 전극 아크용접과 소모성 전극 아크용접으로 분류
  - Shielded Metal Arc Welding(SMAW) : 피복아크용접
  - Gas Metal Arc Welding(GMAW) : MIG용접
  - Gas Tungsten Arc Welding(GTAW) : TIG용접
  - Submerged Arc Welding : 서브머지드 아크 용접, 잠호용접
• 전기저항용접의 종류
  - 맞대기 용접 : 플래시용접, 버트용접
  - 겹치기 용접 : 점(Spot)용접, 심용접, 프로젝션용접

**29** 다음 중 내균열성이 가장 우수한 피복아크용접봉은?

① E4300
② E4303
③ E4302
④ E4301

**해설**

• E4301 : 일미나이트계 용접봉(Ilmenite type)으로 내균열성, 내피트성, X−선의 성능 등이 우수한 특징을 갖고 있으며 조선, 건설, 압력용기 등에 사용되고 있다.
• E4316 : 저수소계 용접봉(low hydrogen type)으로 내균열성, 기계적 성질 등이 우수하며 압력용기, 후판 용접, 중요 강도 부재 등의 용접에 사용된다.
• 내균열성이 좋은 피복 아크 용접봉 : E4316 > E4301

**30** 다음 중 일반적인 용접기의 구비조건으로 틀린 것은?

① 구조 및 취급이 간단해야 한다.
② 아크가 안정되어야 한다.
③ 사용 중에 온도 상승이 커야 한다.
④ 사용 유지비가 적게 들어야 한다.

해설

- **용접기의 구비조건**
  - 아크가 안정되어야 한다.
  - 구조 및 취급이 간단해야 한다.
  - 사용 유지비가 적게 들어야 한다.
  - 사용 중에 온도 상승이 적어야 한다.
  - 무부하 전압을 최소로 하여 전격기의 위험을 줄인다.
  - 소비전력이 적고 역률이 좋은 용접기를 구비한다.
  - 용접 중 단락되었을 경우 대전류가 흐르는 것보다는 오히려 안전한 범위 내에서 개방 회로전압을 유지하는 것이 중요하다.
- **소비전력이 큰 용접기** : 강력한 용접 작업 가능, 전기 비용 증가
- **소비전력이 작은 용접기** : 전기 비용을 절약할 수는 있지만 덜 강력할 수 있다.
- **전격(電撃)** : 사전적 의미로 강한 전류를 갑자기 몸에 느꼈을 때의 충격이다.

**31** 자분 탐상 시 시험체의 자화에 의해 검출이 가능한 결함의 깊이는?

① 5mm 이내
② 8mm 이내
③ 3mm 이내
④ 1mm 이내

해설

자화에 의하여 검출 가능한 결함의 깊이는 표면과 표면 바로 밑 5mm 정도이다.

**32** 다음 중 방사선 검사로 발견이 곤란한 결함은?

① 균열
② 라미네이션 변질층
③ 슬래그 혼입
④ 블로우 홀

해설

- **방사선 투과 검사**
  - 균열이나 기공과 같은 결함을 감지하는데 유용
  - 용접부의 불완전 침투나 용접 미달, 표면 결함(언더컷, 용접 스패터) 등은 감지가 어려움

**33** 탱크나 용기 용접부의 기밀, 수밀을 검사하는데 가장 적합한 검사방법으로 적당한 것은?

① 초음파 검사　　　　　　　　　　② 침투 검사
③ 외관 검사　　　　　　　　　　　④ 누설 검사

> **해설**
>
> • **초음파 검사** : 작은 결함, 부식, 피팅, 마모, 균열과 같은 결함
> • **침투 검사** : 균열, 파괴, 접합 불량, 이음매 등
> • **외관 검사** : 녹, 크랙, 흠집, 이물질 유입, 색, 광택, 미성형, 공정누락 등

**34** 용접 시 안전과 관련된 다음 설명 중 올바르지 못한 것은?

① 용접 작업 근처에는 도료, 인화성 물질이 있어서는 안되며 가연성 가스에도 조심해야 한다.
② 아크 빛은 전광성 안염의 요인이 되므로 성능 좋은 차광보호용구를 반드시 착용하여야 한다.
③ 수동 아크 용접용 홀더는 비교적 낮은 전압이 들어오므로 절연이 다소 불량하더라도 전격 사고의 위험이 없다.
④ 전자빔 용접 시에는 X-선등의 방사선 누출에 각별히 주의하여야 한다.

> **해설**
>
> 수동아크용접은 피복아크용접을 의미하고 감전재해를 방지하기 위하여 홀더는 용접봉을 물어주는 부분을 제외하고는 절연 처리된 절연형 홀더를 사용해야 한다.

**35** 화재의 종류 중 종이, 목재, 석탄 등이 연소 후에 재를 남기는 일반화재를 나타내는 것은?

① A급 화재　　　　　　　　　　　② C급 화재
③ B급 화재　　　　　　　　　　　④ D급 화재

> **해설**
>
> • **A급 화재** : 종이, 목재, 석탄 등의 일반 화재
> • **B급 화재** : 기름 등의 유류 화재
> • **C급 화재** : 전기 설비 등의 전기화재
> • **D급 화재** : 금속 분말 등에 의한 화재

**36** 유지보수 시 설비의 전원 및 에너지를 차단하는 제도는 산업안전보건기준 규칙 상 무엇으로 불리는가?

① 자동시동 방지
② Lock-out / Tag-out (LOTO)
③ 전자태그 시스템
④ 비상스위치

> **해설**
>
> 설비 작업 전 전원 차단 및 재가동 방지 장치 (LOTO) 필수

**37** 이동식 사다리의 구조 조건으로 옳지 않은 것은?

① 발판의 간격은 동일하게 할 것
② 견고한 구조로 할 것
③ 폭은 25cm 이상으로 할 것
④ 재료는 심한 부상, 부식 등이 없는 것으로 할 것

> **해설**
>
> 사다리의 폭은 30㎝ 이상, 길이는 6m 이내로 할 것

**38** 다음 중 일반적으로 보호구인 장갑을 사용해선 안 되는 작업은?

① 가스 절단 작업
② 드릴 작업
③ 고열 작업
④ 용접 작업

> **해설**
>
> **장갑 착용 불가** : 선반 작업, 드릴 작업, 목공 기계 작업, 그라인더 작업, 해머 작업 등

**39** 다음 중 재해의 원인과 관계가 없는 것은?

① 안전장치를 제거하고 운전한다.
② 결함이 있는 장치를 운전한다.
③ 허가 없이 장치를 운전한다.
④ 운전을 정지하고 기계를 정비한다.

> **해설**
>
> • 재해의 원인
>   - 직접 원인 : 불완전한 상태와 불안전한 행동
>   - 간접 원인 : 관리적 원인, 교육적 원인, 작업관리상 원인

• 불안전한 행동
    – 안전장치를 제거하고 운전한다.
    – 허가 없이 장치를 운전한다.
    – 결함이 있는 장치를 운전한다.

**40** 다음 중 연삭기 사용 시 안전사항으로 잘못된 것은?

① 숫돌은 장착하기 전에 균열이 없는가를 점검한다.
② 연삭기를 사용할 때에는 방진마스크와 보안경을 착용한다.
③ 숫돌 커버가 작업에 방해가 될 때는 떼어내고 작업한다.
④ 숫돌과 받침대의 간격은 3mm 이하로 유지한다.

**해설**

• **연삭기 사용 시 안전사항**
    – 작업 전 1분 이상, 숫돌 교체 시 3분 이상 시운전을 할 것
    – 해당 숫돌은 사용목적외 사용 금지할 것
    – 인화성물질 주변에서 연삭 작업 금지할 것
    – 연삭기 덮개 설치여부 확인
    – 안전모, 보안경, 귀마개 등 개인보호구를 착용할 것
    – 최고 사용회전속도를 초과하지 않도록 할 것
    – 연삭기 접지를 실시하여 감전 사고를 예방할 것
• **숫돌 커버가 작업에 방해가 되더라도 안전장치를 제거하지 말 것**

---

**과목 ③ 기계 설비 일반**

**41** 기준치수가 $\phi 50$인 구멍기준식 끼워맞춤에서 구멍과 축의 공차값이 다음과 같을 때 잘못된 것은?

> 구멍 : 위 치수 허용차 +0.025, 아래 치수 허용차 0.000
> 축 : 위 치수 허용차 −0.025, 아래 치수 허용차 −0.050

① 최대틈새 : 0.050            ② 구멍의 최소허용치수 : 50.000
③ 최소틈새 : 0.025            ④ 축의 최대 허용치수 : 49.975

해설

· **최대틈새** = 구멍의 위 치수 허용차 − 축의 아래 치수 허용차
　　　　= 0.025 − (−0.050) = 0.075

**42** 다음 제3각법으로 투상된 도면 중 틀린 투상도가 포함되어 있는 것은?

해설

· 보기의 각 투상도에 대한 입체도

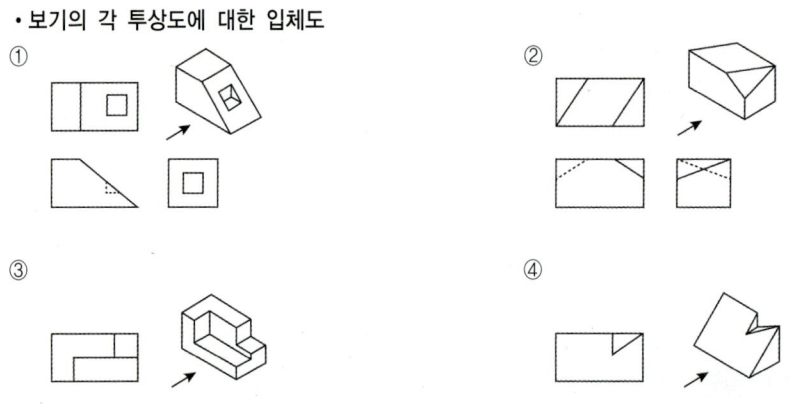

**43** 유화물 계통의 편석 및 수지상 조직을 제거하여 연신율을 향상시킬 수 있는 열처리 방법은?

① 재결정 풀림　　　　　　　　　　② 퀜칭
③ 탬퍼링　　　　　　　　　　　　　④ 확산 풀림

**해설**

- **재결정 풀림** : 냉간가공한 재료를 600℃ 부근에서 응력이 감소되고 재결정 발생 풀림
- **탬퍼링** : 뜨임 열처리로 인성을 증가시키는 일반 열처리
- **퀜칭** : 담금질 열처리로 강도 및 경도 증가 목적의 일반 열처리

## 44 다음 평면도를 나타내는 기하공차 기호는?

① ▱
② ∥
③ ○
④ ⊠

**해설**

∥ : 평행도, ○ : 진원도, ⊠ : 평면을 나타내는 기호

## 45 용융점이 다음 중 가장 낮은 것은?

① Al
② Ni
③ Sn
④ Mo

**해설**

Al : 660℃, Sn : 232℃, Ni : 1455℃, Mo : 2610℃

## 46 체심입방격자(BCC)의 인접 원자수(배위수)는?

① 12개
② 8개
③ 10개
④ 6개

**해설**

BCC : 배위수 8개, FCC : 배위수 12개, HCP : 12개

**47** 순철, 순동, 알루미늄과 같이 연성이 큰 재질의 공작물을 약간 큰 절삭 깊이로 가공할 때 많이 발생하는 칩의 형태는?

① 균열형 칩
② 전단형 칩
③ 유동형 칩
④ 열단형 칩

---

해설

• 칩의 종류

| 유동형 칩 | 전단형 칩 | 열단형 칩 | 균열형 칩 |
|---|---|---|---|
| | | | |
| 연성이 큰 재료<br>고속절삭<br>윗면경사각 크게<br>절삭 깊이 작게<br>절삭유 공급 | 연한 재료<br><br>윗면경사각 작게 | 점성이 큰 재료<br>저속절삭<br>윗면경사각 작게<br>절삭 깊이 크게 | 취성이 큰 재료<br>(주철)<br>저속절삭 |

---

**48** 초음파 가공의 특징으로 다음 중 잘못된 것은?

① 납, 구리, 연강의 가공이 쉽다.
② 공작물에 가공 변형이 남지 않는다.
③ 복잡한 형상도 쉽게 가공한다.
④ 부도체도 가공이 가능하다.

---

해설

**초음파가공** : 취성이 큰 재료 즉 다이아몬드, 유리 등의 보석류, 도자기 등 가공

---

**49** 공작기계의 구비조건으로 다음 중 잘못된 것은?

① 고장이 적고 효율이 좋을 것
② 내구력이 적을 것
③ 높은 정밀도를 가질 것
④ 가공능력이 클 것

공작기계는 공작물과 공구 사이에 상대운동을 부여함으로써, 공작물을 원하는 형상과 치수로 만들어내는 가공 능력이 우수해야 하고 내구성이 커야 하며 고장이 적고 효율적이며 높은 정밀도를 갖추고 있어야 한다.

## 50 다음 도면에서 A의 치수로 맞는 것은?

① 144mm
② 120mm
③ 96mm
④ 80mm

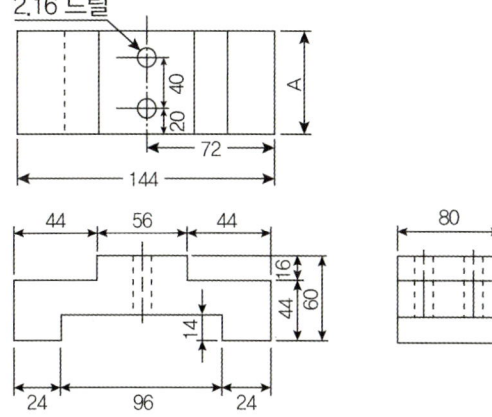

해설

평면도와 우측면도의 matching line을 확인하면 80mm이다.

## 51 마이터기어(miter gear)의 모듈이 4, 잇수가 20일 때 바깥지름은?

① 85.7mm
② 71.5mm
③ 78.3mm
④ 62.8mm

해설

마이터 기어는 축각이 90°에 속도비가 1인 베벨기어이다.
$$D_o = m(Z + 2\cos\gamma) = 4 \times (20 + 2 \times \cos45°) = 85.66mm$$

**52** 블록브레이크에서 브레이크에 발생하는 열의 소산과 관련된 브레이크 용량(MPa · m/s)을 표시하는 관계식은?

① 안전계수×속도계수 　　　　　　② 속도×압력×비열

③ 마찰계수×압력×속도 　　　　　　④ 발열계수×압력계수

> **해설**
>
> $$B_c = \frac{H}{A} = \frac{\mu WV}{A} = \mu p V = \text{마찰계수} \times \text{접촉면압력} \times \text{회전속도}$$

**53** 사각나사에서 리드각 3.0°, 마찰계수 0.2일 때, 이 나사의 효율은?

① 35.55% 　　　　　　② 20.55%

③ 15.55% 　　　　　　④ 10.55%

> **해설**
>
> 마찰각 $\rho = \tan^{-1}(0.2) = 11.31°$
>
> $$\eta = \frac{\tan\alpha}{\tan(\alpha+\rho)} = \frac{\tan(3.0)}{\tan(3.0+11.31)} \times 100 = 20.55\%$$

**54** 다음 중 미끄럼베어링 재료의 요구조건으로 맞지 않는 것은?

① 내부식성이 강할 것 　　　　　　② 주조와 다듬질 등의 공작이 용이할 것

③ 열전도율이 낮을 것 　　　　　　④ 유막의 형성이 용이할 것

> **해설**
>
> 완전윤활 상태에서 베어링과 축의 저널 사이의 마찰에 의해 발생한 열은 외부로 전달되어 빠져나가도록 하는 것이 베어링의 열화에 의한 손상을 감쇠시킬 수 있으므로 열전도율이 높은 것을 사용하는 것이 유리하다.

**55** 공기마이크로미터의 특징에 대한 설명으로 맞지 않는 것은?

① 측정물에 부착된 기름이나 먼지를 분출공기로 불어내므로 보다 정확한 측정이 가능하다.

② 비교측정기로서 큰 치수(1개)와 작은 치수(2개)로 이루어진 마스터가 최소 3개 필요하다.

③ 접촉 측정자를 사용하지 않을 때에는 측정력이 거의 0에 가깝다.

④ 배율이 높고 정도가 좋다.

- **공기마이크로미터(Air micrometer)** : 그림과 같이 압축공기가 노즐로부터 피측정물의 사이를 빠져 나올 때 틈새에 따라 공기의 양이 변화하게 되는데, 틈새가 크면 공기량이 많고 틈새가 작으면 공기량이 작아진다. 이 공기의 유량을 유량계로 측정하여 치수의 값으로 읽어내는 원리이다.

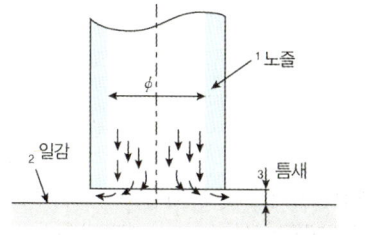

## 56 다음 중 각도 측정기인 사인바에 대한 설명으로 잘못된 것은?

① 호칭치수는 양 롤러 간의 중심거리로 나타낸다.
② 사인바는 삼각함수를 이용하여 각도를 측정한다.
③ 45°를 초과하여 측정할 때 오차가 급격히 커진다.
④ 하이트 게이지와 함께 사용해 오차를 보정할 수 있다.

**사인바** : 삼각함수의 sin값을 이용한 간접 각도 측정기이다.

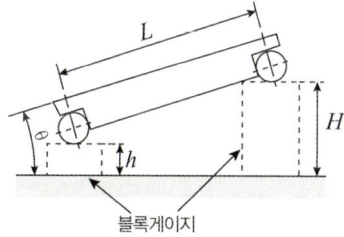

블록게이지

## 57 각도 측정 게이지의 종류가 아닌 것은?

① 하이트 게이지　　　　　　　　② 오토 콜리미터
③ 수준기　　　　　　　　　　　④ 사인바

- **하이트 게이지** : 높이 측정 및 수평선 긋기
- **각도 측정기** : 각도 게이지, 직각자, 분도기, 콤비네이션, 베벨, 사인바, 테이퍼 게이지, 만능 각도기, 분할대 등

**58** 송풍기의 냉각 방법에 의한 분류로 다음 중 틀린 것은?

① 중간 냉각 다단형 　　　　　　② 재킷 냉각형
③ 공기 냉각형 　　　　　　　　　④ 편 흡입형

해설

- 냉각 방법에 의한 분류 : 공기 냉각형, 재킷 냉각형, 중간 냉각 다단형
- 임펠러 흡입구에 의한 분류 : 편 흡입형, 양 흡입형, 양쪽 흐름 다단형

**59** 다음은 압축기 밸브 부품 중 밸브스프링 교환에 관한 내용이다. 틀린 것은?

① 자유 상태에서 높이가 규정치 이하로 되었을 때 교환할 것
② 교환 시간이 되어도 탄성 마모가 없으면 교환하지 말 것
③ 손으로 간단히 수정하여 사용하지 말 것
④ 교환 시간이 되면 기준치 내에서도 교환할 것

해설

교환 시간이 되어 탄성 마모가 없어도 교환하여 사용하는 것이 안전하다.

**60** 다음 중 일반 유도 전동기의 특징으로 틀린 것은?

① 전원 회로 설치가 용이하다. 　　② 구조가 간단하다.
③ 회전수 조절이 자유롭다. 　　　　④ 품질, 성능이 안정되어 있다.

해설

- 유도 전동기의 특징
  - 부하에 관계없이 일정한 속도로 동작한다.
  - 설계가 간단하고, 신뢰성이 높으며, 유지보수가 쉽다.
  - 회전자에 전기적 연결이 필요 없다.
  - 전자기 유도를 통해 토크가 발생한다.

## 과목 ④ 설비 진단 및 관리

**61** 1자유도 진동계에서 다음 수식 중 맞는 것은?

① $\omega = 2\pi f$

② $\omega_n = \dfrac{k}{m}$

③ $C_{cr} = \sqrt{2mk}$

④ $T = \omega f$

 **해설**

고유주파수 : $f = \dfrac{\omega}{2\pi}$, 고유주기 : $T = \dfrac{2\pi}{\omega} = \dfrac{1}{f}$

원진동수 : $\omega_n = \sqrt{\dfrac{k}{m}}$, 임계감쇠계수 : $C_{cr} = 2\sqrt{mk}$

**62** 스프링 상수 $2.4N/cm$인 스프링 4개가 병렬로 어떤 물체를 지지하고 있다. 스프링의 변위가 $1cm$라면 지지된 물체의 무게는?

① 9.6N

② 18.2N

③ 20.4N

④ 7.6N

 **해설**

$k_e = 4k,\ \ W = k_e\delta = 4k\delta = 4 \times 2.4 \times 1 = 9.6N$

**63** 센서에 대한 다음 설명 중 올바르지 않은 것은?

① 진동 측정용 픽업은 가속도 검출형, 속도 검출형, 변위 검출형으로 구별되며 변위 검출형은 비접촉으로 사용된다.

② 가속도 센서로서 현재 널리 사용되고 있는 것은 압전형 가속도 센서이며, 이것은 주파수 범위의 광대역, 소형 경량화, 사용온도 범위가 넓다.

③ 속도 센서는 동전형 속도센서가 널리 사용되며, 측정 주파수 범위는 보통 1Hz~100Hz이다.

④ 변위 센서는 와전류식, 전자 광학식, 정전용량식 등이 있으며, 축의 운동과 같이 직선관계 측정 시 고감도 오실레이터는 와전류형 변위센서가 사용된다.

- 동전형 속도센서의 특징
  - 중저주파역(1kHz 이하)의 진동측정에 적합
  - 대형으로 중량임
  - 감도가 안정적임
  - 변압기 등 자장이 강한 장소에서는 사용불가
  - 픽업의 출력 임피던스가 낮음

**64** 진폭 $2mm$, 진동수 $250Hz$로 진동하고 있는 물체의 최대속도는?

① $6.28\,m/s$  
② $3.14\,m/s$  
③ $4.71\,m/s$  
④ $1.57\,m/s$

**해설**

$\omega = 2\pi f = 500\pi$,  $x = X\sin\omega t$

$\dot{x} = V = X\omega\cos\omega t$,  $V_{\max} = 0.002 \times 500\pi = 3.14 m/s$

**65** 다음 중에서 직접적인 공기의 압력 변화에 의한 유체 역학적 원인에 의해 난류음을 발생시키는 기기는?

① 진공펌프  
② 압축기  
③ 송풍기  
④ 엔진 배음기

**해설**

압축기, 진공펌프, 엔진배음기는 맥동음이 발생한다.

**66** $x = Ae^{j\omega t}$인 조화운동의 가속도 진폭의 크기로 다음 중 맞는 것은?

① $\omega^2 A^2$  
② $\omega^2 A$  
③ $\omega A$  
④ $\omega A^2$

**해설**

$x = Ae^{j\omega t}$,  $\dot{x} = V = Aj\omega e^{j\omega t}$,  $\ddot{x} = a = A\omega^2 e^{j\omega t}$

**67** 회전속도가 $2000rpm$인 원심팬이 있다. 방진고무로 탄성지지시켜 진동전달률을 0.3으로 하고자 할 때, 정적 수축량은 약 얼마인가? (단, 방진고무의 감쇠계수는 0으로 가정한다.)

① $2.20mm$
② $1.41mm$
③ $0.71mm$
④ $0.97mm$

> **해설**
>
> $$\omega = \frac{2\pi N}{60} = \frac{2 \times \pi \times 2000}{60} = 209.44 rad/s$$
>
> $$TR = \frac{1}{\left| 1 - \left( \frac{\omega}{\omega_0} \right)^2 \right|}, \quad 0.3 = \frac{1}{\left| 1 - \left( \frac{209.44^2}{\omega_0^2} \right) \right|}$$
>
> $$\omega_0 = 100.61 = \sqrt{\frac{g}{\delta}}, \quad \delta = 9.68 \times 10^{-4} = 0.968mm$$

**68** 다음 매질 중 음속이 가장 느린 것은?

① 강철
② 나무
③ 알루미늄
④ 납

> **해설**
>
> - 음속은 딱딱한 물체이거나, 탄성률이 크거나, 온도가 오를수록 빨라지며, 밀도가 클수록 느려진다.
> - **기체의 음속(m/s)**
>   - 수소(0℃): 1286, 헬륨(0℃): 972, 공기(20℃): 344, 공기(0℃): 331
> - **액체의 음속(m/s)**
>   - 바닷물: 1533, 물: 1493, 수은: 1450, 메탄올: 1143
> - **고체의 음속(m/s)**
>   - 다이아몬드: 12000, 철: 5130, 알루미늄: 5100, 구리: 3560, 금: 3240, 납: 1322, 고무: 1600, 나무: 3353

**69** 1자유도계에서 질량을 $m$, 감쇠계수를 $C$, 스프링 상수를 $k$라 할 때, 임펄스 응답이 그림과 같기 위한 조건으로 다음 중 맞는 것은?

① $C > 2mk$
② $C < 4mk$
③ $C < 2\sqrt{mk}$
④ $C > 2\sqrt{mk}$

**해설**

경감감쇠의 진폭 변화이므로 감쇠비 $\zeta = \dfrac{C}{C_c} < 1,\ C < C_c$

임계감쇠계수 $C_c = 2\sqrt{mk}$

---

**70** 다음 중 기류음에 대한 설명으로 올바른 것은?

① 기계 본체의 진동에 의한 소리이다.
② 물체의 진동에 의한 기계적 원인으로 발생한다.
③ 직접적인 공기의 압력변화에 의한 유체역학적 원인에 의해 발생된다.
④ 기계의 진동이 지반진동을 수반하여 발생하는 소리이다.

**해설**

- **이차 고체음** : 기계 본체의 진동에 의한 소리
- **고체음** : 물체의 진동에 의한 기계적 원인으로 발생하는 소리
- **일차 고체음** : 기계의 진동이 지반진동을 수반하여 발생하는 소리

---

**71** 보전업무에서 실제로 가장 중요한 요소의 하나로 현 설비뿐만 아니라 잠재적인 설비설계의 향상 또는 미래의 설비구매에 대한 의사결정을 위한 중요한 기반이 되는 설비관리기능은 무엇인가?

① 실시기능             ② 기술기능
③ 일반관리기능        ④ 지원기능

**해설**

- **일반관리기능** : 보전 정책 기능과 예산관리, 보전 조직과 시스템 수립, 보전 업무의 계획
- **지원기능** : 보전 요원 인력관리, 교육 및 훈련 지원, 측정 장비 및 보전용 설비
- **실시기능** : 점검 및 검사 실행, 주유, 조정, 수리 업무 등의 준비 및 실행

---

**72** 사람, 물건, 설비의 관계를 가장 경제적으로 얻기 위해 제품을 구성하는 각 부품이나 재료의 입하부터 최종 출하까지의 생산설비를 계획하는 것과 관련된 것을 무엇이라 하는가?

① 설비배치             ② 구조설계
③ 안전설계             ④ 운반 시스템 설계

**해설**

- **구조설계** : 건축물·구조물의 강도·안정성 설계
- **안전설계** : 재해 예방을 위한 안전 중심 설계
- **운반 시스템 설계** : 물류 및 운반 장치 설계

---

**73** 특정 환경과 운전조건 하에서 주어진 시점 동안 규정된 기능을 성공적으로 수행할 확률을 나타내는 것은?

① 보전도　　　　　　　　　　　② 고장률
③ 가동률　　　　　　　　　　　④ 신뢰도

**해설**

- **고장률** : 기계나 장치, 기기, 부품 등이 어떤 기간 동안 고장 없이 동작한 후, 계속해서 어떤 단위 시간 내에 고장을 일으키는 비율
- **가동률** : 작업자나 기계설비의 실제 가동시간과 전 작업시간의 비율
- **보전도** : 기기나 시스템이 고장난 뒤에 일정시간까지 수리가 완료되는 확률

---

**74** 다음 중 고장해석을 위해 제시되는 방법의 결과가 목적 달성에 최적인 대안 선정이 가능한 방법으로 맞는 것은?

① 상황분석법　　　　　　　　　② 행동개발법
③ 요인분석법　　　　　　　　　④ 의사결정법

**해설**

- **고장 분석 기법**
  - 상황분석법 : 복잡하게 얽혀있는 해결해야 할 당면 과제들을 누락 없이 중점적으로 다루어서 그 결과를 최선으로 가져가기 위한 논리적이고 합리적인 사고기법
  - 특성 요인 분석법 : 수평적으로 현상과 결과에 대한 근본적인 원인과 이유를 시각적으로 분석 정리하는 분석기법
  - 행동개발법 : 개인수준의 행동 개발부터 전체 행동 개발에 이르기까지의 다양한 능력 측정 도구와 개인 및 집단의 자기평가 그리고 지식, 기술, 행동의 여러 가지 개발 방법
  - 변화기획법 : 조직의 가치 증대를 목적으로 개인 또는 집단의 문제의식을 해체 및 결합하여 조직의 과제로 현재화하는 작업

**75** 품질관리 도구 중 중심선과 관리한계선을 설정한 그래프로, 품질의 산포를 판별하여 공정이 정상상태인지, 이상 상태인지를 판독하기 위한 방법은 무엇인가?

① 관리도　　　　　　　　　　　　② 히스토그램
③ 체크시트　　　　　　　　　　　　④ 파레토도

> **해설**
>
> - **체크시트** : 불량 항목별, 요인별, 결점 위치별 체크 시트 등으로 데이터를 간단히 취해서 정리하기 쉽도록 사전에 설치된 시트를 말한다.
> - **파레토도** : 불량품, 결점, 클레임, 사고 건수 등을 그 현상이나 원인별로 데이터를 내고 수량이 많은 순서로 나열하여 그 크기를 막대그래프로 나타낸 것
> - **히스토그램** : 공정에서 취한 계량치 데이터가 여러 개 있을 때 데이터가 어떤 값을 중심으로 어떤 모습으로 산포하고 있는가를 조사하는 데 사용하는 그림

**76** 다음 중 베어링 윤활의 목적으로 틀린 것은?

① 베어링의 수명 연장　　　　　　　② 먼지 또는 이물질의 침입 방지
③ 유화에 따른 윤활면의 내압성 저하　④ 동력 손실을 줄이고 발열을 억제

> **해설**
>
> - 베어링 윤활의 목적
>   - 금속류의 직접 접촉에 의한 소음을 방지한다.
>   - 베어링의 마모를 방지하고 베어링 수명을 연장시킨다.
>   - 마모를 적게 하여 동력 손실을 줄이고 마찰에 의한 발열을 억제한다.
>   - 윤활유의 냉각 효과로서 열을 제거하고 베어링 온도 상승을 억제한다.
>   - 윤활유가 먼지와 이물질의 침입을 방지한다.

**77** 윤활유에서 발생하는 트러블 현상에 대한 원인이 잘못 연결된 것은?

① 인화점 감소 – 저점도유 혼입　　　② 수분 증가 – 고체입자 혼입
③ 외관 혼탁 – 수분이나 고체의 혼입　④ 동점도 증가 – 고점도유의 혼입

> **해설**
>
> - 윤활유의 트러블 현상
>   - 동점도 증가 : 고점도유의 혼입, 산화로 인한 열화
>   - 동점도 감소 : 저점도유의 혼입, 연료유 혼입에 의한 희석

**해설**

- 수분증가 : 공기 중의 수분 응축, 냉각수 혼입
- 외관 혼탁 : 수분이나 고체의 혼입
- 소포성 불량 : 고체입자 혼입, 부적합 윤활유 혼입
- 전산가 증가 : 열화가 심한 경우, 이물질 혼입
- 인화점 증가 : 고점도유 혼입
- 인화점 감소 : 저점도유 혼입, 연료유 혼입

## 78 윤활유의 열화 판정법 중 직접 판정법으로 맞는 것은?

① 리트머스 시험지로 산성 여부를 판단한다.
② 냄새를 맡아보아 불순물의 함유 여부를 판단한다.
③ 사용유의 성상을 조사한다.
④ 시험관에 같은 양의 기름과 물을 넣고, 교반 후 분리시간으로 향유화성을 조사한다.

**해설**

[윤활유의 열화 판정법]
- **직접 판정법**
  - 신유의 성상을 사전에 명확히 파악해 둔다.
  - 사용유의 대표적 시료를 채취하여 성상을 조사한다.
  - 신유와 사용유의 성상을 비교, 검토한 후에 관리 기준을 정하고 교환하도록 한다.
- **간이 판정법**
  - 냄새를 맡아본다.
  - 가열 후 물이 튀는 소리를 듣는다.
  - 손으로 기름을 찍어본다.
  - 유리판에 기름을 넣고 투시한다.
  - 리트머스 시험지로 산성 여부를 판단한다.
  - 시험관에 같은 양의 기름과 물을 넣고, 교반 후 분리시간으로 향유화성을 조사한다.
  - 기름과 농유산을 이용한다.
  - 소량의 시료를 채취하여 가열 후 유리막대를 이용하여 침투된 유폭을 측정한다.
  - 현장에서 간이식 점도계, 중화가 시험기, 비중계, 비색계를 활용하거나, 간이 시험기를 이용한다.

**79** 그리스 분석시험 중 주도시험에 대한 설명으로 옳은 것은?

① 그리스의 제조 과정에서 사용된 금속염들은 그 양에 의해 좌우되는데 이것은 윤활부의 마찰을 증가시킴으로 기계를 손상시키는 요인이 되는 것을 보기 위한 시험
② 그리스가 장비의 부식에 미치는 영향을 간접 평가하는 시험
③ 그리스 중에 함유되어 있는 수분과 저휘발성인 광유의 함유량을 확인하는 시험
④ 그리스의 단단하기, 즉 그리스가 얼마나 굳은가를 측정하는 시험

> **해설**
>
> - **동판부식** : 그리스가 장비의 부식에 미치는 영향을 간접 평가하는 시험
> - **증발량** : 그리스 중에 함유되어 있는 수분과 저휘발성인 광유의 함유량을 확인하는 시험
> - **회분** : 그리스의 제조 과정에서 사용된 금속염들은 그 양에 의해 좌우되는데 이것은 윤활부의 마찰을 증가시킴으로 기계를 손상시키는 요인이 되는 것을 보기 위한 시험

**80** 고하중 기어나 극압성이 큰 압연기 등에 사용되는 윤활유로 맞는 것은?

① 마일드 EP형 기어유
② 웜형 기어유
③ 레귤러형 기어유
④ 다목적용 기어유

> **해설**
>
> - **마일드 EP형 기어유** : 극압첨가제를 가한 오일로 고하중 조건하의 기어에 사용한다.
> - **레귤러형 기어유** : 저하중, 저속의 스퍼기어, 헬리컬기어, 웜기어 및 베벨기어에 사용한다.
> - **웜형 기어유** : 속도, 하중이 약간 가혹한 조건하의 웜기어에 사용한다.
> - **다목적용 기어유** : 하이포이드기어 및 극히 가혹한 조건하의 각종 기어에 사용한다. 고속저토크, 고속 충격 하중에 견뎌야 하는 기어에 사용한다.

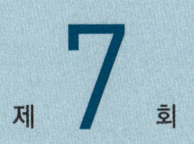

# 설비보전기사 모의고사

제 **7** 회

---

**과목 1  공유압 및 자동제어**

**01** 다음은 압력에 대한 설명이다. 틀린 표현은?

① 압력을 비중량으로 나누면 길이 단위가 되며 이를 양정 또는 수두라 한다.
② 대기 압력보다 낮은 압력을 진공압이라 한다.
③ 게이지 압력에서는 국소대기압보다 높은 압력을 정압이라 한다.
④ 사용 압력을 완전히 진공으로 하고 그 상태를 0으로 하여 측정한 압력을 게이지 압력이라 한다.

> **해설**
>
> 사용 압력을 완전히 진공으로 하고 그 상태를 0으로 하여 측정한 압력을 절대압력이라 한다.

**02** 다음 중 요동형 실린더의 종류로 틀린 것은?

① 피스톤형 실린더
② 로킹암형 실린더
③ 베인형 실린더
④ 스크루형 실린더

> **해설**
>
> • **로킹암형 실린더** : 잠금 실린더라고도 하며, 실린더를 완전히 확장 또는 완전히 수축된 위치에서 기계적으로 잠글 수 있는 기능을 가진 실린더이다.

**03** 실린더에 인장하중이 걸리는 경우, 피스톤이 끌리게 되는데 이를 방지하기 위해 인장하중이 걸리는 측에 압력 릴리프 밸브를 이용하여 저항을 형성한다. 이러한 목적을 위해 사용되는 밸브는 어떤 것인가?

① 시퀀스 밸브
② 브레이크 밸브
③ 안전 밸브
④ 카운터 밸런스 밸브

---

해설

- **안전 밸브** : 과대 압력에 의해 기기 및 배관계의 파괴를 방지하기 위해 사용되는 밸브
- **브레이크 밸브** : 외력에 의해 압력을 발생시켜 정지에 대한 지령을 내리는 감압밸브로서, 외부의 외력이 사라졌을 경우 압력이 급격하게 낮아진다.
- **시퀀스 밸브** : 여러 개의 액추에이터에서 하나의 액추에이터가 작동을 완료한 후 다음 작동이 이루어지도록 하는 밸브

---

**04** 곧고 긴 유압배관 속으로의 유체유동에 의한 압력손실로 인한 손실수두를 구하는 식은 다음 중 어떤 것인가?

① 블라시우스 방정식  ② 연속방정식
③ 달시−바이스바하 방정식  ④ 프란틀 방정식

해설

- **연속방정식** : 유체의 흐름에서 단위시간당 유체 입자에 유입되는 양과 유출되는 양이 같은 조건을 만족시키는 방정식
- **프란틀식** : 운동량의 퍼짐정도인 점성도와 열확산도의 비를 근사적으로 표현하는 무차원 방정식
- **블라시우스 방정식** : 무차원변수를 이용해 편미분 방정식의 경계층 운동방정식을 3차 비선형 상미분을 유도한 방정식

---

**05** 다음 중 비중에 관한 설명으로 옳은 것은?

① 비중은 무차원 수이다.
② 표준대기압 0℃ 물의 비중량에 대한 비로 표시한다.
③ 단위는 $N/m^3$을 사용한다.
④ 물의 밀도를 측정하고자 하는 물질의 밀도로 나눈 값이다.

해설

- 비중이란, 물질의 고유 특성으로서 기준이 되는 물질의 밀도에 대한 상대적인 비를 나타낸다. 일반적으로 액체의 경우 1atm 하에서 4℃의 물을 기준으로 하고, 기체의 경우에는 20℃ 공기를 기준으로 한다.
- 상대적인 비를 나타내기 때문에 비중은 단위가 없다.
- 물질의 단위용적 무게와 어떤 표준물질의 비를 말한다.
- **비열** : 어떤 물질 1g의 온도를 1℃만큼 올리는 데 필요한 열량

## 06 다음은 유·공압기기에 관한 설명이다. 틀린 것은?

① 시퀀스밸브 : 액추에이터의 동작을 정해진 순서에 따라 작동시킨다.
② 셔틀밸브 : 안전장치, 검사기능, 연동제어 등에 사용된다.
③ 감압밸브 : 2차 측의 압력을 일정하게 한다.
④ 압력스위치 : 공기 압력신호를 전기신호로 변환한다.

**해설**

• **셔틀밸브** : 출구가 최고 압력의 입구를 선택하는 기능을 가진 밸브로서, OR 제어에 사용된다.

## 07 변압기유의 요구사항으로 다음 중 맞는 것은?

① 인화점과 응고점이 낮을 것
② 산화가 잘될 것
③ 점도가 낮고 비열이 클 것
④ 절연 내력이 작을 것

**해설**

• **변압기유의 요구사항**
  – 절연 내력이 클 것
  – 응고점이 낮을 것
  – 절연재료와 접촉 시 산화하지 않을 것
  – 침전물이 생기지 않을 것
  – 인화점이 높을 것
  – 고온에서 화학적으로 안정할 것
  – 점도가 낮고 냉각 효과가 클 것

## 08 유·공압 장치의 전기 시퀀스 제어회로를 설계할 때 고려사항으로 다음 중 틀린 것은?

① 설계 전 충분히 대상시스템을 파악해야 한다.
② 대상시스템의 동작순서는 고려하지 않는다.
③ 비용, 설비 관리자의 수준이 고려되어야 한다.
④ 설계절차에 따라 순차적으로 진행되어야 한다.

**해설**

시퀀스 제어회로는 미리 정해진 순서에 따라 제어의 각 단계를 차례로 진행하는 것을 말하므로, 대상시스템의 동작순서는 고려되어야 한다.

**09** 다음 중 용적형 유압펌프에 해당하지 않는 것은?

① 왕복동 펌프

② 베인 펌프

③ 기어 펌프

④ 터빈 펌프

---

해설

- **용적형 펌프** : 기어펌프, 나사펌프, 베인펌프, 회전 피스톤 펌프, 왕복동 펌프
- **비용적형 펌프** : 원심펌프(터빈펌프, 벌류트펌프), 축류펌프, 혼류형펌프

---

**10** 다음 보기의 설명에 해당하는 원리로 맞는 것은?

---

### [보기]

"밀폐된 용기 속에서 유체에 가한 압력은 모든 방향으로 동일하게 전달된다."

---

① 베르누이 법칙

② 벤투리관의 법칙

③ 파스칼의 법칙

④ 연속의 법칙

---

해설

- **연속의 법칙** : 관속을 가득 흐르고 있는 유체에 대해서 모든 단면을 통과하는 중량 및 유량은 일정하다는 법칙
- **베르누이 법칙** : 유체가 흐르는 속도와 압력, 높이의 관계를 수량적으로 나타낸 법칙
- **벤투리관의 법칙** : 굵기가 다른 관에 유체를 통과시킬 때, 넓은 관보다 좁은 관에서 유체의 속도가 빨라지는 대신에 압력은 낮아지게 되는 현상의 법칙

---

**11** 미리 정해 놓은 순서 또는 일정한 논리에 의하여 정해진 순서에 따라 제어의 각 단계를 순차적으로 진행하는 제어는?

① 동기 제어

② 시퀀스 제어

③ 비동기 제어

④ ON−OFF 제어

---

해설

- **동기 제어** : 실제의 시간과 관계된 신호에 의하여 제어가 행해지는 제어
- **비동기 제어** : 시간과는 관계없이 입력 신호의 변화에 의해서만 이루어지는 제어
- **ON−OFF 제어** : 제어할 양을 목표값으로 유지하기 위해 조작량 또는 조작량을 지배하는 신호가 두 개의 정해진 값의 어느 쪽을 취하는가를 반복하는 방식

---

**12** 다음 중 유도형 센서의 특징으로 잘못 설명된 것은?

① 전력 소모가 적다.
② 자석 효과가 없다.
③ 비금속재료 감지용으로 사용한다.
④ 감지 물체 안에 온도 상승이 없다.

해설

유도형 센서는 금속재료만 감지한다.

**13** 변압기에 대한 설명으로 다음 중 적합하지 않은 것은?

① 변압기는 전압과 전류를 바꾸고 있지만 유도 저항에 비례한다.
② 변압기는 전압과 전류를 바꾸고 있지만 전력으로서는 바뀌지 않는다.
③ 입력에 대한 출력량의 비를 변압기 효율이라 하며, 출력이 클수록 효율이 좋다.
④ 정격 2차 전압에 권수비를 곱한 것을 정격 1차 전압이라 한다.

해설

• 변압기의 전압 · 전류 변환은 권수비(turn ratio)에 따라 결정된다.
• 유도 저항(리액턴스)은 전압강하 · 효율에 영향을 줄 뿐, 기본 변환비와 직접적인 관계가 없다.

**14** 제어 동작이 출력 상태와 무관하게 이루어지는 제어시스템으로서 제어 장치로 구성된 각각의 기기들은 자기에게 정해진 작업만을 수행하며 외란에 의한 오차에 대처할 능력이 없는 제어 방식은?

① 디지털 제어
② 아날로그 제어
③ 오픈 루프 제어
④ 클로즈 루프 제어

해설

• **디지털 제어** : 정보의 범위를 여러 단계로 등분하여 각각의 단계에 하나의 값을 부여한 디지털제어 신호에 의하여 제어되는 시스템
• **아날로그 제어** : 연속적 물리량의 온도, 속도, 길이, 조도, 질량 등의 정보를 아날로그 신호로 처리되는 시스템
• **클로즈 루프 제어(폐회로 제어시스템)** : 제어하고자 하는 하나의 변수가 계속 측정되어서 다른 변수, 즉 지령치와 비교되며 그 결과가 첫 번째의 변수를 지령치에 맞추도록 수정을 가하는 시스템

**15** PID 고전 제어에 있어서 에러를 없애주는 제어장치에 해당하는 것은?

① 비례제어기　　　　　　　　　② 증폭기
③ 미분제어기　　　　　　　　　④ 적분제어기

**해설**

- **증폭기** : 입력신호의 에너지를 증가시켜 출력측에 큰 에너지의 변화로 출력하는 장치
- **미분제어기** : 출력이 입력 신호나 입력 신호에 의한 최초의 제어 동작과 비례하는 제어기
- **비례제어기** : 조작량이 동작 신호의 현재값에 비례하는 제어기
- **적분제어기** : 제어동작 신호의 시간 적분값에 비례하는 조작량을 내는 제어기
- **PID제어** : 피드백 제어의 일종으로 P제어(비례)는 기준 신호와 현재 신호 사이의 오차 신호에 적당한 비례상수 이득을 곱해서 제어신호를 만들며 I제어(비례적분)는 오차 신호를 적분하여 제어 신호를 만드는 적분제어를 비례제어에 병렬로 연결해 사용하고, D제어(비례미분)는 오차 신호를 미분하여 제어 신호를 만드는 미분 제어를 비례제어로 병렬로 연결하여 사용한다.

**16** 다음 그림의 전달함수의 값으로 맞는 것은?

① 0.9　　　　　　　　　② 0.8
③ 0.7　　　　　　　　　④ 0.6

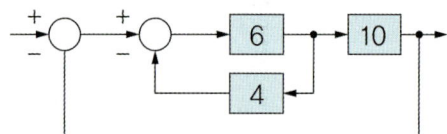

**해설**

- 안쪽 폐로의 전달함수 값을 구하면 $G_1 = \dfrac{6}{1+6 \cdot 4} = \dfrac{6}{25}$

- 전체 개루프 전달함수 값은 $H = \dfrac{6}{25} \cdot 10 = \dfrac{12}{5}$

- 전체 폐루프 전달함수 값은 $G_2 = \dfrac{H}{1+H} = \dfrac{\dfrac{12}{5}}{1+\dfrac{12}{5}} = \dfrac{12}{17} = 0.7$

**17** 다음 중 폐루프 시스템의 기본 구성에 해당하지 않는 것은?

① 제어장치　　　　　　　　　② 신호발생기
③ 구동기　　　　　　　　　　④ 센서

- **폐루프 시스템(피드백 제어 시스템)의 기본 구성 요소**
  - 제어기(Controller) : 시스템의 출력을 조정
  - 센서(Sensor) : 현재 출력 값을 측정
  - 비교기(Comparator) : 설정값과 실제 출력값을 비교
  - 조정기(Actuator) : 제어기의 지시에 따라 시스템을 조정
  - 제어 대상(Process) : 조정되어야 할 시스템

**18** $f(t) = e^{-at}$의 라플라스 변환으로 다음 중 맞는 것은?

① $\dfrac{1}{s-a}$

② $\dfrac{1}{(s-a)^2}$

③ $\dfrac{1}{s+a}$

④ $\dfrac{1}{(s+a)^2}$

**해설**

- 지수 감쇠 함수 : $f(t) = e^{-at}$, $F(s) = \dfrac{1}{s+a}$

**19** 되먹임 제어계의 장점으로 다음 중 틀린 것은?

① 외부 조건 변화에 대한 영향을 줄일 수 있다.
② 목표값에 정확히 도달할 수 있다.
③ 제어계의 특성을 향상시킬 수 있다.
④ 전체 제어계는 항상 안정하다.

**해설**

- **되먹임 제어계(feedback control system)의 장점**
  - 되먹임은 시스템의 안정성을 향상시킬 수 있다.
  - 외부 변화나 내부 오차에도 불구하고, 목표값에 더 정확하게 도달할 수 있게 한다.
  - 다양한 조건에서도 잘 작동할 수 있도록 시스템을 적응시킬 수 있다.

**20** 제어동작 결과 정상오차를 발생시킬 수 있는 제어는 다음 중 어느 것인가?

① 비례적분미분 제어
② 적분제어
③ 비례적분제어
④ 비례제어

> **해설**
>
> 비례제어(Proportional Control)는 시스템의 정상상태 오차(Steady-State Error)를 발생시킬 수 있다. 비례제어기는 오차에 비례하여 제어 신호를 생성하지만, 오차가 완전히 제거되지 않는 한계 속에서 작은 오차가 존재할 수 있다. 이를 정상상태 오차라 한다.

---

### 과목 ② 용접 및 안전관리

**21** MIG용접 시 용융금속의 이행 형태에 해당하지 않는 것은?

① 스킵(Skip) 이행형
② 입상(Globular) 이행형
③ 스프레이(Spray) 이행형
④ 단락(Short circuit) 이행형

> **해설**
>
> • **용착금속 이행방식(용적이행방식)**
>  – 단락이행(Short Circuiting Transfer)
>  – 구상이행(Globular Transfer)
>  – 분사이행((Spray Transfer)
>  – Pulse Current Transfer
> • **스킵(Skip)법** : 용착순서에 따른 용접법의 종류

**22** 용접에 의한 블로우 홀(Blow hole) 발생 방지대책으로 다음 중 틀린 것은?

① 용접부의 녹을 제거한다.
② 모재로 림드강을 사용한다.
③ 용접재료를 건조시킨다.
④ 예열을 실시한다.

**해설**

· 블로우 홀(기공) 방지 대책
 – 용접봉 선정을 정확히 하고 적당한 용접조건을 설정한다.
 – 노즐을 수시로 체크하여 스패터를 제거한다.
 – 모재 및 와이어에 부착된 불순물을 사전 점검하여 제거한다.
 – 전극 와이어는 완전히 건조한 후 사용한다.
 – 강풍이 불면(2m/s 이상) 방풍벽을 설치한 후 사용한다.
 – 가용접은 기량이 우수한 용접사가 하되 후처리를 정확히 해야 한다.

**23** 다음 중 구리 합금의 용접에 가장 적합한 용접법은?

① 탄산가스아크용접  ② 피복금속아크용접
③ 불활성가스아크용접  ④ 서브머지드아크용접

**해설**

구리합금 용접에는 여러 가지 방법이 있지만, TIG 용접이 가장 적절한 방법 중에 하나이다.

**24** 다음 중 절단에 사용하는 에너지원이 다른 하나는 어떤 것인가?

① 플라즈마 절단  ② 미그 절단
③ 아크 절단  ④ 산소가스 절단

**해설**

· **산소가스 절단** : 산소–아세틸렌, 산소–수소 가스의 화염으로 가열해, 고압의 산소를 불어 넣어 절단하는 방식
· **미그 절단** : 고전류 밀도의 미그(MIG) 아크열에 의해 상당히 깊이 용입이 되는 것을 이용해 모재와의 사이에서 아크를 발생시켜 용융절단하는 방식
· **아크 절단** : 아크열에 의해 금속을 부분적으로 가열 용해해 절단하는 방법으로 가스 절단이 어려운 주철, 스테인리스강, 비철금속 등의 절단이 가능
· **플라즈마 절단** : 고온상태의 플라즈마를 적당한 방법으로 한 방향으로 고속 분출시키면 플라즈마 제트가 발생, 이것을 이용해 재료를 절단하는 방식
 – 플라즈마 : 기체를 수천도의 고온으로 가열했을 때 기체 속의 가스 원자가 이온상태로 유지되고 있는 것

**25** 다음 중 후열의 목적으로 틀린 것은?

① 기계적 성질의 향상      ② 균열의 방지
③ 슬래그의 생성 방지      ④ 잔류응력의 완화

> **해설**
>
> - 후열은 용접 후 재료를 천천히 식혀가는 열처리라 할 수 있다.
> - **후열의 목적**
>   - 용접부의 잔류 응력을 줄인다.
>   - 수소로 인한 균열을 방지한다.
>   - 미세구조를 개선하여 용접부의 기계적 성질을 향상시킨다.

**26** 다음 중 용접 시 역률을 구하는 공식은?

① $역률(\%) = \dfrac{소비전력(kW)}{전원입력(kVA)} \times 100$

② $역률(\%) = \dfrac{개회로전압(V)}{아크전압(V)} \times 100$

③ $역률(\%) = \dfrac{아크발생시간(min)}{작업시간(min)} \times 100$

④ $역률(\%) = \dfrac{정격아크전류(A)}{실제아크전류(A)} \times 100$

> **해설**
>
> - **소비전력** = 아크출력 + 내부손실
> - **전원입력** = 무부하전압 X 정격2차전류
> - **아크출력** = 아크전압 X 정격2차전류
> - **역률(%)** = $\dfrac{소비전력(kW)}{전원입력(kVA)} \times 100$

**27** 다음 중 마찰용접의 특징으로 옳은 것은?

① 작업능률이 높지 않으며 변형의 발생이 크다.
② 치수의 정밀도가 낮고 재료의 낭비가 발생한다.
③ 피용접물의 형상, 모양 등의 제한을 받는다.
④ 이종 금속의 접합은 불가능하다.

**해설**

- **마찰용접의 특징**
  - 용접기술 중 최고의 접합 강도를 경제적으로 실현 가능하다.
  - 고강도 접합이 가능하다.
  - 비철금속간의 이종재접합이 가능하다.
  - 높은 정밀도와 $CO_2$ 배출량이 낮기 때문에 친환경적인 기술이다.
  - 용접 부위 외의 영역이 뜨거워지지 않아 열처리가 필요 없다.
  - 다양한 종류의 금속과 비금속 재료에 적용 가능하다.
  - 빠른 용접 속도와 반복 작업에 적합하다.

**28** 연강 용접 시 일반적으로 예열이 필요한 판 두께는 다음 중 몇 mm 이상이어야 하는가?

① 35mm 이상
② 15mm 이상
③ 25mm 이상
④ 5mm 이상

**해설**

연강의 경우 판 두께 25mm 이상에서는 0℃ 이하로 용접하게 되면 저온 균열이 발생하기 쉬워 이음부 양쪽으로 약 100mm 폭을 50~75℃로 가열한 후 저수소계 용접봉을 사용하여 용접한다.

**29** 다음 중 교류 아크 용접기가 아닌 것은?

① 가포화 리액터형
② 정류기형
③ 가동 코일형
④ 탭 전환형

**해설**

- **직류 아크 용접기의 종류 : 회전형, 정지형**
  - 회전형 : 전동 발전기형, 엔진 구동형
  - 정지형 : 정류기형, 방전관형

**30** 다음 중 용해 아세틸렌 취급 시 주의사항으로 틀린 것은?

① 용기에 진동이나 충격을 가하지 말아야 한다.
② 전장실의 전기 스위치, 전등 등은 방폭 구조여야 한다.
③ 아세틸렌 충전구 동결 시는 35℃ 이하의 온수로 녹여야 한다.
④ 용기는 47℃ 이상에서 보관하며 반드시 캡을 씌어야 한다.

> **해설**
>
> • **용해 아세틸렌 취급 시 주의사항**
>   - 저장장소의 통풍이 양호해야 할 것
>   - 저장장소에 화기를 가까이 하지 않을 것
>   - 운반 시 용기의 온도는 40℃ 이하로 유지하며 반드시 캡을 씌울 것
>   - 용기에는 전락, 전도, 진동, 충격을 가하지 말 것

**31** 투과법, 펄스 반사법, 공진법 등으로 시험하는 비파괴검사법에 해당하는 것은?

① 초음파 탐상시험                    ② 와전류 탐상시험
③ 자기 탐상시험                      ④ 방사선 투과시험

> **해설**
>
> • **방사선 투과시험** : 방사선 투과량에 따라 필름의 색이 변화하는 것을 이용하여 내부의 결함을 찾는 방법
> • **와전류 탐상시험** : 와전류를 이용하여 결함을 찾는 방법으로 도체 내의 균열 등이 있으면 와전류의 크기와 분포가 변화한다. 이것을 이용하여 결함을 찾는다.
> • **자기 탐상시험** : 물체를 자화시켰을 때 결함 부위에 자장이 형성되어, 자분가루를 뿌렸을 때 결함 부위에 자분이 밀집되게 되고 그 결함의 크기를 알 수 있는 방법

**32** 용접부의 미소한 균열이나 작은 구멍들을 신속하고 용이하게 검출하는 방법으로 비자성 재료에 많이 사용하는 비파괴 검사법은?

① 자기검사                          ② 형광침투검사
③ 초음파검사                        ④ 방사선투과검사

> **해설**
>
> • **형광침투검사** : 육안 검사로 발견할 수 없는 작은 균열이나 결함 등을 발견할 수 있는 방법으로 형광체를 포함하는 침투액을 사용한다.
> • **초음파검사** : 용접부에 초음파를 투과시켜 초음파가 반사되는 속도를 토대로 용접부 형태를 확인하여 결함의 종류와 위치, 범위 등을 검출하는 방법

**33** 전류를 통하여 자화가 될 수 있는 금속재료 즉 철, 니켈과 같이 자기변태를 나타내는 금속 또는 그 합금으로 제조된 구조물이나 기계 부품의 표면부에 존재하는 결함을 검출하는 비파괴 시험법에 해당하는 것은?

① 초음파탐상시험
② 자분탐상시험
③ 감마선투과시험
④ 맴돌이전류시험

**해설**

- **감마선투과시험** : 엑스선이나 감마선 같은 방사선을 사용하여 시험체의 내부 결함을 검출하는 비파괴검사 방법이다. 방사선을 시험체에 투과시켜 필름에 영상을 형성함으로써 내부의 결함을 찾아낼 수 있는 방법으로 용접부의 결함 검출에 주로 사용되고 있다.

**34** 다음 중 작업복 선정 시 유의사항으로 틀린 것은?

① 작업에 지장이 없는 한 손발이 많이 노출되는 것이 좋다.
② 작업복이 몸에 맞고 동작이 편해야 한다.
③ 바지 자락 또는 단추가 기계에 말려 들어갈 위험이 없도록 한다.
④ 착용자의 연령, 성별 등을 감안하여 적절한 스타일을 선정한다.

**해설**

노출이 심하거나 노출이 많은 작업복은 작업자에게 적절하지 않다.

**35** 재해의 원인에서 정신적 요소 중 정신력과 관계되는 생리적 현상에 해당하지 않는 것은?

① 신경 계통의 이상
② 극도의 피로
③ 근육 운동의 부적합
④ 고집 및 과도한 집착성

**해설**

- 재해의 원인은 인적관리 결함, 심리적 결함, 생리적 결함으로 분류된다.
- 생리적 결함은 작업자가 작업 시 체력 부족, 신경계 이상, 피로, 수면 부족, 질병 등에 의해서 발생하는 재해이다.
- 고집 및 과도한 집착성은 심리적 결함에 따른 재해의 원인이다.

**36** 안전표시 색채에서 지시표지에 사용되는 색상으로 다음 중 맞는 것은?

① 빨간색                      ② 파란색
③ 검정색                      ④ 노란색

**해설**

- **빨간색-금지 또는 경고** : 정지신호, 소화설비 및 그 장소, 유해행위의 금지
- **노란색-경고** : 화학물질 취급 장소에서의 유해·위험경고 이외의 위험경고, 주의 표지 또는 기계 방호물
- **파란색-지시** : 특정 행위의 지시 및 사실의 고지
- **녹색-안내** : 비상구 및 피난소, 사람 또는 차량의 통행표지
- **흰색** : 파란색, 녹색에 대한 보조색
- **검은색** : 문자 및 빨간색 또는 노란색에 대한 보조색

**37** 산업재해를 예방하기 위하여 잠재적 위험성을 발견하고 그 개선 대책을 수립할 목적으로 조사·평가하는 것을 무엇이라 하는가?

① 작업환경측정              ② 위험성평가
③ 안전보건진단              ④ 건강진단

**해설**

- **작업환경측정** : 작업장의 공기 중 유해물질(분진, 가스 등)이나 물리적 요인(소음, 조도, 온도 등)을 측정
- **위험성평가** : 사업장에서의 잠재적 위험요인을 사전에 파악하고, 위험도를 추정·결정하여 개선 대책을 수립
- **안전보건진단** : 사업장 전반의 안전·보건 관리체계를 전문가가 종합적으로 진단
- **건강진단** : 근로자의 건강 상태를 확인하기 위한 의학적 검사

**38** 다음 물질이 보관되었던 드럼(Drum)을 용접으로 보수하려고 할 때 폭발의 위험성이 가장 적은 것은?

① 휘발유                      ② 경유
③ 염화나트륨 수용액       ④ 알코올

**해설**

- **폭발의 성립조건**
  - 혼합되어 있는 가스가 밀폐된 공간에 충만해서 존재해야 한다.
  - 인화성 가스 및 증기 또는 분진이 공기와 혼합되어 폭발 범위 내에 있어야 한다.
  - 점화원이 있어야 한다.
- **인화성 물질** : 휘발유, LPG가스, 도시가스, 알코올 등

**39** 인력 운반 작업에 있어서 작업 동작에 관련한 재해의 원인에 해당하지 않는 것은?

① 기계의 사용 방식 무시　　　　　② 무리한 자세

③ 작업 규율 무시　　　　　　　　④ 작업 환경이 좋지 않음

 해설

- 인력 운반 작업 중 발생할 수 있는 재해 원인
  - 무거운 물체의 부적절한 들어올림으로 인한 근골격계 손상
  - 작업 환경의 미끄러움이나 장애물로 인한 넘어짐 및 미끄러짐
  - 작업자의 체력 부족이나 피로 누적
  - 작업 도구의 부적절한 사용이나 장비의 결함

**40** 산업안전보건법상 관리감독자의 정기안전보건교육 시간은 어떻게 되는가?

① 반기 6시간　　　　　　　　　② 연간 10시간

③ 월 1시간　　　　　　　　　　④ 연간 16시간 이상

 해설

관리감독자의 정기안전보건 교육 시간은 연간 16시간 이상이다.

> **과목** **3** 기계 설비 일반

**41** 그림과 같은 입체도를 화살표 방향에서 본 투상도를 기준으로 한 평면도는?

①     ②

③ 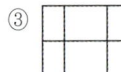    ④

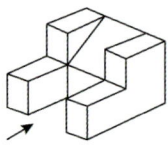

> **해설**
>
> • 입체도에 대한 정면도, 평면도, 우측면도는 아래와 같다.
>
>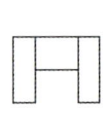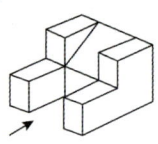
>
>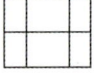

**42** 그림과 같은 표면의 결 도시기호에서 C가 의미하는 것으로 맞는 것은?

① 가공에 의한 컷의 줄무늬가 투상면에 대해 여러 방향으로 교차
② 가공에 의한 컷의 줄무늬가 투상면에 경사지고 두 방향으로 교차
③ 가공에 의한 컷의 줄무늬가 투상면의 중심에 대하여 동심원 모양
④ 가공에 의한 컷의 줄무늬가 투상면에 평행

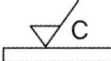

> **해설**
>
> = : 가공에 의한 컷의 줄무늬가 투상면에 평행
> X : 가공에 의한 컷의 줄무늬가 투상면에 경사지고 두 방향으로 교차
> M : 가공에 의한 컷의 줄무늬가 투상면에 대해 여러 방향으로 교차

## 43 다음 그림에 대한 설명으로 가장 올바른 것은?

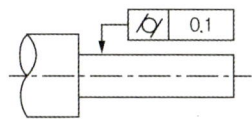

① 대상으로 하고 있는 면은 0.1mm 만큼 떨어진 두 개의 동축 원통면 사이에 있어야 한다.
② 대상으로 하고 있는 원통의 축선은 0.1mm 만큼 떨어진 두 개의 평행한 평면 사이에 있어야 한다.
③ 대상으로 하고 있는 원통의 축선은 $\phi$0.1mm의 원통 안에 있어야 한다.
④ 대상으로 하고 있는 면은 0.1mm 만큼 떨어진 두 개의 평행한 평면 사이에 있어야 한다.

**해설**

⌭ : 원통도 공차

## 44 $\phi$100e7인 축에서 치수공차가 0.035이고, 위치수허용차가 −0.072라면 최소허용치수는?

① 100.035
② 99.928
③ 99.965
④ 99.893

**해설**

- **치수공차** = 최대허용치수 − 최소허용치수
- **최대허용치수** = 기준치수 + 위치수허용차
  $(100 - 0.072) - x = 0.035$, $x = 99.893 = $ 최소허용치수

## 45 강을 담금질하면 경도가 크고 메지므로 인성을 부여하기 위하여 $A_1$변태점 이하의 온도에서 일정 시간 유지하였다가 냉각하는 열처리 방법은 무엇인가?

① 노말라이징(Normalizing)
② 템퍼링(Tempering)
③ 어닐링(Annealing)
④ 퀜칭(Quenching)

**해설**

- **퀜칭(Quenching)** : 강도와 경도를 증가시키기 위한 열처리, 담금질이다.
- **어닐링(Annealing)** : 재료를 연화시키기 위한 열처리, 풀림이다.
- **노말라이징(Normalizing)** : 재료를 미세화, 균일화, 표준화시키기 위한 열처리, 불림이다.

**46** 금속을 냉간 가공하였을 때 기계적·물리적 성질의 변화에 대한 설명으로 맞지 않는 것은?

① 냉간 가공이 진행됨에 따라 전기적 성질인 투자율은 감소한다.
② 냉간 가공도가 증가할수록 연신율은 증가한다.
③ 냉간 가공이 진행됨에 따라 전기 전도율은 낮아진다.
④ 냉간 가공도가 증가할수록 강도는 증가한다.

> **해설**
>
> 냉간 가공시 가공경화로 인하여 강도와 경도는 증가하고 항자력이 낮고 투자율이 높을수록 전기적 성질이 양호하다.

**47** 전기 및 열전도도가 우수한 순서대로 나열된 것으로 맞는 것은?

① Au > Cu > Ag > Fe > Al
② Ag > Cu > Au > Al > Fe
③ Cu > Ag > Au > Al > Fe
④ Ag > Au > Cu > Fe > Al

> **해설**
>
> 은, 구리, 금, 알루미늄 순이다.

**48** 보통 선반에서 테이퍼를 절삭하는 방법으로 적합하지 않은 것은?

① 척의 조를 편위시키는 방법
② 테이퍼 장치를 사용하는 방법
③ 복식 공구대를 경사시키는 방법
④ 심압대를 편위시키는 방법

> **해설**
>
> **테이퍼 절삭 작업** : 심압대 편위법, 복식 공구대 이용법, 테이퍼 절삭 장치 이용법, 총형 바이트법

**49** 회전축의 흔들림 검사를 위해 사용하는 측성기로 다음 중 적당한 것은?

① 한계 게이지
② 하이트 게이지
③ 다이얼 게이지
④ 틈새 게이지

- **한계 게이지** : 두 개의 게이지를 짝지어 한쪽은 허용되는 최대치수, 다른 쪽은 최소치수로 하여 제품이 이 한도 내에 들도록 만들어졌는가를 검사하는 게이지
- **틈새 게이지** : 여러 가지 두께의 박강판게이지를 조합한 것으로 몇 장씩 조합하여 여러 가지 치수의 틈새를 측정하는 게이지
- **하이트 게이지** : 일감의 높이를 측정하는 게이지

**50** 아베의 원리를 만족하는 측정기는?

① 틈새 게이지
② 하이트 게이지
③ 블록 게이지
④ 외측 마이크로미터

**아베의 원리** : 길이 측정 시 물체를 기준 척도와 일직선상에 세워 놓아야 한다는 원리

**51** 다이캐스팅(die casting)의 일반적인 설명으로 적합하지 않은 것은?

① 복잡한 형상의 주조가 가능하다.
② 치수의 정밀도가 높다.
③ 기계 가공여유가 필요하다.
④ 다량생산에 적합하다.

해설

**다이캐스팅 주조** : 사형 대신에 금형을 이용하고 고속으로 쇳물을 주입하여 가공하기 때문에 주물의 표면이 깨끗하고 치수의 정밀도가 높아 2차적 기계 가공여유가 필요 없다.

**52** 벨트 전동에서 유효장력 P를 나타내는 식으로 맞는 것은? (단, $T_t$는 긴장측 장력이고 $T_s$는 이완측 장력을 나타낸다.)

① $P = \dfrac{T_t - T_s}{2}$

② $P = T_t \cdot T_s$

③ $P = \dfrac{T_s}{T_t}$

④ $P = T_t - T_s$

벨트에는 긴장측 장력과 이완측 장력이 걸리게 되고 긴장측 장력과 이완측 장력의 차에 의해서 풀리가 회전하게 된다. 이때 걸리는 힘이 회전력이며 유효장력에 해당한다.

**53** 리벳 작업 중 보일러 및 압력용기 등에서 기밀을 유지하기 위하여 하는 작업은 무엇인가?

① 구멍 뚫기

② 펀칭

③ 다듬질

④ 코킹

코킹 작업 또는 플러링 작업이다. 리벳팅 체결 후 리벳 머리가 강판의 표면에 밀착되도록 하여 기밀성과 수밀성을 갖도록 하는 작업이다.

**54** 사일런트 체인을 사용하는 주목적은 무엇인가?

① 보다 정숙한 운전

② 자유로운 변속

③ 큰 동력 전달

④ 체인 핀 마모 방지

- **사일런트 체인의 특징**
  - 소음과 진동이 거의 없다.
  - 고속 및 정숙한 운전이 가능하다.
  - 무겁고 제작이 어렵다.
  - 가격이 고가이다.

**55** 기어 잇수 $Z_1 = 20$, $Z_2 = 30$, $m = 3$인 한 쌍의 스퍼기어의 중심거리는 얼마인가?

① 105mm
② 95mm
③ 75mm
④ 60mm

> **해설**
>
> $$C = m\frac{(Z_1 + Z_2)}{2} = 3 \times \frac{20 + 30}{2} = 75mm$$

**56** 수평도나 수직도 측정 및 수평이나 수직으로부터의 약간의 기울기를 측정하는 액체식 측정기에 해당하는 것은?

① 다이얼게이지
② 수준기
③ 버니어 캘리퍼스
④ 마이크로미터

> **해설**
>
> - **다이얼게이지** : 비교측정기로 물체의 진동, 수평도, 직각도, 평행도, 평탄도 등을 측정
> - **버니어 캘리퍼스** : 직접측정기로 제품의 길이나 높이, 너비, 외경, 내경 등을 정밀 측정
> - **마이크로미터** : 나사의 원리를 이용한 측정기로 내경, 외경, 깊이 등을 정밀 측정

**57** 축의 구부러짐을 현장에서 수리할 수 있는 공구로 맞는 것은?

① 유압풀러
② 짐크로
③ 오스터
④ 기어풀러

> **해설**
>
> - **기어풀러** : 축에 고정된 기어 등을 탈착 시 사용하는 공구
> - **오스터** : 파이프에 나사를 낼 때 사용하는 공구
> - **유압풀러** : 축에 고정된 기어 등을 유압으로 탈착 시 사용하는 공구

**58** 감속기의 점검항목과 점검방법 및 판단기준으로 다음 중 틀린 것은?

① 입출력 원동측과 부하측의 중심 – 다이얼게이지, 직선자 – 어긋남이 없을 것
② 윤활유량 – 유면계의 위치 확인 – 상·하한선 사이에 위치할 것
③ 이상음, 진동, 발열 – 촉수, 청음봉 사용 – 진동, 이상음, 발열이 없을 것
④ 축이음 상태 – 입출력 축의 중심선 – 발열만 없으면 될 것

> **해설**
>
> 축이음 상태 – 입출력 축의 중심선 – 진동, 소음, 발열이 없을 것

**59** 다음 중 송풍기의 풍량이 부족한 경우, 그 원인으로 부적합한 것은?

① V–BELT의 장력이 너무 셀 때
② 송풍기 또는 덕트(Duct)에 먼지 등이 쌓여 있어 저항이 증대되었을 때
③ 회전수가 저하되었을 때
④ 임펠러에 이물질이 끼었을 때

> **해설**
>
> · 송풍기의 풍량이 부족한 경우의 원인
>  – Duct 장치 또는 송풍기가 노후하였을 때
>  – 송풍기 자체가 부식된 것
>  – 송풍기 또는 Duct에 먼지 등이 쌓여있어 저항이 증대되었을 때
>  – Filter, Heater, Cooler 등 송풍기와 Duct로 연결된 기기가 막혔거나 이물질이 끼었을 때

**60** 구멍이 뚫려 있는 원통 또는 원뿔 모양의 플러그를 0~90° 회전시켜 유량을 조절하거나 개폐하는 용도로 사용가능한 밸브는?

① 콕
② 슬루스밸브
③ 앵글밸브
④ 체크밸브

> **해설**
>
> · **앵글밸브(L형밸브)** : 유로의 방향에 입구와 출구가 수직으로 되어 있어 유체가 직각 방향으로 흐르도록 되어 있는 밸브이다.
> · **슬루스밸브** : 밸브가 유체의 방향에 직각 방향으로 미끄러져 유로를 개방하도록 되어 있는 밸브
> · **체크밸브(역지밸브)** : 유체의 흐름을 한 방향으로만 흐르게 하는 밸브

**과목** **4** **설비 진단 및 관리**

**61** 진동체가 일정한 물리적 조건을 가질 때, 특정한 진동수와 파장에서만 발생하여 허용되는 진동을 무엇이라 하는가?

① 고유 진동  
② 흡음 진동  
③ 탄성 진동  
④ 강제 진동

해설

- **강제진동** : 진동계에 주기적인 힘(외력)이 가해지면서 일어나는 진동
- **탄성진동** : 탄성체가 외부 힘에 의해 변형되었다가 본래의 형태로 돌아가려는 성질 때문에 발생하는 진동 형태
- **흡음진동** : 소리를 흡수할 때 발생하는 진동

**62** 회전기계의 질량 불평형 상태의 스펙트럼에서 가장 크게 나타나는 주파수 성분으로 맞는 것은?

① $1.5X \sim 1.7X$  
② $2X$  
③ $3X$  
④ $1X$

해설

- 회전기계의 질량 불평형 상태에서 스펙트럼의 가장 두드러진 주파수 성분은 기계의 기본 주파수 즉, 1X rpm(1X 회전속도)이다. 1X가 없는 회전기계는 없으며 주원인이 질량 불평형(Imbalance) 이다.
- 1X(원엑스) 주파수에서 X는 기계의 1차 회전속도를 의미한다. 이는 기본 주파수 또는 기본 회전속도를 나타낸다.
- 1X는 기계의 회전속도와 비례하는 성분 중 그 첫 번째를 의미하며 Hz로 표현한다. rpm이면 60으로 나눠 표현하면 된다.
- 2X는 1X의 2배가 되는 주파수이다. nX이면 1X의 n배가 되는 주파수이다.

**63** 고유진동수와 강제진동수가 일치할 경우 진폭이 크게 발생하는 현상을 무엇이라 하는가?

① 풀림  
② 상호간섭  
③ 공진  
④ 캐비테이션

해설

- **풀림** : 강재를 일정한 온도로 가열한 다음 천천히 식혀 내부 조직을 치밀하게 하고 응력을 제거하는 열처리 방법
- **상호간섭** : 2개 이상의 피드백 제어계가 구성되어 있는 제어계 등에서 서로 작용하여 만나는 것
- **캐비테이션** : 물이 증발하고 수중에 용입되어 있던 공기가 낮은 압력 상태에서 기포가 일어나 충격과 진동이 수반되는 공동현상이다.

**64** 다음 중 저주파 차단은 좋으나, 공진 시 전달률에 매우 큰 단점이 있는 방진재는 무엇인가?

① 파이버 글라스　　　　　　　　② 방진 스프링
③ 천연고무 패드　　　　　　　　④ 네오프랜 마운트

**해설**

**방진 스프링 :** 금속제 스프링으로, 정적 휨량을 크게 할 수 있고, 저주파 성분까지 흡수할 수 있으나 감쇠능력은 다소 떨어진다는 단점이 있다. 감쇠능력이 떨어지게 되면 진동 전달률이 증가하게 된다.

**65** 다음 소음계 사용에 관한 설명으로 틀린 것은?

① 충격성 소음의 경우 소음계의 동특성을 slow 상태로 놓고 측정한다.
② 측정지점에 바람이 많으면, 바람마개(wind screen)를 부착한다.
③ 측정 시 소음계에서 0.5m 이상 떨어져 측정자의 인체에서의 반사음을 고려하여야 한다.
④ 소음의 주파수 분석에는 옥타브 분석기가 활용된다.

**해설**

충격성 소음의 경우 안정적이지 않은 소음이 발생하므로, 동특성을 fast에 놓고 측정해야 한다.

**66** 다음 진동 차단기의 요구조건으로 적합하지 않은 것은?

① 온도, 습도, 화학적 변화 등에 의해 견딜 수 있어야 한다.
② 강성이 충분히 작아서 차단 능력이 있어야 한다.
③ 강성은 작되 걸어준 하중을 충분히 견딜 수 있어야 한다.
④ 진동발생 기계에서 외부로 진동이 잘 전달되도록 해야 한다.

**해설**

진동 차단기의 주목적은 외부로 전달되는 진동을 차단하는 데에 있다. 진동이 외부로 전달될 경우 진동으로 인한 소음 및 주변기기에 대한 악영향을 일으킬 수 있다.

**67** 진동이 완전한 1사이클을 하는 동안에 걸린 총 시간은 무엇인가?

① 진동수  
② 진동주기  
③ 각진동수  
④ 진동위상

해설

- **진동수** : 진동운동에서 단위시간당 반복운동이 일어난 횟수
- **각진동수** : 단위시간동안 물체가 움직인 각도
- **진동위상** : 두 파형을 비교할 때, 파동의 진폭과 주파수는 동일하지만 T/4의 차이가 생길 수 있다. 이러한 시간의 지연을 위상 지연이라고 부르며 위상각으로 측정한다. T의 시간 지연은 360도의 위상각에 해당하므로, T/4의 시간 지연은 90도의 위상각이 된다. 이 경우 우리는 일반적으로 두 개의 파동을 90도만큼 위상차가 있다고 한다.

**68** 소음의 가청음압과 가청주파수에 대한 설명으로 맞는 것은?

① 최저 가청주파수는 0Hz이다.  
② 최대 가청주파수는 10,000Hz이다.  
③ 최대 가청음압은 60Pa 또는 130dB이다.  
④ 최저 가청음압은 $2 \times 10^{-3}$Pa 또는 0dB이다.

해설

- **가청음압** : 사람의 귀로 들을 수 있는 소밀파의 압력 변화의 크기
- **가청주파수** : 사람의 귀로 들을 수 있는 음파의 주파수
  - 최저 가청주파수는 20Hz이다.
  - 최대 가청주파수는 20,000Hz이다.
  - 최저 가청음압 $2 \times 10^{-5}$Pa 또는 0dB이다.

**69** 진동전달 경로차단에서 사용되는 일반적인 방법에 대한 설명으로 옳은 것은?

① 2단계 진동제어는 저주파 진동제어에 역효과를 줄 수 있다.  
② 진동체에 질량을 가하여 고유진동수를 높이면 효과적이다.  
③ 스프링형 진동 차단기에 사용하는 스프링은 고유진동수가 가능한 높아야 한다.  
④ 스프링형 진동 차단기는 강성이 충분히 높아야 한다.

> **해설**
>
> 진동차단기의 강성은 그에 부착된 진동 보호 대상체의 구조적 강성보다 작아야 하며, 차단하려는 진동의 최저 주파수보다 작은 고유 진동수를 가져야만 한다.

**70** 다음은 소음 방지에 관한 내용이다. 틀린 것은?

① 차음벽의 차음 효과는 투과율에 의해서 결정된다.
② 투과손실은 재료의 굽힘 강성과 내부 댐핑에 의한 영향을 받지 않는다.
③ 일반적으로 부드럽고 다공성 표면을 갖는 재료는 높은 흡음률을 갖는다.
④ 소음기는 덕트(duct) 소음이나 배기 소음을 방지하기 위해서 사용되는 장치이다.

> **해설**
>
> 투과 손실은 투과되지 않고 반사되거나 흡수되는 에너지를 의미한다. 그러므로 굽힘강성이 내부의 댐핑에 의해 재질 혹은 형상에 대한 변화가 발생할 경우 투과손실에 영향을 줄 수 있다.

**71** 설비배치의 목적으로 다음 중 맞는 것은?

① 생산량 감소      ② 생산 원가 증가
③ 생산인력의 감소      ④ 우량품 제조 및 설비비 상승

> **해설**
>
> • **설비배치의 목적**
>   – 생산의 증가
>   – 생산 원가의 절감
>   – 우량품의 제조 및 설비비의 절감
>   – 공간의 경제적 사용 및 노동력의 효과적 활용
>   – 작업 환경 및 공장 환경의 보전
>   – 커뮤니케이션의 개선
>   – 배치 및 작업의 탄력성 유지
>   – 안전성의 확보

**72** 설비 효율화 저해 로스(loss) 중 설비의 설계 속도와 실제로 움직이는 속도와의 차이에서 생기는 로스에 해당하는 것으로 맞는 것은?

① 초기 로스               ② 속도 로스

③ 불량 로스               ④ 고장 로스

**해설**

- **초기로스** : 생산 개시 시점으로부터 안정화될 때까지의 사이에 발생하는 로스
- **고장로스** : 돌발적 또는 만성적으로 발생하는 고장에 의하여 발생, 효율화를 저해하는 최대 요인으로 고장 제로를 달성하기 위한 대책이 필요하다.
- **불량로스** : 불량이 발생하여 수리하였을 때 발생하는 로스

**73** TPM 관리와 전통적 관리를 비교했을 때, TPM 관리의 특징으로 옳은 것은?

① Output 지향           ② 결과 중심 시스템

③ 개선을 위한 자기 동기부여      ④ 제한적이고 터널식인 의사소통

**해설**

- **TPM 관리의 특징**
  - Input 지향
  - 원인 추구 시스템
  - 현장에서의 사실에 입각한 관리
  - 손실 측정
  - 눈에 보이고 공개적인 의사소통
  - 예상치 못한 실수와 사람의 실수 없음
  - 전사적 조직과 전사원 참여
  - 무결점 목표
  - 예방 활동
  - 문제를 제거하려는 방법
  - 개선을 위한 자기 동기 부여
  - Top Down 목표 설정과 Bottom Up 활동
  - 불량 발생원 제거

**74** 컴퓨터나 로봇에 여러 전문직 기술을 부여하여 이들이 자동화 공장의 문제점을 인식하고, 이를 해결하기 위한 방법을 스스로 찾아내는 것으로 설비의 특정 고장을 스스로 인지하고 더 나아가 고칠 수 있는 시스템의 표현으로 적합한 것은?

① 지능 기술 시스템         ② 컴퓨터 제어 시스템

③ 유연 기술 셀 시스템       ④ 유연 기술 시스템

해설

- **유연 기술 시스템** : 다양한 제품을 높은 생산성으로 유연하게 제조하는 것을 목적으로 생산을 자동화한 시스템
- **컴퓨터 제어 시스템** : 컴퓨터를 사용하여 제품 및 공정 따위에 대한 자동화된 제어 작업을 수행하도록 구성한 시스템
- **유연 기술 셀 시스템** : 둘 또는 셋의 가공 작업장 및 자재 취급 장치로 구성한 시스템

## 75 설비를 가동시켜야 하는 시간에 대한 실제 가동한 비율을 무엇이라 하는가?

① 정미 가동률          ② 성능 가동률
③ 부하 가동률          ④ 시간 가동률

해설

- **성능 가동률** : 속도 가동률과 실질 가동률로 되어 있으며, 설비가 가동 또는 운전되고 있는 시간 동안 정상적으로 생산되어야 할 생산량과 설비의 공회전, 순간 정지 및 속도 저하 또는 비정상적인 설비 가동에 의해 감산된 실제 생산량과의 비를 시간으로 나타낸 것
- **부하 가동률** : 일정 기간을 통해 설비가 가동해야 하는 시간 혹은 조업할 수 있는 설비의 가동률을 의미
- **정미 가동률** : 설비 효율을 측정할 때, 설비가 일정한 속도로 안정적으로 가동하는 상태가 얼마나 지속되었는지 측정하는 지표

## 76 베어링 윤활유와 비교한 그리스 윤활의 특징으로 다음 중 틀린 것은?

① 회전 저항이 크다.          ② 순환 급유가 곤란하다.
③ 급유 간격이 짧다.          ④ 혼입물 제거가 곤란하다.

해설

- **그리스 윤활의 특징**
  - 밀봉효과가 큼
  - 급유가 비교적 용이
  - 적하 유출이 적음
  - 장기간 보존이 가능
  - 냉각 효과가 낮음
  - 급유, 교환 등이 불편
  - 이물질 혼입의 방지
  - 내수성이 강함
  - 비교적 높은 온도에도 사용 가능
  - 내하중성이 우수
  - 이물질이 혼합 시 제거하기 어려움

**77** 다음 중 일반적인 윤활의 기능이 아닌 것은?

① 밀봉작용      ② 방청작용
③ 절삭작용      ④ 마모방지작용

**해설**

- **윤활의 기능**
  - 마찰 손실 방지      마모 방지
  - 녹아 붙음 및 소부 현상 방지      밀봉 작용
  - 냉각 효과      방청 및 방진 작용

**78** 고압 고속의 베어링에 윤활유를 오일펌프로 공급하여 윤활을 하고, 배출된 오일은 다시 기름 탱크로 모이고 여과 냉각 후 다시 순환하는 급유방법은 무엇인가?

① 중력 순환 급유법      ② 강제 순환 급유법
③ 가시부상유적 급유법      ④ 오일 순환식 급유법

**해설**

- **중력 순환 급유법** : 임의의 높은 곳에 있는 오일 탱크에서 오일을 흘려보내는 방식
- **오일 순환식 급유법(링 급유법)** : 축에 끼운 오일 링이 축의 회전에 따라 마찰 면에 오일을 운반시켜 윤활작용을 하는 원리
- **가시부상유적 급유법** : 유적을 물 또는 적당한 액체를 가득 채운 유리관 속을 서서히 떠오르게 하는 급유기를 사용한 방식

**79** 다음 윤활 중 완전윤활 또는 후막윤활이라고도 하며, 가장 이상적인 유막에 의해 마찰면이 완전히 분리되는 것을 무엇이라 하는가?

① 유체 윤활      ② 극압 윤활
③ 혼합 윤활      ④ 경계 윤활

**해설**

- **경계 윤활** : 하중이 증가되거나 유온이 상승하게 되어 유막이 얇아지게 된다. 유막의 두께가 고체표면의 거칠기와 거의 같은 정도로 되어 유압만으로서는 하중을 지탱할 수 없는 상태이다.
- **극압 윤활** : 하중이 커져 흡착 유막으로 지지할 수 없게 되어 금속 면에서 고압, 고열과 함께 국부적인 융착과 파단이 일어나 금속 면의 파괴가 일어난다.
- **유체 윤활** : 접촉면이 윤활제에 의하여 완전히 분리된 경우, 접촉표면에 걸리는 하중은 유압에 의해 지지되며 접촉표면의 마모는 매우 작고 마찰 손실도 오직 윤활막 내에서 이루어진다.
- **혼합 윤활** : 하중의 일부는 유막에 의해서, 일부는 마찰면의 직접 접촉에 의해서 유지되는 상태로 간헐적인 접촉과 부분적인 유체윤활이 혼합되어 있는 윤활이다.

**80** 다음 중 가장 높은 온도 조건(주위 환경온도)에서 사용하기에 가장 적합한 그리스는 무엇인가?

① 알루미늄 그리스

② 칼슘 그리스

③ 나트륨 그리스

④ 리튬 그리스

해설

- **칼슘 그리스** : 컵 그리스라고 하며 부드러운 버터상으로 내수성은 있으나 적점이 낮아 고온이 될 위험성이 있는 개소의 윤활에는 쓸 수 없다. 사용 온도는 70~80도 정도까지이다.
- **나트륨 그리스** : 파이버 그라스라고 하며, 섬유상과 버터상이 있고, 칼슘 그리스보다 적점이 높아 100도까지 사용하지만, 내수성이 나빠 수분이 많은 곳에는 사용을 피한다.
- **알루미늄 그리스** : 부드럽고 투명하며 점착성과 내수성이 우수하다. 사용 온도는 −20~100도 정도
- **리튬 그리스** : 버터상이며 내열, 내수성이 우수하며, 기계적 안정성도 양호하여 멀티퍼포스 그리스라고도 한다. 구름 및 밀봉 베어링에 사용된다.

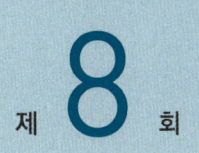
## 제 **8** 회  설비보전기사 모의고사

---

**과목 ① 공유압 및 자동제어**

---

**01** 유압 회로 중 최고 압력을 제한하여 회로내의 과부하를 방지하는 유압기기로 옳은 것은?

① 체크밸브  ② 디셀러레이션 밸브
③ 릴리프밸브  ④ 셔틀밸브

> **해설**
>
> • **셔틀밸브** : 두 개 이상의 입구와 한 개의 출구가 설치되어 있으며, 출구가 최고 압력의 입구를 선택하는 기능을 가진 밸브
> • **체크밸브** : 유체를 한 방향으로만 흐르게 하는 밸브
> • **디셀러레이션 밸브** : 액추에이터를 감속시키기 위해서 캠 조작 등으로 유량을 서서히 감소시키는 밸브

---

**02** 다음 중 비용적형 유압펌프에 해당하지 않는 것은?

① 축류펌프  ② 사류펌프
③ 원심펌프  ④ 피스톤펌프

> **해설**
>
> • **용적형 펌프** : 유체의 비압축성을 이용한 것으로, 실린더 내 체적이 증가할 때 유체를 흡입, 체적이 증가할 때 송출하는 원리에 의해 작동하는 펌프로 토출량이 거의 일정하다.
> • **비용적형 펌프** : 유체의 운동에 따른 원심력 등을 이용하여 송출하는 펌프로 토출량이 불규칙적이다.
> • **용적형 펌프의 종류** : 기어펌프, 나사펌프, 베인펌프, 회전 피스톤 펌프, 왕복동 펌프 등
> • **비용적형 펌프의 종류** : 원심펌프(터빈펌프, 벌류트펌프), 축류 펌프, 혼류형 펌프 등

**03** 유압 실린더 속도 조절 방식으로, 펌프 유량과 배출유량이 합류하여 전진 속도가 높아지는 회로는?

① 미터 인 회로
② 재생 회로
③ 미터 아웃 회로
④ 블리드 오프 회로

> **해설**
>
> - **재생 회로(Regenerative Circuit)** : 유압 실린더의 무부하 전진 속도를 빠르게 하기 위해 사용하는 방식이다. 펌프에서 토출된 유량에 더해, 로드측 배출유량을 다시 실린더 헤드 측으로 합류시켜 공급하면 전진 속도가 빨라진다. 다만, 속도는 빨라지지만 출력 힘은 줄어드는 단점이 있다.
> - **미터 인 회로(Meter-in)** : 실린더 입구 측에 유량 제어밸브를 설치하고 실린더로 들어가는 유량을 조절한다.
> - **미터 아웃 회로(Meter-out)** : 실린더 출구 측에 유량 제어밸브를 설치하여 배출유량을 조절한다.
> - **블리드 오프 회로(Bleed-off)** : 펌프 유량 일부를 탱크로 우회시켜서 실린더 속도를 조절하는 방식이다.

**04** 다음은 오일탱크에 관한 설명이다. 틀린 설명은?

① 오일 탱크의 크기는 펌프 토출량과 동일하게 제작한다.
② 오일 탱크의 유면계를 운전할 때 잘 보이는 위치에 설치한다.
③ 에어 블리저 용량은 펌프 토출량의 2배 이상으로 제작한다.
④ 스트레이너 유량은 펌프 토출량의 2배 이상의 것을 사용한다.

> **해설**
>
> - **유압 작동유의 탱크 선정** : 오일의 양은 실린더의 직경과 길이를 가지고 산출한다.
>   - 사용 오일량(L) = 실린더의 단면적($m^2$)×실린더의 길이(m)÷1000
>   - 기본 필요량 : 실린더와 펌프가 잠겨 있어야 하는 양
>   - 오일 필요량 = 사용 오일량+기본 필요량
>   - 탱크의 크기 : 최소 필요량과 기본 필요량을 계산하여 크기를 선정한다.

**05** 일반적으로 압력계에서 측정된 압력의 표현으로 맞는 것은?

① 차등 압력
② 압력 강하
③ 게이지 압력
④ 절대 압력

> **해설**
>
> - **압력 강하** : 유체 흐름의 경로에서 압력이 감소되는 것
> - **절대 압력** : 완전 진공상태를 기준으로 하여 측정한 압력
> - **차등 압력** : 2개의 압력에 대한 차이
> - **게이지 압력** : 압력계로 측정한 압력으로 대기압의 기준을 0으로 하여 높고 낮음을 나타내는 압력

**06** 공기압 실린더의 설치 형식으로 적당하지 않은 것은?

① 풋 형
② 트러니언 형
③ 플랜지 형
④ 타이로드 형

> **해설**
>
> • **풋(foot) 형** : 실린더 몸체 하부에 발판(foot)을 붙여 고정하는 방식
> • **트러니언(trunnion) 형** : 실린더 몸통에 회전축(trunnion)을 설치해 핀으로 결합하는 형식
> • **플랜지(flange) 형** : 전면이나 후면에 플랜지를 붙여 설치하는 형식
> • **타이로드(tie-rod) 형** : 실린더 본체 구조 형식(실린더 캡과 튜브를 볼트로 체결)
>
>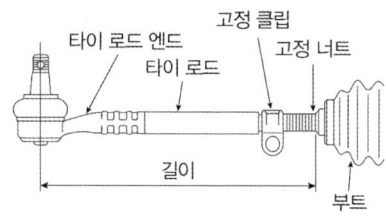

**07** 다음 중 펌프가 소음을 내는 이유에 해당하지 않는 것은?

① 흡입관이 막혀 있는 경우
② 유중에 기포가 있는 경우
③ 작동유의 점도가 너무 낮은 경우
④ 펌프의 회전이 너무 빠른 경우

> **해설**
>
> 작동유의 점도가 높을 경우에 캐비테이션현상이 발생하여 소음과 진동이 발생한다.

**08** 밸브 내부에서 연속적인 진동으로 밸브 시트 등을 타격하여 진동과 소음을 발생시키는 현상은 무엇인가?

① 채터링현상
② 공동현상
③ 점핑현상
④ 맥동현상

> **해설**
>
> • **공동현상(캐비테이션)** : 액체 내에 증기 기포가 발생하여 소음과 진동을 발생시키는 현상
> • **맥동현상** : 압력이 주기적으로 크게 흔들림과 동시에 토출량도 주기적으로 변동하여 소음과 진동을 발생시키는 현상
> • **점핑현상** : 유량 제어 밸브에서 유체가 흐르기 시작할 때 등, 유량이 과도적으로 설정값을 넘어서는 현상

**09** 다음은 공기 냉각기(애프터 쿨러)에 관한 설명이다. 틀린 것은?

① 압축기에서 나온 뜨거운 압축공기를 냉각함으로써 수증기의 약 60% 정도를 제거한다.
② 공랭식은 냉각효과를 높이기 위해 방열판을 설치하며, 수랭식에 비해 교환 열량이 크다.
③ 공랭식을 사용하면 냉각수를 사용하지 않아도 되므로 보수가 쉽고 유지비가 적게 든다.
④ 공기 압축기 후단, 에어 드라이어 앞단에 설치한다.

> **해설**
>
> 교환 열량은 공랭식보다 수랭식이 더 크다.

**10** 다음 중 유압 모터의 종류가 아닌 것은?

① 베인 모터
② 피스톤 모터
③ 기어 모터
④ 스크루 모터

> **해설**
>
> • **유압 모터의 종류** : 기어 모터, 베인 모터, 회전 피스톤 모터, 요동 모터 등

**11** 제어량이 온도, 압력, 유량, 액면 등과 같은 일반 공업량일 때 발생하는 신호의 형태에 의한 제어에 해당하는 것은?

① 2진 제어
② 아날로그 제어
③ 논리 제어
④ 디지털 제어

> **해설**
>
> • **2진 제어** : 하나의 제어변수에 2가지의 가능한 값을 2진 신호를 이용하여 제어하는 시스템
> • **논리 제어** : 요구되는 입력 조건이 만족되면 그에 상응하는 신호가 출력되는 제어
> • **디지털 제어** : 정보의 범위를 여러 단계로 등분하여 각각의 단계에 하나의 값을 부여한 디지털 제어 신호에 의하여 제어되며, 입력정보는 카운터, 레지스터, 메모리 등이 있다.
> • **아날로그 제어** : 연속적 물리량의 온도, 속도, 길이, 조도, 질량 등의 정보를 아날로그 신호로 처리하는 제어

**12** 다음 중 전기회로에서 수동 소자라 할 수 없는 것은?

① 커패시터  ② 저항
③ 인덕터  ④ OP-AMP

 해설

수동 소자는 증폭이나 전기 에너지의 변환과 같은 능동적 기능을 갖지 않은 전자 소자이므로, 직류나 그에 가까운 변화를 하는 신호에 대해 증폭하는 장치인 OP-AMP(직류 증폭기)는 수동소자에 속하지 않는다.

**13** 릴레이를 사용한 전기제어 회로에서 릴레이 자신의 접점을 통해 전기신호를 자신의 릴레이 코일에 계속 흐르게 하여 릴레이 코일의 여자 상태를 유지하는 회로는?

① 동조 회로  ② 자기유지 회로
③ 비동기 회로  ④ 인터록 회로

해설

• **동조 회로** : 외부의 전기 진동과 똑같은 고유 진동수를 가지고 공진하는 전기 회로
• **비동기 회로** : 시간과 관계없이 입력 신호의 변화에 의해서만 제어가 행해지는 회로
• **인터록 회로** : 한쪽의 회로가 열릴 때 다른 한쪽의 회로가 열리지 않도록 하는 회로

**14** 피드백 제어계의 시간응답 특성을 설명한 것으로 옳은 것은?

① 응답이 처음으로 희망값에 도달하는 시간은 응답시간이다.
② 응답이 정해진 허용범위 이내로 정착되는 시간은 상승시간이다.
③ 응답 중에 생기는 입력과 출력의 최대 편차량은 오버슈트이다.
④ 응답이 최초로 희망값의 70.7%에 도달하는 데 필요한 시간은 지연시간이다.

해설

• **상승시간** : 응답이 처음으로 희망값에 도달하는 시간
• **정착시간** : 응답이 정해진 허용범위 이내로 정착되는 시간
• **지연시간** : 계단응답이 최종값의 50%까지 도달하는 데 필요한 시간

## 15 다음 중 전달함수의 일반적인 식으로 맞는 것은?

① 전달함수=(라플라스 변환시킨 입력)×(라플라스 변환시킨 출력)
② 전달함수=(라플라스 변환시킨 입력)/(라플라스 변환시킨 출력)
③ 전달함수=(라플라스 변환시킨 입력)+(라플라스 변환시킨 출력)
④ 전달함수=(라플라스 변환시킨 출력)/(라플라스 변환시킨 입력)

> **해설**
>
> 전달함수는 입력의 라플라스 변환에 대한 출력의 라플라스 변환의 비율로 정의한다.
> • 시스템의 입력과 출력을 연결해 주는 수학적 함수

## 16 회전체의 각 변위를 측정하는 센서로 절대각을 측정하는 센서로 맞는 것은?

① 포텐쇼미터                         ② 리졸버
③ 앱솔루트인코더                     ④ 타코미터

> **해설**
>
> • **앱솔루트인코더** : 회전각도나 위치 정보를 절대값으로 제공하는 센서
> • **리졸버** : 회전자의 위치를 측정하기 위한 센서
> • **포텐쇼미터** : 전기저항을 조절하여 회로의 전압을 조절할 수 있는 장치
> • **타코미터** : 물체의 회전속도를 측정하는 센서

## 17 선형제어계의 안정도를 판별하는 방법과 관련 없는 것은 다음 중 어떤 것인가?

① 과도응답 판별법                    ② 근궤적도
③ 보드 선도                          ④ 나이퀴스트 판별법

> **해설**
>
> • **나이퀴스트 판별법** : 피드백 시스템의 안정도를 판별하기 위한 한 가지 방법
> • **근궤적도** : 피드백 제어 시스템의 안정성과 과도응답에 대한 정보를 제공하는 방법
> • **보드 선도** : 선형제어계의 주파수 응답을 나타내는 그래프
>   – 시스템의 안정성을 판별하는 데 사용된다.
> • **과도응답 판별법** : 시스템이 안정된 상태로 돌아가기 전에 일시적으로 변화하는 응답
>   – 과도응답이란 출력이 정상상태(steady state)가 되기 전까지 걸리는 시간에 나타나는 응답

**18** 계자코일을 갖는 직류모터 중 분권형모터에 대한 특징으로 틀린 것은?

① 전기자코일과 계자코일이 병렬로 연결되어 있다.
② 속도조절이 양호한 성능을 갖는다.
③ 기동토크가 높다.
④ 무부하 동작에서 속도는 증가한다.

**해설**

- **분권형 모터** : 전기자 코일(권선)과 계자 코일을 분리하여 접속하는 구조이다.
  - 부하에 따라 속도 조절이 가능하다.
  - 무부하 상태에서의 회전수가 높다.
  - 무부하 동작에서는 일반적으로 속도가 증가한다.
  - 정류자와 브러시가 없어 유지보수가 쉽다.
  - 효율적인 운전이 가능하다.
- **분권형 모터의 기동 토크**
  - 모터가 정지 상태에서 움직임을 시작할 때 필요한 최소 토크이다.
  - 분권형 모터의 기동 토크는 모터의 종류와 설계에 따라 다를 수 있다.

**19** 블록선도의 입·출력비(C/R)로 다음 중 맞는 것은?

① $1/(-G_1G_2)$
② $G_1/(1-G_2)$
③ $G_1/(-G_2)$
④ $G_1G_2/(+G_2)$

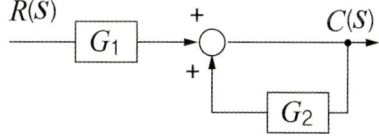

**해설**

$C(S) = R(S) \cdot G_1 + X$

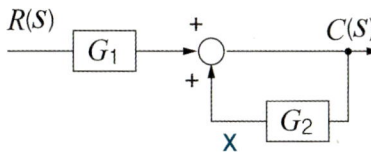

$X = G_2 \cdot [R(S) \cdot G_1 + X], \; [1-G_2]X = R(S) \cdot G_1 \cdot G_2$

$C(S) = R(S) \cdot G_1 + X = R(S) \cdot G_1 + \dfrac{R(S) \cdot G_1 \cdot G_2}{1-G_2} = R(S) \cdot \dfrac{G_1 - (G_1 \cdot G_2) + (G_1 \cdot G_2)}{1-G_2}$

$\dfrac{C(S)}{R(S)} = \dfrac{G_1}{1-G_2}$

**20** 응답이 최초로 목표값의 50%에 도달하는 데 소요되는 시간을 무엇이라 하는가?

① 상승시간　　　　　　　　　　② 지연시간
③ 정정시간　　　　　　　　　　④ 응답시간

> **해설**
>
> • **상승시간** : 응답이 처음으로 희망값에 도달하는 시간
> • **지연시간** : 계단응답이 최종값의 50%까지 도달하는 데 필요한 시간

---

## 과목 ② 용접 및 안전관리

**21** 다음은 용접부의 예열 목적에 대한 설명으로 틀린 것은?

① 용접부의 기계적 성질을 향상시킨다.
② 용접부의 열영향부와 용착금속의 경화를 방지한다.
③ 온도 분포를 완만하게 하여 변형과 잔류 응력 발생을 적게 한다.
④ 탄소의 방출을 용이하게 하여 저온 균열을 방지한다.

> **해설**
>
> • **예열의 목적**
>   – 금속의 균열을 방지하고 용접 품질을 개선할 수 있다.
>   – 재료를 가공하기 전에 그 재료의 온도를 높여서 가공성을 향상시키고, 내부 응력을 줄이며, 재료의 변형을 방지하기 위함도 있다.
>   – 저온균열이 일어나기 쉬운 재료의 경우 예열이 필요하다.

**22** 탄산가스 용접에 관련한 설명으로 틀린 것은?

① 솔리드 와이어 용착률은 90~95%에 달한다.
② 와이어 돌출길이는 200A 이하에서는 15~25mm 정도로 한다.
③ 전압을 높이면 비드가 넓어진다.
④ 전류를 높이면 아크 전압도 함께 높여 주어야 한다.

**해설**

200A 이하에서는 10~15mm 정도가 적당하다.

**23** 다음은 테르밋 용접의 특징이다. 설명 중 맞지 않는 것은?

① 이동을 할 수 없고 전기가 필요하다.
② 용접용 기구가 간단하고 설비비가 싸다.
③ 용접하는 시간이 비교적 짧다.
④ 용접작업 후 변형이 적다.

**해설**

- **테르밋 용접의 특징**
  - 용접 작업이 단순하고 작업 장소의 이동이 쉽다.
  - 용접용 기구가 간단하고 설비비가 저렴하다.
  - 용접 작업 후 변형이 적다.
  - 전력이 필요하지 않다.
  - 용접시간이 비교적 짧다.

**24** 다음 중 탄산가스 아크 용접봉의 심선에 첨가된 탈산제로 맞는 것은?

① Mn
② CaO
③ $CaF_2$
④ $H_2$

**해설**

- **심선(Core Wire)** : 저탄소 림드강이 주로 사용됨
  - 화학성분 : 탄소(C), 규소(Si), 망간(Mn), 인(P), 황(S), 구리(Cu)
  - 망간 : 균열을 방지하고 탈산제 성분으로 이용됨
  - 황 : 고온 균열을 일으킴
  - CaO : 산화칼슘, $CaF_2$ : 플루오르화 칼슘, $H_2$ : 수소

**25** 불활성 가스 텅스텐 아크 용접의 특징으로 다음 중 틀린 것은?

① 플럭스가 불필요하여 비철금속 용접이 용이하다.
② 후판 용접 시에는 타 아크용접에 비해 능률이 높다.
③ 슬래그 제거가 불필요하고 깨끗한 비드를 얻을 수 있다.
④ 가스용접의 용착부에 비해 연성, 강도, 내식성이 우수하다.

**해설**

| TIG 용접 | MIG 용접 | CO2 용접 |
|---|---|---|
| – 얇은 재료에 적합(보통 6mm 이하)<br>– 마무리가 필요 없는 깔끔한 용접이 가능<br>– 품질이 좋은 반면 속도가 느림<br>– 숙련된 기술이 필요함<br>– 텅스텐 전극을 사용 | – 용접 수행이 쉽다.<br>– 빠르게 용접 가능하다.<br>– 두꺼운 재료에 알맞다. | – 빠른 속도로 용접 가능<br>– 품질이 상대적으로 떨어짐<br>– 금속 전극을 사용 |

**26** 다음 중 아크 절단법의 분류로 틀린 것은?

① 금속 아크 절단
② 플라즈마 제트 절단
③ 수중 절단
④ 아크 에어 가우징

**해설**

• **아크 절단법** : 아크에너지를 이용한 절단법
  – 플라즈마 절단, MIG 절단, 아크에어 절단, 아크 톱 절단법 등이 있다.
• **아크에어 가우징** : 탄소 전극봉을 사용하여 용접물에 아크를 발생시켜 가열하고 고압의 공기를 불어 공기 중에 산소가 녹은 쇳물을 산화시키면서 불필요한 금속부를 제거하는 작업이다.
• **수중 절단** : 수소와 산소를 이용한 특수 절단법이다.

**27** 가스 용접에서 사용하는 용기에 대한 설명으로 다음 중 옳은 것은?

① 산소는 산소 용기에 15℃, 15기압의 저압으로 충전된다.
② 산소 용기의 최고 충전압력은 TP로 표시한다.
③ 수소가스 용기의 도색은 청색이다.
④ 프로판 가스 용기의 내압시험은 압력 $30kgf/cm^2$ 이상이다.

해설

- 산소 용기의 최고 충전압력(FP) 15.0MPa, 내압 시험압력(TP) 25.0MPa이며, 실제 산소 용기 충전소에서 용기에 충전되는 산소의 압력은 약 12.0MPa(118.43atm)이다.
- 산소 용기 : 녹색, 수소 용기 : 주황색, 아세틸렌 용기 : 노란색, 탄산가스 용기 : 청색, 질소 용기 : 회색
- 산소 용기에 산소 충전압력과 온도 : 35℃, 150atm = 150kgf/cm² = 14.7MPa
  30kgf/cm² = 295N/cm² = 2.94MPa = 30atm(기압)

28 롤러 전극 사이에서 이루어지고 있으며 강관과 같은 파이프 제조에 쓰이는 용접법은?

① 매시 심용접(Mash Seam Welding)
② 프로젝션 용접(Projection Welding)
③ 맞대기 심용접(Butt Seam Welding)
④ 플래시 용접(Flash Welding)

해설

심 용접(seam welding)은 원판상의 롤러 전극 사이에 용접할 2장의 판을 두고 가압 통전하여 전극을 회전시키면서 연속적으로 점용접을 반복하는 방법으로 용접관 용접에 적당하다.

29 아크열에 의한 모재의 용입에서 용융지의 깊이(Penetration)에 영향을 주는 인자로 틀린 것은?

① 전류량
② 용접봉의 지름과 운봉속도
③ 극성
④ 용착 금속의 양

해설

- 용입 깊이에 영향을 주는 주요 인자로는 용접되는 금속의 종류, 금속의 두께, 필요한 용입량, 기초 재료의 표면 상태(기름, 녹, 밀스케일의 존재), 예열 사용 여부, 전극 직경 등
- 용융 깊이에 큰 영향을 주는 요소는 전류량, 용접속도이다. 그 외에 극성, 봉의 크기의 영향 있음
- 용착금속의 양은 용접 전류에 의해 제어되며, 이로 인한 침투 깊이에 영향을 받는다. 전류의 강도가 높을수록 전극의 녹는 속도와 기본 재료로의 침투 깊이가 증가하게 된다. 용착금속의 양 자체가 용입 깊이에 직접적인 영향을 주는 것은 아니다.

**30** 용접 결함 중 용접사에 의해 발생하는 결함이라 할 수 없는 것은?

① 라미네이션                ② 언더컷

③ 용입불량                 ④ 크레이터 균열

**해설**

- **용접사에 의해 발생할 수 있는 용접 결함**
  - 기공성(Porosity) : 용접부의 오염으로 발생
  - 언더컷(Undercutting) : 용접부의 가장자리가 불규칙하게 파여져서 발생
  - 불완전 침투(Incomplete Penetration) : 용접재료가 기초재료에 완전히 침투하지 못해 발생
  - 균열(Cracks) : 용접 중 또는 용접 후에 발생
  - 불완전 융합(Incomplete Fusion) : 용접재료가 기초재료와 완전히 융합되지 않아 발생
  - 슬래그 포함(Slag Inclusions) : 용접 슬래그가 용접 부 내에 남아있어 발생
- **라미네이션 결함** : 금속재 내부에 존재하는 층상 박리 결함으로, 주로 압연이나 단조 과정에서 개재물·기공 등이 연신되어 발생하며, 구조적 강도를 크게 저하시키는 위험한 내부 결함이다.

**31** 다음 중 방사선 투과검사의 특징에 대한 설명으로 적합하지 않은 것은?

① 검사의 신뢰성이 높다.

② 모재가 두꺼워지면 검사가 어렵다.

③ 내부 결함 검출에 용이하다.

④ 모든 용접 재질에 적용이 가능하다.

**해설**

- **방사선 투과검사의 특징**
  - 거의 모든 재질에 대해 적용이 가능하다.
  - 결함의 종류, 형상을 판별하기 용이하고 영구보존 가능하다.
  - 라미네이션이나 기울어져 있는 균열 등은 검출하기 어렵다.
  - 제품의 형상이 복잡한 경우에는 검사하기 어렵다.
  - 방사선 위험 때문에 안전관리의 주의를 요한다.
  - 고가의 검사 비용이 든다.

**32** 자기 탐상 검사법에서 시험체에 자화를 시킬 때, 일반적으로 표면 결함검출에 적용하는 전원 형태로 다음 중 맞는 것은?

① 직류
② 직류 정극성
③ 교류
④ 직류 역극성

해설

· **표면 결함 검출** : 교류
· **내부 결함 검출** : 직류

**33** 다음 비파괴 검사법 중 가장 신뢰성이 높은 검사는?

① 와류 탐상검사
② 방사선 탐상검사
③ 육안 검사
④ 자분 탐상검사

해설

· **와류 탐상검사** : 튜브 재료, 얇은 용접, 표면 결함 검사에 적합
· **초음파 검사** : 부식 평가, 벽두께 측정 및 더 두꺼운 용접 검사에 유용
· **방사선 탐상검사와 초음파 검사** : 모두 용접 및 재료의 비파괴 검사에 신뢰도가 있으며, 정확한 판독을 보장하고 위험을 피하기 위해 높은 기술 수준과 훈련이 필요
· **육안 검사** : 가장 기본적인 방법이고, 다른 방법들에 비해 제한적이다.

**34** 다음 중 위험점의 5요소에 해당하지 않는 것은?

① 접촉
② 행정
③ 함정
④ 충격

해설

· **위험점 5요소** : 함정(Trap), 충격(Impact), 접촉(Contact), 말림(얽힘), 튀어나옴(Ejection)

**35** 안전하게 통행할 수 있는 통로의 조명은 몇 럭스(lx) 이상이 적당한가?

① 15                    ② 40
③ 30                    ④ 75

해설

- **제21조(통로의 조명)** 사업주는 근로자가 안전하게 통행할 수 있도록 통로에 75럭스 이상의 채광 또는 조명시설을 하여야 한다.
- **초정밀 작업** : 750lx 이상, **정밀 작업** : 300lx 이상, **보통 작업** : 150lx 이상, **기타 작업** : 75lx 이상

**36** 밀폐된 탱크 안의 용접 작업 시 안전사항으로 잘못된 설명은?

① 감전에 주의한다.
② 방진 또는 방독 마스크를 착용한다.
③ 고압 산소로 청소한다.
④ 국소 배기 장치를 설치한다.

해설

- 탱크와 같은 밀폐공간이나 작업할 시에 환기를 철저히 해야 하며 2인 1조 작업을 원칙으로 한다.
- 용접 작업을 하는데 고압의 산소를 뿌리면 화재발생 위험이 높아지므로 해서 안 된다.

**37** 다음 중 감전 재해의 주요 원인과 가장 거리가 먼 것은?

① 비가 오는 환경이나 젖은 장갑, 작업복을 입고 용접하는 경우
② 용접 중 홀더가 신체에 접촉될 때나 홀더에 용접봉을 고정할 때
③ 건조한 상태에서 스위치를 조작하거나 전원 스위치를 OFF한 후 용접기를 수리할 때
④ 1차 측과 2차 측의 손상된 케이블에 접촉된 경우

해설

- 감전 재해 원인에 대한 몇 가지 예를 들면 다음과 같다.
  - 피복이 벗겨진 전선을 사용하는 경우
  - 충전부의 감전 방호조치를 하지 않았을 경우
  - 전기 · 기계 · 기구의 미 접지 상태에 있을 경우
  - 전기 · 기계 · 기구의 절연 상태 불량일 경우

**38** 용접 작업 안전에 관한 내용으로 다음 중 틀린 것은?

① 용접봉 홀더는 B형보다는 A형 홀더를 사용하여야 한다.
② 절연 홀더의 절연 부분 파손 시 작업 완료 후 보수하거나 교체한다.
③ 땀이나 물에 의해 젖은 작업복, 장갑, 작업화를 착용하지 않는다.
④ 아크 용접기에는 전격 방지기를 부착하여 사용한다.

- 감전 재해를 방지하기 위하여 홀더는 용접봉을 물어주는 부분을 제외하고는 절연 처리된 절연형 홀더를 사용한다.
- 용접봉 홀더의 절연 커버가 파손된 것은 즉시 교체하여야 한다.
- **용접봉 홀더 A형** : 손잡이 부분을 포함하여 전체가 절연된 것. **B형** : 손잡이 부분만 절연된 것.

**39** 다음 중 회전 중인 숫돌의 위험 방지를 위한 가장 적절한 안전장치는 무엇인가?

① 기동 스위치에 시건 장치를 한다.
② 급정지 장치를 한다.
③ 집진 장치를 한다.
④ 덮개를 설치한다.

연삭기의 숫돌 주위에 덮개를 설치하여 칩이 튀거나 비산되지 않도록 한다.

**40** 다음 중 산업안전 실천의 효과에 해당하지 않는 것은?

① 산업 설비의 손실을 감소시킬 수 있다.
② 생산성을 감소시킬 수 있다.
③ 생산재의 손실을 축소시킬 수 있다.
④ 인명 피해를 예방할 수 있다.

산업안전 실천으로 실질적인 생산성을 증가시킬 수 있다.

## 과목 ③ 기계 설비 일반

**41** 그림은 축과 구멍이 끼워맞춤을 나타낸 도면이다. 중간끼워맞춤을 적용했을 때 맞는 표현은?

① 축 $-\phi12k6$, 구멍 $-\phi12H7$
② 축 $-\phi12h6$, 구멍 $-\phi12G7$
③ 축 $-\phi12e8$, 구멍 $-\phi12H8$
④ 축 $-\phi12h5$, 구멍 $-\phi12N6$

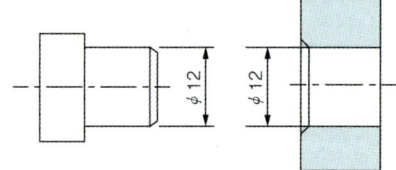

**해설**

- 구멍 기준식 기호 : H7, 중간끼워맞춤 : k6
- 중간끼워맞춤 기호 : js, k, m

**42** 다음 도면에 대한 설명으로 맞는 것은?

① 회전도시 단면도를 이용하여 키홈을 표현하였다.
② 반복되는 형상을 모두 나타냈다.
③ 대칭되는 도형을 생략하여 도시하였다.
④ 부분 확대하여 도시하였다.

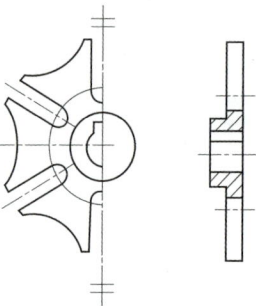

**해설**

문제의 도면을 보면 좌우대칭도임을 알 수 있다.
대칭기호로 대칭 중심선의 양 끝 부분에 짧은 두 개의 나란한 가는 실선으로 표시하여 그린다.

**43** 다음 보기의 설명에 적합한 기하공차 기호로 맞는 것은?

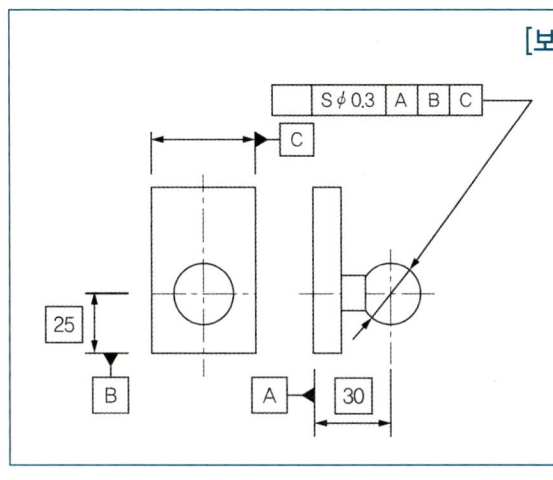

[보기]

구 형상의 중심은 테이텀 평면 A로부터 30mm, B로부터 25mm 떨어져 있고, 데이텀 C의 중심선 위에 있는 점의 위치를 기준으로 지름 0.3mm 구 안에 있어야 한다.

①

② ∠

③ ⊥

④ ◎

**해설**

⊕ : 위치도          ∠ : 경사도

⊥ : 직각도          ◎ : 동축도(동심도)

**44** 다음과 같은 척도의 표시 중에서 배척을 나타낸 것은?

① 2 : 1                    ② 1 : $\sqrt{2}$

③ 1 : 5                    ④ 1 : 1

**해설**

• 현척 1:1
• 축척 1:$\sqrt{2}$, 1:5

**45** 다음은 금속재료의 파괴 형태를 설명한 것이다. 파괴 형태가 다른 것은 무엇인가?

① 외부 힘에 의해 국부 수축 없이 갑자기 발생하는 단계로 취성파단이 나타난다.
② 인장시험 시 컵-콘(원뿔) 형태로 파괴된다.
③ 균열의 전파 전 또는 전파 중에 상당한 소성변형을 유발한다.
④ 미세한 공공 형태의 딤플 형상이 나타난다.

**해설**

- **파괴의 형태** : 연성파괴, 취성파괴, 피로파괴 등이 있다.
- **연성파괴** : 정적하중에 의해 수반된 소성변형에 의한 파괴, 외력을 증가시키지 않는 한 균열은 성장하지 않으며 갑자기 발생하지 않으므로 취성파괴보다 안전하다.
- **취성파괴** : 균열이 발생하며 소성변형의 동반 없이 매우 빠른 속도로 균열의 전파가 발생한다. 취성 재료의 표면은 큰 결정립을 가지고 있고 취성파괴 면은 벽개면이라고 하는 결정면을 따라 파괴가 일어나며 그 파괴면을 관찰해 보면 물의 흐름 모양을 띠게 되는데 이것이 균열 성장 방향과 일치한다.
- **피로파괴** : 반복 수직하중의 작용을 최대인장강도의 초과로 인해 균열을 발생시켜 파괴가 일어나는 현상

**46** 마텐자이트(Martensite) 변태의 특징에 대한 설명으로 잘못된 것은?

① 마텐자이트의 결정 내에는 격자결함이 존재한다.
② 마텐자이트 변태는 확산 변태이다.
③ 마텐자이트 변태는 협동적 원자운동에 의한 변태이다.
④ 마텐자이트는 고용체의 단일상이다.

**해설**

강의 상변태는 마텐자이트 변태만을 제외하고는 확산을 동반하는 확산변태(diffusion transformation)이다. 마텐자이트는 담금질 처리로 가열된 재료를 물 등으로 급랭 처리하여 경도를 증가시킨 열처리이다.

**47** 금속가공에 의하여 경도가 커지는 반면 연신율이 감소되는 성질과 관련이 있는 것은?

① 취성(brittleness)  ② 강도(strength)
③ 가공경화(work hardening)  ④ 인장강도(tensile strength)

**해설**

- **인장강도** : 인장하중이 작용할 때 단위 면적당 최대저항
- **강도** : 단위 면적당 저항
- **취성** : 재료의 여린 성질로 작은 충격에도 깨지는 특성을 갖는다.

**48** 게이지 블록(gauge block)의 취급방법으로 다음 중 적당하지 않은 것은?

① 녹을 막기 위하여 사용한 뒤에는 잘 닦아 방청유를 칠해 둘 것
② 신속한 측정을 위해 공작기계 위에 놓고 계속 사용할 것
③ 측정면은 깨끗한 천이나 가죽으로 잘 닦아 사용할 것
④ 먼지가 적고 건조한 실내에서 사용할 것

해설

• 게이지 블록 취급 방법
– 알코올이나 벤젠 등으로 세척 후 방청유를 발라 녹을 방지할 것
– 측정면은 깨끗한 천 또는 헝겊이나 가죽으로 잘 닦아 사용할 것
– 먼지가 적고 건조한 실내에서 사용할 것
– 블록게이지는 온도에 영향이 크므로 측정용 장갑을 사용할 것
– 돌기나 녹을 제거할 때는 오일스톤(#2000 이상)을 사용할 것

**49** 절삭가공에서 공구를 교환하기 위한 공구수명의 판정기준으로 다음 중 틀린 것은?

① 공구 인선의 마모가 없을 때
② 완성 가공물의 치수변화가 일정량에 달할 때
③ 절삭저항의 변화가 급격히 증가할 때
④ 가공면에 광택이 있는 색조 또는 반점이 생길 때

해설

절삭가공으로 공구인선의 마모가 발생하고 그 정도가 지나치게 되면 제품의 치수의 정확도가 떨어지게 된다. 이러한 현상으로 공구 인선의 마모는 공구 수명의 판단 기준이 되고 있다.

**50** 연삭 작업에서 연삭숫돌의 파괴 원인에 해당하지 않는 것은?

① 균열이 있는 숫돌차를 사용할 때
② 회전수가 규정 이상으로 고속일 때
③ 고정 시 플랜지를 너무 세게 조였을 때
④ 연삭숫돌의 옆에 붙은 종이를 떼지 않았을 때

> **해설**
>
> - **연삭숫돌의 파괴 원인**
>   - 숫돌의 회전속도가 너무 빠를 때
>   - 이미 숫돌 자체에 균열이 생겨 있을 때
>   - 숫돌의 측면을 사용 시 심하게 가압했을 때
>   - 숫돌의 내경 크기가 적당하지 않을 때
>   - 플랜지의 직경이 숫돌에 비해 현저히 작을 때
>   - 숫돌에 큰 충격을 줬을 때
>   - 숫돌의 회전 중심이 제대로 잡히지 않았을 때

**51** 절삭공구의 여유각이 작아 측면과 공작물과의 마찰에 의해 발생하는 마모를 무엇이라 하는가?

① 크레이터 마멸(crater wear)
② 구성인선(built-up edge)
③ 플랭크 마모(flank wear)
④ 치핑(chipping)

> **해설**
>
> - **구성인선(built-up edge)** : 연한 재료의 절삭 시 국부적인 고온, 고압에 의하여 공구의 절삭날에 가공물의 미소한 입자가 압착 또는 융착되고, 성장하고, 깨지고 다시 입자가 압착·용착되고 하는 현상이 반복되면 가공표면이 거칠게 가공되는 현상
> - 절삭공구의 파손 형태에는 치핑, 크레이터 마멸, 플랭크 마모 3가지가 있다. 플랭크 마모란 여유면 마모라고도 하며 절삭 공구의 플랭크(공구측면)가 절삭면에 평행하게 마모되는 것이다.

**52** 다음 금긋기 작업의 유의사항으로 잘못된 설명은?

① 기준면과 기준선을 설정하고 금긋기 순서를 결정한다.
② 같은 치수의 금긋기 선은 전후, 좌우 구분 없이 한 번만 긋는다.
③ 금긋기 선은 굵고 선명하도록 반복하여 긋는다.
④ 금긋기 선의 굵기는 일반적으로 0.07~0.12mm이다.

> **해설**
>
> 금긋기 작업 시 반복하여 그으면, 해당 부분에 마모가 발생할 수 있어 한 번에 정확히 긋는다.

**53** 볼트와 너트의 고착 원인으로 다음 중 잘못된 것은?

① 수분의 침입
② 부식성 가스의 침입
③ 부식성 액체의 침입
④ 유성 페인트의 도포

 **해설**

**고착 방지법** : 녹에 의한 고착을 방지하려면 우선 나사의 틈새에 부식성 물질이 침입하지 못하도록 산화 연분을 기계유로 반죽한 페인트를 나사 부분에 칠해서 죄는 방법이 쓰인다.

**54** 축의 동력 전달 방향을 바꾸는 기어에 해당하지 않는 것은?

① 헬리컬 기어
② 스파이럴 베벨기어
③ 하이포이드 기어
④ 웜 기어

**해설**

• **감속기의 종류**
  – 평행 축형 감속기 : 스퍼기어, 헬리컬 기어, 더블 헬리컬 기어
  – 교쇄 축형 감속기 : 직선 베벨 기어, 스파이럴 베벨 기어
  – 이물림 축형 감속기 : 웜 기어, 하이포이드 기어
• 헬리컬 기어 감속기는 평행 축형 감속기에 속하므로 축의 동력 전달 방향과 동일한 방향으로 감속이 이루어진다.

**55** 다음 중 체인이나 V-벨트에 비해 미끄럼이 거의 없어 정확한 회전비 전달이 가능하며, 자동차 엔진의 캠축 구동 등에 널리 사용되는 것은 무엇인가?

① 평벨트
② V-벨트
③ 체인
④ 타이밍 벨트

**해설**

• **평벨트** : 마찰력으로 동력을 전달, 장거리, 고속 구동에 유리하다. 단점으로 미끄럼(slip)이 발생하고 회전비 전달 정밀도가 낮다.
• **V-벨트** : V자 홈 풀리와 결합하여 미끄럼을 줄이고 전달력을 높일 수 있으나 완전한 무슬립 전달은 불가능하다.
• **체인** : 금속 링크가 맞물려 미끄럼은 없으나, 윤활 필요, 소음·진동이 크다. 자동차 캠축에도 일부 사용된다.

**56** 다음 중 나사 풀림 방지 방법으로 적당한 방법이 아닌 것은?

① 실 용접에 의한 방법
② 홈붙이너트와 분할핀 고정에 의한 방법
③ 스프링 와셔 또는 고무 와셔에 의한 방법
④ 록(Lock) 너트에 의한 방법

**해설**

• 나사 풀림 방지 방법
 – 홈 붙이 너트 분할핀 고정에 의한 방법
 – 절삭 너트에 의한 방법
 – 로크너트에 의한 방법
 – 특수너트에 의한 방법
 – 와셔에 의한 방법
※ 실용접은 용접의 표현이다. 실용접(實熔接)이라는 표현은 모재(母材)와 용가재가 실제로 녹아서 금속결합이 이루어지는 용접을 의미한다.

**57** 볼 베어링에서 베어링 하중을 1/2로 하면 수명은 몇 배로 변화하는가?

① 4배　　　　　　　　　　② 6배
③ 8배　　　　　　　　　　④ 10배

**해설**

• 볼베어링의 수명(회전수)

$$L = (\frac{C}{P})^3 \times 10^6, \quad C : 동적부하용량, \ P : 등가하중$$

**58** 전동기 베어링부의 발열 원인으로 다음 중 적합하지 않은 것은?

① 커플링의 중심내기 불량에 의한 것
② 윤활제 부족에 의한 것
③ 베어링 조립 불량에 의한 것
④ 절연물의 열화에 의한 것

해설

- **베어링부의 발열 원인** : 윤활불량, 과대 하중, 회전속도의 과대, 클리어런스 과소, 물 또는 이물질 침입, 축과 하우징의 정도 불량, 축의 휨 과대 등

**59** 송풍기의 양쪽 벨트 풀리의 축간거리가 멀거나, 고속회전을 할 때 벨트가 위 아래로 파도치는 현상을 무엇이라 하는가?

① 플래핑 현상
② 채터링 현상
③ 캐비테이션 현상
④ 점핑 현상

해설

- **점핑 현상** : 유량 제어 밸브 등에서 유체가 처음 흐르기 시작할 때 유량이 과도적으로 설정값을 넘어서는 현상
- **채터링 현상** : 엔진이 고속으로 회전할 때 접점의 개폐 속도가 대단히 빨리 닫힐 때의 충격으로 인해 불규칙한 진동이 발생하는 현상
- **캐비테이션 현상** : 수차나 펌프 등에 있어서 임펠러 입구의 정압이 그 수온에 상당하는 포화증기압 이하로 될 때 발생하며, 펌프의 성능이 저하하고 소음 및 진동이 발생하는 현상

**60** 감속기에 사용하는 평기어 언더컷을 방지하는 방법으로 다음 중 틀린 것은?

① 잇수비를 작게 한다.
② 압력각을 20도 이상으로 증가시킨다.
③ 이 높이가 높은 기어로 제작한다.
④ 기어의 잇수를 한계 잇수 이상으로 설정한다.

해설

- **언더컷 방지대책**
  - 이의 높이를 줄여서 압력각을 20도 이상으로 증가시킨다.
  - 한계 잇수 이상으로 제작하거나 이의 높이가 낮은 것을 사용한다.
  - 전위 기어를 만들어 사용한다.

## 과목 4 설비 진단 및 관리

**61** 진동 에너지를 표현할 때 가장 적절한 표현 방식으로 맞는 것은?

① 양진폭
② 평균값
③ 실효값
④ 편진폭

> **해설**
>
> - **실효값** : 임의 주기파의 순시값의 1주기에 걸치는 평균값의 평방근을 의미하며, 진동의 에너지를 표현할 때 적합한 값이다.
> - **양진폭** : 최대값으로서 기계 부속이 최대 응력, 기계 공차 측면에서 진동 변위가 중요시될 때 사용된다.
> - **평균값** : 순간 측정값 자체의 시간 평균을 구한 값이며, 시간에 대한 변화량을 표시하지만 실제적으로 사용 범위가 국한된다.
> - **편진폭** : 짧은 시간 충격 등의 크기를 나타내기에 유용하나, 단지 최대값 만을 표시할 뿐이며 시간에 대해 변화량은 나타나지 않는다.

**62** 다음 소음방지대책에 관한 설명으로 옳은 것은?

① 기계주위에 차음벽을 설치하며, 투과율은 흡수에너지와 투과된 에너지의 비로 나타낸다.
② 흡음재를 사용하며, 재료의 흡음률은 흡수된 에너지와 입사에너지와의 비로 나타낸다.
③ 차음효과를 증가시키기 위하여 차음벽의 무게와 주파수를 2배 증가시키면 투과손실은 오히려 감소한다.
④ 차음벽의 무게나 내부 감쇠에 의한 차음효과는 주파수가 증가함에 따라 감소한다.

> **해설**
>
> - 투과율은 입사에너지와 투과된 에너지의 비로 나타낸다.
> - 단일 벽인 경우 질량 법칙에 따라 벽체의 질량이나 주파수가 2배로 증가하면 투과 손실도 비례하여 6dB씩 증가하게 된다.
> - 차음효과는 주파수가 증가함에 따라 증가한다.

**63** 설비 진단 기술에 관한 설명으로 다음 중 틀린 것은?

① 설비의 성능을 평가하고, 수명을 예측하는 기술이다.
② 설비의 열화를 검출하는 기술이다.
③ 현재 설비 상태를 파악하고, 고장 원인을 찾는 기술이다.
④ 설비의 생산량 증가 방법을 찾는 기술이다.

**해설**

설비 진단 기술이란 설비의 스트레스, 고장, 열화를 검출하고, 강도 및 성능을 정량적으로 파악하여 이상원인 등 정비수행 범위를 결정하는 행위라 할 수 있다.

**64** 다음 중 진동현상을 설명하기 위해 사용하는 진동계의 기본요소에 포함되지 않는 것은?

① 고유진동수
② 질량
③ 스프링(강성)
④ 감쇠

**해설**

진동계의 기본요소는 힘, 질량, 스프링, 감쇠이다.

**65** 크고 작은 두 소리를 동시에 들을 때 큰 소리만 듣고 작은 소리는 듣지 못하는 현상은?

① 도플러 효과
② 마스킹 효과
③ 음의 반사 효과
④ 거리 감쇠 효과

**해설**

- **도플러 효과** : 음원이 이동할 경우 음원이 이동하는 방향 쪽에서는 원래 음보다 고주파 음으로 들리고, 음이 이동하는 반대쪽에서는 저주파 음으로 들리는 현상
- **음의 반사 효과** : 실내에서 벽, 천장, 마루 등의 반사요소에 의해 소리가 반사되어 음이 나오는 효과
- **거리 감쇠 효과** : 방사된 음 등이 공간 속을 전파할 때 음원으로부터의 거리와 더불어 음의 세기가 감소해 가는 현상

**66** 회전수가 100rpm 이상의 기어에 진동을 이용하여 진단을 할 경우 진단 대상에 포함되지 않는 것은?

① 스퍼기어
② 헬리컬기어
③ 웜기어
④ 직선베벨기어

**해설**

- **회전수 100rpm 이상의 기어의 종류**
  - 스퍼기어, 헬리컬 기어, 더블 헬리컬 기어, 직선 베벨기어 등
- 웜기어는 2개의 축이 교차하지도 평행하지도 않은 기어로서 진단 대상이 되지 않는다.

**67** 회전기계에서 주파수 영역에 따라 발생하는 이상 현상에 해당하지 않는 것은?

① 저주파 – 회전자(rotor)의 축심 회전의 질량분포가 부적정하여 발생하는 진동
② 저주파 – 기초 볼트 풀림이나 베어링 마모로 인해서 발생되는 풀림
③ 고주파 – 유체기계에서 국부적 압력 저하에 의하여 기포가 발생하는 공동현상으로 인한 진동
④ 고주파 – 강제 급유되는 미끄럼 베어링을 갖는 회전자(Rotor)에서 발생되는 오일 휩

**해설**

- 회전기계에서 발생하는 이상 현상에 대한 저주파 영역
  - 언밸런스 : 축의 무게 중심이 기하학적인 중심과 일치하지 않을 때 발생
  - 미스얼라인먼트 : 커플링으로 연결되어 있는 2개의 회전축의 중심선이 엇갈려 있을 경우
  - 풀림 : 기초 볼트 풀림이나 베어링 마모 등에 의하여 발생함
  - 오일휩 : 강제 급유되는 미끄럼 베어링을 갖는 로터에서 발생
- 회전기계에서 발생하는 이상 현상에 대한 중간주파 영역
  - 압력맥동 : 펌프, 블로어의 압력 발생기구에서 임펠러가 벌류트 게이트 상부를 통과할 때 발생
  - 러너 블레이드 통과 진동 : 축류식 혹은 원심식 압축기, 터빈의 운전 중에 동·정익 간의 간섭, 임펠러와 확산과의 간섭, 노즐과 임펠러의 간섭에 의하여 발생
- 회전기계에서 발생하는 이상 현상에 대한 고주파 영역
  - 공동현상 : 유체기계에서 국부적 압력 저하에 의하여 기포가 생기며 고압부에 도달하면 파괴하여 일반적으로 불규칙한 고주파진동 음향이 발생
  - 유체음 진동 : 유체기계에서 압력 발생 기구의 이상, 실기구의 이상 등에 의하여 발생하는 와류의 일종으로서 불규칙성의 고주파진동 음향이 발생

**68** 음에 관한 설명으로 다음 중 틀린 표현은?

① 방음벽 뒤에서도 음을 들을 수 있는 것은 음의 회절현상 때문이다.
② 장애물이 파장보다 작을 경우 음파의 회절이 안 된다.
③ 음파가 한 매질에서 타 매질로 통과할 때 구부러지는 현상을 음의 굴절이라고 한다.
④ 음파가 장애물에 입사되면 일부는 반사되고, 일부는 장애물을 통과하면서 흡수되고, 나머지는 장애물을 투과하게 된다.

**해설**

**음의 회절(Diffraction of Sound)** : 소리가 장애물이나 틈을 만났을 때, 소리의 파장과 비교하여 장애물이 작거나 틈이 좁지 않을 경우, 음파가 장애물 뒤쪽으로 휘어 들어가 전파되는 현상이다. 따라서 장애물이 파장보다 작거나 비슷한 경우 회절이 잘 일어나고, 장애물이 파장보다 훨씬 크면 그림자 영역이 뚜렷해져 회절은 거의 일어나지 않는다.

**69** 다음 중 진동차단에 이용되는 재료에 해당하지 않는 것은?

① 스프링

② 고무

③ 패드

④ 콘크리트

해설

- 진동차단재료가 갖추어야 할 조건
  - 강성이 충분히 작아서 차단 능력이 있어야 한다.
  - 강성은 작되 걸어준 하중을 충분히 지지할 수 있어야 한다.
  - 온도, 습도, 화학적 변화 등에 의해 견딜 수 있어야 한다.

**70** 진동에 관한 설명으로 다음 중 부적절한 것은?

① 진동하는 동안 마찰이나 저항으로 인하여 시스템의 에너지가 손실되지 않는 진동을 감쇠진동이라 한다.

② 진동계의 기본요소들이 모두 선형적으로 작동할 때 야기되는 진동을 선형진동이라 한다.

③ 시스템을 외력에 의해 초기교란 후 그 힘을 제거하였을 때 그 시스템이 자유진동을 하는 진동수를 고유진동수라 한다.

④ 어떤 시스템이 외력을 받고 있을 때 야기되는 진동을 강제진동이라 한다.

해설

- 감쇠란 파동이나 입자가 물질을 통과할 때 에너지 또는 입자의 수가 감소하는 현상이다.
- 진동하는 동안 마찰이나 저항으로 인하여 시스템의 에너지가 손실되어 진동이 줄어드는 것을 감쇠진동이라 한다.

**71** 다음 치공구 관리의 기능 중 계획단계에서 행해져야 하는 것은?

① 공구의 제작 및 수리

② 공구의 검사

③ 공구의 보관과 대출

④ 공구의 연구시험

해설

계획단계란 아직 공구가 만들어지기 전 어떻게 만들 것인가에 대한 계획을 하는 단계이기 때문에 보기의 ①, ②, ③는 공구가 이미 제작되고 난 후의 행해지는 것이므로 공구의 연구시험이 계획단계에 해당된다.

**72** 자주보전의 전개 단계 중 발생원인, 곤란개소 대책은 다음 중 어떤 단계인가?

① 제 1 단계
② 제 2 단계
③ 제 4 단계
④ 제 6 단계

> **해설**
>
> ※ **자주보전 7단계**
> • 제 1 단계 : 초기 청소
> • 제 2 단계 : 발생원인, 곤란개소 대책
> • 제 3 단계 : 청소, 급유 기준의 작성과 실시
> • 제 4 단계 : 총 점검-매뉴얼 활용 및 교육
> • 제 5 단계 : 자주 점검-체크시트 마련
> • 제 6 단계 : 자주보전의 시스템화-정리 및 정돈의 표준화
> • 제 7 단계 : 철저한 자주관리

**73** 다음 중 유용성(Availability)에 대한 설명으로 옳은 것은?

① 어떤 특정 환경과 운전 조건하에서 어느 주어진 시점 동안 명시된 특정 기능을 성공적으로 수행할 수 있는 확률
② 대상물이 사용되어 처음 고장이 발생할 때까지의 평균시간
③ 어느 특정 순간에 기능을 유지하고 있는 확률
④ 수리 가능한 체계나 설비가 고장난 후 규정된 조건에서 수리될 때 규정시간 내에 수리가 완료될 확률

> **해설**
>
> • 유용성이란 신뢰도와 보전도를 종합한 평가 척도, "어느 특정 순간에 기능을 유지하고 있는 확률"을 의미한다.
> • MTFF(Mean Time to First Failure) : 첫 고장까지의 평균시간, 대상물이 사용되어 처음 고장이 발생할 때까지의 평균시간
> • **보전성** : 수리 가능한 체계나 설비가 고장난 후 규정된 조건에서 수리될 때 규정시간 내에 수리가 완료될 확률
> • **신뢰성** : 어떤 특정 환경과 운전 조건하에서 어느 주어진 시점 동안 명시된 특정 기능을 성공적으로 수행할 수 있는 확률

**74** 효율적인 열관리 방법에 관한 내용으로 거리가 가장 먼 것은?

① 설비의 열사용 기준을 정해 열효율 향상을 도모해야 한다.
② 연료는 가격이 저렴하고 쉽게 확보 할 수 있어야 한다.
③ 열 설비는 성능유지 및 향상을 위한 관리가 중요하다.
④ 열관리의 효과를 높이기 위해서는 공장 간부와 일부 관계자 만에 의한 집중관리가 필요하다.

 **해설**

열관리의 효과를 높이기 위해서는 전 직원의 전사적인 관리가 필요하다.

**75** 설비보전 조직 형태 중 집중보전의 장점으로 다음 중 적합한 내용이 아닌 것은?

① 보전 요원의 관리 감독이 용이하다.
② 보전 작업에 필요한 인원의 동원이 용이하다.
③ 긴급작업이나 새로운 작업 시 신속히 처리할 수 있다.
④ 특수 기능자를 효과적으로 이용할 수 있다.

**해설**

- **집중보전의 특징**
  - 공장의 모든 보전요원을 한사람의 관리자 밑에 조직한다.
  - 모든 보전을 집중 관리하는 보전방식
- **집중보전의 장점**
  - 충분한 인원동원이 가능
  - 다른 기능을 가진 보전원을 배치
  - 긴급작업, 고장, 새로운 작업을 신속히 처리
  - 특수 기능자를 효과적으로 이용
  - 1인 보전에 관한 전 책임을 짐
  - 자본과 새로운 일에 대하여 통제가 보다 확실
  - 보전원의 기능 향상을 위하여 훈련이 보다 잘 행해짐
- **집중보전의 단점**
  - 보전요원이 공장 전체에서 작업을 하기 때문에 적절한 관리감독을 할 수 없음
  - 작업표준을 위한 시간손실이 많음
  - 일정작성이 곤란
  - 작업의뢰와 완성까지의 시간이 김
  - 보전원이 각종 생산 작업에 대하여 우선순위를 가짐

**76** 다음 중 윤활 관리의 경제적 효과로 타당한 설명은?

① 윤활제 소비량의 증가효과
② 기계 및 설비의 유지관리에 필요한 보수비용 절감효과
③ 고장으로 인한 생산성 및 기회손실의 증가효과
④ 설비의 수명감소로 인한 설비 투자비용의 절감효과

**해설**

- **윤활 관리의 경제적 효과**
  - 윤활유 사용 소비량의 절약
  - 마찰감소에서 오는 에너지 소비절감
  - 폐자원의 이용 등의 효과
  - 기계고장으로 인한 생산중지 중의 파급손실 예방
  - 동 수리비의 절감
  - 수명연장으로 기계설비손실액의 절감
  - 기계의 효율향상 및 정밀도 유지
  - 노동의 절감

**77** 미끄럼 베어링 급유법 중 유욕식의 분류에 포함되지 않는 것은?

① 링 급유                    ② 원심 급유
③ 비말 급유                  ④ 체인 급유

**해설**

- **미끄럼 베어링의 급유법**
  - 전손식 : 적하 급유, 원심 급유 등에 사용하며, 적은 급유량으로도 윤활이 가능할 때 사용하여 운전 속도가 낮을 때 사용된다.
  - 유욕식 : 링 급유, 체인 급유, 컬러 급유, 비말 급유 등에 사용
  - 순환식 : 베어링의 온도가 상승한 경우 냉각시키기 위하여 사용

**78** 압축기 내부 윤활유의 요구 성능으로 가장 부적합한 내용은?

① 부식 방지성이 좋을 것           ② 적정한 점도를 가질 것
③ 산화안정성이 양호할 것          ④ 생성 탄소가 경질일 것

해설

- **압축기 내부 윤활유의 요구 성능**
  - 열, 산화 안정성이 양호할 것
  - 생성 탄소가 연질이고 제거가 쉬울 것
  - 적정 점도를 가질 것
  - 부식 방지성이 좋을 것
  - 금속 표면에 대한 부착성이 좋을 것

**79** 다음 중 윤활제의 오염도를 분석하기 위한 오염 정도 측정법에 해당하지 않는 것은?

① 연소법
② 오염 지수법
③ 계수법
④ 중량법

해설

- **작동유의 오염도를 측정하는 방법**
  - 중량법 : 시료유 100ml 중의 오염 물질의 중량 측정
  - 계수법 : 시료유 100ml 중의 오염 물질의 크기, 개수를 측정
  - 오염 지수법 : 오일 중의 미립자 또는 젤라틴상의 물질에 따라 필터의 눈이 막혀 여과 시간의 변화 현상을 이용하는 방법
  - 수분측정법 : 크실렌 등의 용제와 혼합한 시료를 가열, 증류하여 검수관에서 분리된 수분을 측정하여 시료에 대한 용량 또는 중량으로 표시한다.
  - 기포성 측정법 : 기포성이란 규정 온도에서 5분간 공기를 불어넣은 직후의 거품양이고, 기포 안정도란 기포도를 측정한 다음 10분간 방치한 후의 거품양이다.

**80** 기름 중에 함유되어 있는 유리 유황 및 부식성 물질로 인한 금속의 부식 여부에 관한 시험을 무엇이라 하는가?

① 잔류탄소 시험
② 황산회분 시험
③ 동판부식 시험
④ 산화안정도 시험

해설

- **잔류탄소 시험** : 잔류탄소란, 기름의 증발, 오일을 공기가 부족한 상태에서 불완전 연소시켜 열분해 후에 발생되는 탄화 잔류물이다. 규정된 장치나 방법에 의해 공기의 유통을 막고 가열해 잔류하는 탄소상 물질의 양을 구하고, 시료에 대한 중량 백분율로 결과를 나타내는 시험
- **황산회분 시험** : 시료가 연소하고 남은 탄화 잔류물에 황산을 가하여 가열한 후 황량으로 된 회분이다. 따라서 황산회분 시험은 윤활유의 첨가제를 정량적으로 측정하는 시험
- **산화안정도 시험** : 내산화도를 평가하는 방법이고, 이것은 윤활유를 일정 조건에서 산화시킨 후 신유와의 점도비, 전산가 증가 등을 시험하여 오일의 산화 안정성을 평가한다.

## 제 9 회 설비보전기사 모의고사

### 과목 1 공유압 및 자동제어

**01** 유압회로에서 발생하는 소음을 줄이기 위해 주의해야 할 사항으로 옳지 않은 것은?

① 펌프의 흡입압력을 적정 범위로 유지하여 공동현상(Cavitation)을 방지한다.
② 관로 내 공동현상과 유동 충격을 방지하여 압력맥동을 최소화한다.
③ 긴 배관에 설치된 방향제어밸브는 급작스러운 전환을 피하고 서서히 작동시킨다.
④ 압력맥동 완화 및 소음 저감을 위해 유압 댐퍼는 사용하지 않는 것이 좋다.

> **해설**
>
> ※ **소음 저감 방법**
> • 펌프 흡입압력 관리 및 공동현상 방지
> • 밸브 · 관로 전환 시 유동 충격 최소화 → 천천히 작동
> • 유압 댐퍼 · 어큐뮬레이터 · 소음기 사용은 오히려 소음 저감에 효과적이다.

**02** 다음은 유량 조절밸브에 의한 제어회로를 나타낸 것이다. 옳지 않은 것은?

① 블리드 오프 회로
② 카운터 밸런스 회로
③ 미터 아웃 회로
④ 미터 인 회로

> **해설**
>
> ※ **유량조절밸브로 구성되는 회로**
> • 미터 인 회로(Meter-in) : 실린더 입구측 유량 제어
> • 미터 아웃 회로(Meter-out) : 실린더 출구측 유량 제어
> • 블리드 오프 회로(Bleed-off) : 일부 유량을 탱크로 방출해 속도 제어
> • **카운터밸런스 회로** : 하중에 의한 낙하를 방지하는 압력제어밸브

**03** 다음 중 구조는 복잡하고 고가이지만, 누설이 작고 회전속도 범위가 넓으며 기동특성이 우수한 유압모터는 어느 것인가?

① 베인(Vane) 모터
② 래디얼 피스톤(Radial Piston) 모터
③ 액셜 피스톤(Axial Piston) 모터
④ 기어(Gear) 모터

해설

- **래디얼 피스톤(Radial Piston) 모터**
  - 내부 누설이 매우 적어 고효율 유지 가능
  - 저속에서도 안정적인 회전이 가능하여 정밀 저속제어에 유리함
  - 매우 높은 기동 토크 제공으로 중하중 구동 가능
  - 속도 범위가 넓고 변속 제어가 용이
- **액셜 피스톤(Axial Piston) 모터**
  - 고속 운전이 가능하며 효율이 높음
  - 기동 토크가 우수하고 응답성이 빠름
  - 일정 압력에서 넓은 속도 제어 범위 제공
  - 내부 누설은 적지만, 래디얼 피스톤 모터보다는 약간 많음
- **베인 모터**
  - 중저속 운전에 적합하며, 부드러운 회전과 낮은 소음 특성
  - 일정 토크 출력 가능하지만 고토크 · 고압에는 한계
  - 체적 효율은 기어 모터보다 우수하나 피스톤 모터보다는 낮음
  - 내부 누설은 피스톤 모터보다 많음
- **기어 모터**
  - 고속 회전은 가능하지만 토크 출력은 낮음
  - 내부 누설이 비교적 많아 체적 효율이 낮음
  - 부하 변화에 따른 속도 유지 능력이 떨어짐
  - 소음과 진동이 피스톤 · 베인 모터보다 큼

**04** 공작기계에서 절삭 공정 시에는 고압펌프를 사용하고, 급속 귀환 시에는 저압 대용량 펌프를 병행 사용할 때, 불필요한 동력 소모를 최소화하기 위해 가장 적합한 밸브는 무엇인가?

① 시퀀스 밸브
② 무부하(Unloading) 밸브
③ 릴리프(Relief) 밸브
④ 감압(Reduction) 밸브

**해설**

- **무부하 밸브(Unloading Valve)**
  - 필요하지 않을 때 펌프 토출유를 탱크로 직접 반환하는 밸브로 펌프에 부하가 걸리지 않는다.
  - 공정별 고압/저압 전환 시 불필요한 동력 소모 절감에 효과적이다. 즉, 절삭 시에는 고압펌프 작동, 귀환 시에는 저압펌프만 작동한다.
- **시퀀스 밸브** : 2개의 액추에이터를 순차 제어
- **릴리프 밸브** : 설정 압력 이상 시 초과 유량을 탱크로 배출
- **감압 밸브** : 특정 회로의 압력을 낮춰 제어

---

**05** 유압펌프의 크기(용량)를 나타낼 때 일반적으로 사용하는 올바른 표시 방법은 무엇인가?

① 펌프의 최대 압력과 그때의 토출력으로 표시한다.
② 펌프의 최대 압력과 그때 발생하는 힘으로 표시한다.
③ 펌프의 정격 압력과 그때의 토출량(용적)으로 표시한다.
④ 펌프의 정격 압력과 그때의 토출 속도로 표시한다.

**해설**

**유압펌프의 크기(용량) 표현** : 일반적으로 정격 압력(MPa)과 정격 토출량(L/min)으로 표시한다.

---

**06** 다음에 제시된 기술 사양은 유압 시스템에서 사용되는 어느 기기의 사용 조건을 나타낸 것인가?

- 유압펌프 및 작업에서 발생하는 유압과의 완충제로서 사용한다.
- 압력원인 유압펌프 용량 이상의 많은 유량이 필요할 때 유압계통의 보존 유압원으로 사용한다.
- 유압계통에 고장이 생겼을 때 비상용 유압원으로 사용한다.
- 동력원인 유압펌프가 작동되고 있지 않을 때 또는 언로딩 밸브의 작동에 의하여 유압이 발생하지 않는 상태에 있을 때 사용한다.

① 쇼크 업소버(Shock Absorber)
② 유압 보조탱크(Oil Reservoir / Auxiliary Tank)
③ 축압기(Accumulator)
④ 에어 세퍼레이터(Air Separator Tank)

**해설**

- **쇼크 업소버(Shock Absorber)** : 유압회로나 기계 구조물에 가해지는 충격·진동을 흡수·완화
- **유압 보조탱크(Oil Reservoir / Auxiliary Tank)** : 유압유를 저장 및 보충, 열 방출과 공기 분리 기능 일부 수행
- **축압기(Accumulator)** : 압력 에너지를 저장하여 피크 부하 시 보조하거나, 압력 맥동 완화·비상 작동 가능
- **공기 분리탱크(Air Separator Tank)** : 유압유 속에 혼입된 공기·기포를 분리 제거하여 공동현상 방지

**07** 전기 신호에 의해 작동하여 전기회로의 개폐를 전환하고, 회로의 보호 및 제어 목적으로 사용되는 스위치는 어느 것인가?

① 마이크로 스위치(Micro Switch)
② 토글 스위치(Toggle Switch)
③ 서멀 스위치(Thermal Switch)
④ 릴레이 스위치(Relay Switch)

**해설**

- **릴레이 스위치** : 전기 신호(작은 전류)로 자기장을 발생시켜 접점을 개폐하는 것으로 회로 제어 및 보호 목적에 널리 사용된다. 큰 전류를 직접 제어하지 않고 간접적으로 제어가 이루어진다.
- **마이크로 스위치** : 기계적 압력으로 동작
- **토글 스위치** : 수동 조작형 스위치
- **서멀 스위치** : 온도 변화로 접점 작동

**08** 공압 시스템의 구성 요소에 대한 설명 중 잘못된 것은?

① 윤활기는 압축공기 내의 수분과 오염물질을 제거하는 역할을 한다.
② 애프터쿨러는 압축 후 온도가 상승한 공기를 냉각하여 수분 응축을 촉진한다.
③ 공기 압축기는 공압 회로에 필요한 압축공기를 생성하는 기본 장치이다.
④ 축압기는 공기 대신 유압에서 압력 에너지를 저장·방출하는 장치로 사용된다.

**해설**

- **윤활기** : 공기 내 불순물을 제거하는 장치가 아니라, 공기 내에 미량의 윤활유를 공급하는 장치이다.
- **불순물·수분 제거** : 필터/애프터쿨러 역할
- **축압기** : 유압 에너지 저장용

**09** 공압 시스템의 결함과 직접적인 관련이 없는 것은?

① 행정 거리 불일치
② 공기 누설
③ 윤활유 피막 불량
④ 윤활된 공기 공급

**해설**

윤활된 공기 공급은 정상 조건에 해당한다. 행정 이상, 누설, 윤활 불량은 실린더 기능 저하의 원인이다.

**10** 유체 속도 변화로 인한 관로 압력 급상승 또는 하강을 의미하는 현상은?

① 수격작용(Water hammer)　　　　　② 축류 현상
③ 벤투리 현상　　　　　　　　　　④ 공동현상(Cavitation)

> **해설**
>
> 수격작용은 유속의 갑작스러운 변화로 인한 관로 내 압력의 급격한 변동을 의미한다.

**11** 도체에 전류가 흐를 때 그 주위에 생기는 자기장의 방향을 결정하는 법칙은 무엇인가?

① 렌츠의 법칙　　　　　　　　　　② 플레밍의 왼손 법칙
③ 암페어의 오른나사 법칙　　　　　④ 플레밍의 오른손 법칙

> **해설**
>
> • **암페어의 오른나사 법칙** : 전류가 흐르는 도체에 나사를 돌린다고 가정하면, 전류 방향과 나사 회전 방향이 일치할 때 나사가 전진하는 방향이 자기장의 방향이다.
> • **렌츠의 법칙** : 유도전류 방향은 자속 변화에 반대이다.
> • **플레밍 왼손 법칙** : 전동기에서 힘의 방향을 결정할 때 적용한다.
> • **플레밍 오른손 법칙** : 발전기에서 유도기전력 방향을 결정할 때 적용한다.

**12** 직류기의 정류자와 접촉하여 전기자 권선의 전류를 외부 회로와 연결해 주는 역할을 하는 것은 무엇인가?

① 공극　　　　　　　　　　　　　② 계자
③ 브러시　　　　　　　　　　　　④ 전기자

> **해설**
>
> • **브러시(Brush)** : 직류기에서 정류자와 접촉시켜 전기자 권선에 흐르는 전류를 외부 회로와 연결하는 것으로 재질은 주로 흑연·금속 흑연이다.
> • **전기자** : 전기에너지를 기계에너지로 변환(회전자 부분)
> • **계자** : 자속을 형성하는 고정자
> • **공극** : 계자와 전기자 사이의 틈

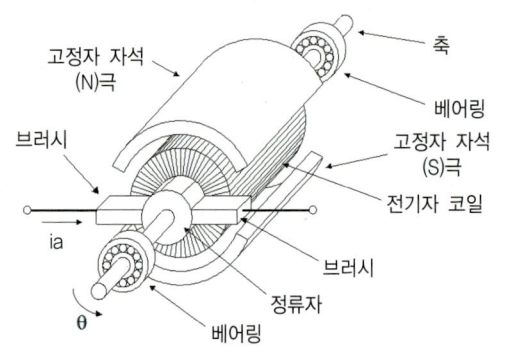

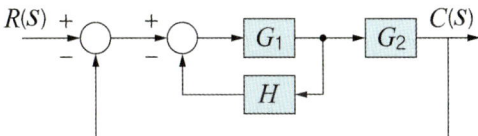

**13** 시퀀스 제어계에서 제어대상을 원하는 순서대로 동작시키기 위해 직접 보내는 신호를 무엇이라 하는가?

① 제어명령                 ② 조작신호

③ 검출신호                 ④ 기준신호

> **해설**
>
> • **기준신호(Set point, 명령신호)** : 사람이 설정하는 목표값
> • **검출신호(Measured signal)** : 센서·검출부에서 얻는 현재 상태값
> • **조작신호(Control signal)** : 조절부(Controller)가 오차를 판단한 후, 조작부(Actuator)에 직접 보내는 신호
> • **제어명령** : 사람이 내리는 지시, 기준신호에 해당할 수 있음

**14** 다음 그림의 전달함수는?

① $\dfrac{G_1 G_2}{1 + G_1 G_2 H}$

② $\dfrac{G_1 G_2}{1 + G_2 H}$

③ $\dfrac{G_1 G_2}{1 + G_1 H + G_1 G_2}$

④ $\dfrac{G_1 G_2 H}{1 + G_1 H + G_1 G_2}$

> **해설**
>
> 주어진 블록선도를 간이화시킨 등가선도를 작성하여 전달함수를 구한다. 먼저 내부 폐루프를 간이화시키면 다음과 같다.
>
> $$X = \frac{G_1 \cdot G_2}{1 + G_1 \cdot H}, \quad Y = 1 + \frac{G_1 \cdot G_2}{1 + G_1 \cdot H}$$
>
> $$\frac{X}{Y} = \frac{G_1 \cdot G_2}{1 + G_1 \cdot H + G_1 \cdot G_2}$$

**15** 자동제어계 블록선도에서 입력 변화에 대해 출력이 즉시 따라가지 못하고, 시정수(Time constant)에 의해 점진적으로 응답하는 동적 요소를 무엇이라 하는가?

① 비례 요소                 ② 1차 늦은 요소

③ 무지연 요소               ④ 2차 진동 요소

**해설**

1차 늦은(지연) 요소는 '시정수에 의해 지연된 응답'을 보이며, RC회로 · 온도변화 · 유량변화 등 물리 시스템에서 흔히 나타난다.
- **비례 요소** : 입력 변화에 즉각 비례하여 출력
- **1차 늦은 요소** : 지연 특성 + 점진 응답
- **무지연 요소** : 완전 즉각적 응답
- **2차 진동 요소** : 진동 · 오버슈트 포함

---

**16** 다음 중 빛(광량)을 전류(전압)신호로 변환하여 측정할 수 있는 센서는 무엇인가?

① 벨로우즈                 ② 열전대

③ 광전 다이오드         ④ 전자석

**해설**

- **열전대(Thermocouple)** : 서로 다른 두 금속을 접합하면 온도 차에 따라 기전력(전압)이 발생하는 제백 효과 (Seebeck Effect)를 이용한 것으로 대표 종류는 다음과 같다.
    - 백금–백금로듐(Pt–PtRh)
    - 철–콘스탄탄(Fe–Constantan)
    - 구리–콘스탄탄(Cu–Constantan)
    - 크로멜–알루멜(Chromel–Alumel)
- **벨로우즈** : 온도 · 압력 변화 → 기계적 변위
- **광전 다이오드** : 빛(광량) → 전류/전압
- **전자석** : 전류 → 자기장 생성

---

**17** 자동제어 장치의 구성요소 중에서 서보전동기(Servo motor)는 어떤 범주에 속하는가?

① 검출기                  ② 변환기

③ 조작기기            ④ 증폭기

**해설**

※ **자동제어 장치는 4가지 기본 요소로 나눌 수 있다.**
- **검출기(Sensor)**
    - 제어대상 상태(온도 · 압력 · 위치 등)를 측정 · 검출
    - **예** 열전대, 변위센서

- **변환기(Transducer)**
  - 측정된 물리량을 다른 신호 형태로 변환
  - **예** 전류–전압 변환기, 공압 → 전기 변환기(I/P 변환기)
- **증폭기(Amplifier)**
  - 작은 신호를 크게 증폭
  - **예** 진공관 증폭기, 자기 증폭기
- **조작기기(Actuator)**
  - 제어신호를 받아 제어대상에 직접 작용
  - **예** 서보모터, 전자밸브, 공압실린더

**18** 다음 조작기기 중 전기적 신호를 받아 이를 기계적 동작(위치·변위)으로 변환하는 장치는 무엇인가?

① 밸브 포지셔너
② 파워 실린더
③ 전자밸브
④ 다이어프램식 조작장치

**해설**

- **밸브 포지셔너** : 조작부 위치를 피드백·보정하는 장치
- **파워 실린더** : 유압/공압 → 기계력 변환
- **전자밸브** : 전기신호 → 기계운동(밸브개폐)
- **다이어프램식 조작장치** : 압력신호 → 기계운동

**19** 제어계의 과도응답에서 출력이 처음 원하는 값의 10%에서 90%까지 도달하는 데 걸리는 시간을 무엇이라 하는가?

① 오버슈트
② 지연시간
③ 응답시간
④ 상승시간

**해설**

※ **과도응답(Transient response)에서 사용되는 주요 시간특성**
- **지연시간(Lag time)** : 출력이 최초 목표값의 50%에 도달할 때까지의 시간
- **상승시간(Rise time)** : 출력이 10% → 90% (또는 0% → 100%) 도달하는데 걸리는 시간
- **정정시간(Settling time)** : 출력이 최종값의 일정 범위(±2% 등) 안에 들어서 안정될 때까지 걸리는 시간
- **응답시간(Response time)** : 입력 변화에 대한 전체 응답에 소요되는 시간(포괄적 개념)
- **오버슈트(Overshoot)** : 목표값을 초과해 튀어 오르는 비율

**20** 스텝각이 18°인 스테핑 모터가 1분 동안 600펄스로 구동될 때, 모터의 회전수(RPM)는 얼마인가?

① 10

② 12

③ 30

④ 120

해설

$$회전수 = \frac{펄스수/분}{360/스텝각} = \frac{600}{360/18} = 30rpm$$

---

**과목 ② 용접 및 안전관리**

**21** 이종금속(알루미늄 합금과 탄소강)의 박판 용접을 수행해야 한다. 다음 중 아크 안정성과 용입 특성을 모두 만족시키기 위해 가장 적합한 용접 방법은?

① 플럭스 코어드 아크 용접(FCAW)

② 가스 금속 아크 용접(GMAW, MIG)

③ 플라즈마 아크 용접(PAW)

④ 서브머지드 아크 용접(SAW)

해설

- 이종금속 박판은 열입력 최소화와 아크 집중도가 필요하므로 플라즈마 아크 용접이 유리하다.
- GMAW(MIG)는 알루미늄에 적합하지만 탄소강과 혼합 시 금속간 화합이 발생하는 문제가 있다.
- FCAW, SAW는 열입력이 크고 박판에는 부적합하다.

**22** GMAW(이산화탄소 아크용접)에서 기공(porosity) 결함이 반복될 경우, 다음 중 가장 적절한 예방대책은?

① 용접봉 지름을 크게 변경한다.

② 보호가스 유량과 노즐 청결 상태를 점검한다.

③ 아크길이를 길게 유지하여 아크 안정성을 높인다.

④ 용접 속도를 더 빠르게 하여 열입력을 줄인다.

해설

기공은 보호가스 차단 불량, 수분·오일 오염, 피복 전극 습기가 주원인이다. 보호가스 유량·노즐 막힘·호스 누설점검이 가장 중요한 방책이며 용접속도 증가나 아크 길이 증가는 오히려 기공을 증가시킨다.

**23** 직류 아크용접(SMAW)에서 모재 끝단 부근에서 아크가 편향되어 불규칙한 비드를 형성하였다. 이 현상을 무엇이라 하며, 가장 적절한 방지대책은?

① 아크 블로우, 접지선을 가까운 위치로 이동한다.
② 아크 블로우, 전류를 높여 아크를 안정시킨다.
③ 언더컷, 아크 길이를 짧게 유지한다.
④ 오버랩, 접지선을 먼 위치로 이동한다.

**해설**

- **아크 블로우** : 직류 용접 시 잔류 자기장·자속 불균일로 인해 아크가 편향되는 현상
- **방지법** : 접지선 위치 변경, 교류 사용, 용접 순서 변경, 전류 감소

**24** SMAW에서 직류 역극성(DCEP)을 사용할 때의 특징으로 옳은 것은?

① 용입이 깊고, 아크가 집중된다.
② 아크 열의 2/3가 모재에 작용한다.
③ 얇은 판재 용접에는 부적합하다.
④ 전극이 가열되어 용착속도가 증가한다.

**해설**

- **DCEP(역극성)** : 전류 +가 전극, -가 모재이다. 열의 2/3가 전극에 집중하여 용착속도가 빠르고 얕은 용입으로 용접된다.
- **DCEN(정극성)** : 열의 2/3가 모재에 집중되어 용입이 깊다.

**25** $CO_2$ 아크용접(GMAW)에서 전류와 전압이 낮고, 박판 용접에 적합하며 모재와 용융금속이 반복적으로 단락되며 금속이 이송되는 방식은?

① 구상 전이(Globular transfer)  ② 스프레이 전이(Spray transfer)
③ 단락 전이(Short-circuit transfer)  ④ 펄스 스프레이 전이(Pulsed spray transfer)

**해설**

- 단락 전이는 낮은 전류·전압에서 용융된 와이어가 용융풀과 직접 단락되며 금속이 이송되어 박판·수직자세 용접에 적합하지만 스패터가 다소 발생하는 방식이다.
  - 전이(이행) = 금속이송 방식

**26** MIG 용접에서 알루미늄 합금 용접 시 가장 이상적인 보호가스 조합은?

① Ar 100%
② $CO_2$ 100%
③ Ar+$CO_2$(80:20) 혼합
④ He 100%

> **해설**
>
> • **알루미늄 TIG/MIG 용접** : 불활성 가스(Ar · He) 필요
> • $CO_2$는 활성가스로 알루미늄 산화반응으로 부적합하다.
> • Ar 100% 사용 시 아크가 안정되고 산화 방지 가능

**27** 피복 아크용접에서 산화티타늄계(일명 루타일계) 전극의 특징으로 옳은 것은?

① 수분 흡수에 민감하여 건조 관리가 필수이다.
② 슬래그 제거성이 우수하고 비드 외관이 양호하다.
③ 저수소계 전극보다 수소 취성을 크게 줄인다.
④ 주로 수소 기공 방지용으로 사용된다.

> **해설**
>
> 루타일계 전극은 아크 안정, 슬래그 제거성, 비드 외관이 우수하다. 그러나 저수소계처럼 수소취성 방지 효과는 낮다.

**28** 서브머지드 아크 용접(SAW)의 장점으로 적절한 것은?

① 보호가스 사용으로 아크 안정성이 뛰어나다.
② 플럭스가 아크와 용융지를 덮어주어 스패터가 거의 없다.
③ 열입력이 작아 박판 용접에 적합하다.
④ 수직 및 천장 자세 용접에도 유리하다.

> **해설**
>
> SAW는 플럭스가 아크와 용융지를 보호하여 스패터와 가스 불량이 거의 없고 고속용접이 가능하지만, 열입력이 크며 수평자세로만 제한된다.

**29** $CO_2$ 가스 아크용접(GMAW) 장비의 구성 요소로 볼 수 없는 것은?

① 와이어 송급장치
② 접촉 팁(Contact tip)
③ 플럭스 공급장치
④ 가스 노즐

해설

GMAW(MIG/MAG)는 연속 와이어 송급과 보호가스를 사용하는 방식이며, 플럭스 공급은 서브머지드 아크 용접(SAW)에만 필요하다.

**30** 용접부에서 언더컷(Undercut) 결함이 발생했을 경우, 가장 적절한 보수 방법은 무엇인가?

① 결함 부분을 깎아내고 다시 용접한다.
② 결함 부분에 홈을 만들어 용접한다.
③ 지름이 작은 용접봉을 사용하여 용접한다.
④ 용접부에 홈을 만들어 다시 용접한다.

해설

• **언더컷(Undercut)** : 용접부 가장자리 모재가 용입 과다/용융 후 채워지지 않아 홈이 파이는 현상
  – 원인 : 과도한 전류, 너무 빠른 용접속도, 부적절한 조작
  – 보수 방법 : 작은 지름의 용접봉을 사용하여 적은 용착량으로 홈을 메우고 전류·속도·조작을 적절히 조절하며 필요 시 언더컷 부위를 약간 그라인딩 후 얇게 다시 용접한다.

**31** 주철의 균열 보수용접에서 가늘고 긴 균열부를 보수할 때, 용접선과 직각 방향으로 직경 약 6mm의 강봉을 꺾쇠 모양으로 박아 고정한 후 용접하는 방법으로 다음 중 맞는 것은?

① 비녀장법
② 버터링법
③ 로킹법
④ 스터드법

해설

※ **주철의 균열 보수용접**
• **비녀장법(비녀장 박기법)** : 긴 균열에 대해 용접선과 직각으로 직경 약 6mm의 강봉(꺾쇠 모양, 비녀장 형태)을 일정 간격으로 박아 고정, 강봉을 박아 균열의 확산과 용접 변형 방지 후 본 용접을 실시
• **버터링법** : 이종금속 용접 시 완충층(버터층)을 먼저 용착
• **로킹법** : 균열 끝에 구멍을 뚫어 균열의 진전 방지
• **스터드법** : 균열부에 작은 구멍을 일정 간격으로 뚫고 메우며 용접

**32** 초음파 탐상검사(UT)에서 종파(Longitudinal wave)와 횡파(Transverse wave)에 대한 설명으로 옳지 않은 것은?

① 종파는 매질의 밀도 변화에 따라 전파되며, 공기 중에서도 전파가 가능하다.
② 횡파는 입자의 진동 방향이 파의 진행 방향과 수직이다.
③ 일반적으로 금속 내부 결함 검출에는 종파보다 횡파가 유리하다.
④ 동일한 재질에서 횡파의 전파 속도는 종파보다 느리다.

> **해설**
>
> 초음파는 고체 · 액체 · 기체 모두 전파 가능하지만 기체(공기)에서는 감쇠가 커 UT에 부적합하며, 금속 내부 용접결함 검출에는 횡파가 유리하고 전파 속도는 종파가 횡파보다 빠르다.

**33** 방사선투과검사(RT) 필름에서 기공(Porosity)과 슬래그 혼입(Slag inclusion)의 상 구분으로 옳지 않은 것은?

① 기공은 불규칙한 흑화상으로 나타난다.
② 슬래그 혼입은 길고 가는 선상의 연속상으로 나타난다.
③ 기공군(Porosity cluster)은 일정한 군집 형태로 나타날 수 있다.
④ 용입 부족(Lack of penetration)은 불규칙한 원형상의 흑화상으로 나타난다.

> **해설**
>
> • **용입 부족** : 용접 중심선에 평행한 선상 결함으로 나타남
> • **기공** : 원형/타원형 흑화
> • **슬래그 혼입** : 연속적 선상
> • RT(방사선투과검사) 판독 시 결함 구분은 필름에 나타난 결함의 형태와 흑화(필름의 검게 나온 정도) 농도로 판단한다.

**34** 자분탐상검사(MT)와 침투탐상검사(PT)를 비교할 때, 다음 설명 중 옳지 않은 것은?

① MT는 강자성체 표면 및 근접 결함 검출에 사용된다.
② PT는 비자성체 재질에도 적용 가능하다.
③ MT와 PT 모두 비파괴로 내부 깊은 결함 검출이 가능하다.
④ PT는 표면 개방형 결함만 검출 가능하다.

> **해설**
>
> • MT · PT : 표면 및 근접 결함 검출
> • UT · RT : 내부 깊은 결함 검출

**35** 산업안전보건기준에 관한 규칙에 따라, 사업주가 손다듬질 작업용 수공구를 제공할 때 가장 우선적으로 점검 · 관리해야 할 사항으로 가장 거리가 먼 것은?

① 공구의 손잡이 체결 상태와 균열 여부　　② 날 끝의 마모 상태와 예리함 유지 여부
③ 공구의 제작사 및 제조번호 확인　　　　④ 공구에 기름 · 이물질 부착 여부

공구의 안전상태(손잡이 · 날끝 · 이물질 등) 관리가 중요한 사항이며 제조사 확인은 의무사항이라 할 수 없다.

**36** 선반 작업 중 회전하는 척 주변에서 발생할 수 있는 가장 큰 위험 요인으로 맞는 것은?

① 전기 누전　　　　　　　　　　　　② 끼임 및 말림 사고
③ 공구 파손　　　　　　　　　　　　④ 절삭유 부족

척 · 회전체 주변은 끼임 · 말림 사고 발생이 높다. 그러므로 작업복 · 장갑 관리는 필수이다.

**37** 산업안전보건법 제23조에 따라, 보전 대상 설비가 유해하거나 위험한 경우 사업주는 어떤 조치를 해야 하는가?

① 자체 검사 후 인증받는다.
② 산업안전보건법령에 따라 안전검사를 실시하고 기록 · 보존한다.
③ 안전장치 없는 설비는 계속 사용한다.
④ 외부 업체에 모두 위탁하여 책임을 회피한다.

법 제23조에서 "유해하거나 위험한 설비에 대한 안전검사를 실시"하도록 규정하고 있다.

**38** 전기안전관리법 제1조에 따른 이 법의 주된 목적은 무엇인가?

① 전기요금의 적정한 청구　　　　　　② 전기재해 예방 및 전기설비 안전관리
③ 전기 설비 기술 연구　　　　　　　④ 전기산업 발전 촉진

제1조에 "전기재해의 예방과 전기설비 안전관리에 필요한 사항을 규정"으로 명시되어 있다.

**39** 용접장치 사용 전 법령에 따라 작업자가 점검해야 하는 항목으로 옳지 않은 것은?

① 전원 및 가스 공급장치 누설 여부
② 용접기 접지 상태
③ 보호구 착용 상태
④ 용접부의 미세 균열 유무

해설

사전점검은 설비 · 전원 · 가스 · 보호구 중심이며, 균열은 시공 후 검사 항목이다.

**40** 고압가스를 저장하는 옥내저장소에 설치해야 하는 안전시설이 아닌 것은?

① 환기설비
② 가스누설경보기
③ 방폭형 전기설비
④ 일반형 형광등 조명

해설

옥내저장소에는 반드시 방폭형 조명 · 환기설비 · 가스누설경보기 등을 설치해야 하며, 일반 전기설비는 폭발 위험이 있어 사용이 금지된다.

## 과목 ③ 기계 설비 일반

**41** 탄소강을 탄소 함유량에 따라 분류할 때, 기계적 성질과 대표 용도가 올바르게 연결된 것은?

① 0.25% 이하 → 저탄소강 : 연성과 인성이 크며, 구조용 강재에 사용된다.
② 0.30~0.60% → 고탄소강 : 인성이 매우 높아 스프링용
③ 0.60% 이상 → 중탄소강 : 용접성이 뛰어나 자동차 차체용
④ 0.10% 이하 → 고탄소강 : 고경도 공구강

해설

- **저탄소강(0.25% 이하)** → 연성 · 인성 큼, 용접 · 가공성 우수 → 구조물, 판재
- **중탄소강(0.30~0.60%)** → 강도 · 경도↑, 기계부품 · 축재
- **고탄소강(0.60% 이상)** → 경도 · 내마모성↑, 스프링 · 공구강

**42** 강재를 노말라이징(normalizing) 처리하는 주된 목적은?

① 내부 응력 제거와 연성 증대
② 조직 미세화 및 기계적 성질 개선
③ 담금질 변형 방지
④ 경도 저하

해설

- **노말라이징(normalizing) :** 강을 A₃ 변태점 이상으로 가열한 뒤, 공기 중에서 자연 냉각시키는 열처리
  - 주된 목적은 주조·단조 후 거친 조직을 미세화하여 기계적 성질(강도, 경도, 인성)을 고르게 하고, 가공성을 향상시키는 것이다. 풀림(annealing)과 달리 완전 연화가 아닌 조직 균일화가 주 목적이며, 담금질과 달리 극단적 경도 상승은 아니다.
- **내부 응력 제거와 연성 증대** → 풀림(annealing)의 주된 목적
- **담금질 변형 방지** → 담금질 전 준비 공정으로 가끔 사용되지만 주 목적은 아니다.
- **경도 저하** → 오히려 노말라이징 후 공랭으로 풀림보다 경도가 약간 더 높게 된다.

**43** 주철의 내마모성이 가장 우수하며 압축강도가 높은 것은?

① 회주철
② 백주철
③ 구상흑연주철
④ 말레블주철

해설

- **백주철(White Cast Iron) :** 탄소가 시멘타이트(Fe₃C) 형태로 존재하여 매우 단단하고 내마모성이 우수하고 또한 압축강도가 매우 높지만, 흑연이 없어 인성이 낮고 가공성이 매우 나쁘며 충격에는 약하다.
- **회주철 :** 흑연이 분산되어 있어 가공성·진동흡수성은 좋으나 내마모성은 백주철보다 떨어진다.
- **구상흑연주철 :** 인장강도·인성이 높아 강과 유사하지만, 내마모성은 백주철이 더 우수하다.
- **말레블주철 :** 인성을 개선한 가단주철로 충격·굽힘 강도는 높지만 내마모성은 백주철보다 낮다.

**44** 배관용 나사 표기에서 Rc 1/4로 표시된 나사의 형식과 특징으로 옳은 것은?

① 미터법 수나사이며 직경 1/4인치, 평행 나사
② 유니파이 나사로, ANSI 규격을 따른다.
③ BSPT 규격의 배관용 테이퍼 암나사로, 내부 나사 체결용
④ ISO 일반 나사로, 피치 표시는 생략 가능

해설

- Rc : BSPT(Whitworth 관용 테이퍼 나사) 규격의 암나사(female)
- R → 테이퍼 수나사(male), Rp → 평행 암나사, Rc → 테이퍼 암나사
- 배관용으로 기밀성 확보를 위해 테이퍼 형상 적용

**45** ISO 공차 등급(IT 등급)에 따른 구멍-축 끼워맞춤 설계에서 일반적으로 축이 구멍보다 더 정밀한 공차등급을 배정하는 주된 이유는 무엇인가?

① 축 가공이 구멍가공보다 일반적으로 비용이 적게 들기 때문
② 축이 회전 및 삽입 시 접촉면의 치수 여유를 보장해야 하므로
③ 구멍가공은 표준화된 드릴 · 리머 · 보링으로 일정 공차 유지가 가능하고, 축을 정밀하게 가공하면 끼워맞춤의 호환성과 안정성을 확보할 수 있기 때문
④ 국제표준 ISO에서 관례적으로 임의 지정했기 때문

해설

ISO 공차체계에서 구멍기준식(Hole-basis system)을 주로 사용한다. 구멍은 표준화된 공구(드릴 · 리머 · 보링툴)로 일정 공차 확보가 비교적 쉽고, 축을 상대적으로 정밀 가공하는 것이 조립 호환성과 끼워맞춤 안정성을 높일 수 있다. 따라서 축을 더 정밀한 등급(작은 공차값)으로 배정하는 것이 일반적이다.

**46** 1각법과 3각법의 도면 배치 규칙에 대한 설명 중 틀린 것은?

① 1각법에서는 우측면도를 정면도의 바로 아래쪽에 배치한다.
② 3각법에서는 오른쪽에서 본 측면도를 정면도의 오른쪽에 배치한다.
③ 1각법에서는 아래에서 본 저면도를 정면도의 위쪽에 배치한다.
④ 3각법에서는 아래에서 본 저면도를 정면도의 아래쪽에 배치한다.

해설

- **1각법**(First angle projection) : 평면도 → 정면도의 아래, 저면도 → 정면도의 위, 우측면도 → 정면도의 왼쪽
- **3각법**(Third angle projection) : 평면도 → 정면도의 위, 저면도 → 정면도의 아래, 우측면도 → 정면도의 오른쪽

**47** 펌프와 모터의 축정렬 상태 점검 시 다이얼게이지로 축의 런아웃(run-out, 편심)을 측정하려고 한다. 가장 올바른 측정 방법은 무엇인가?

① 축을 정지시킨 후 한 지점만 반복 측정하여 평균값을 구한다.
② 다이얼게이지를 축과 평행하게 설치하여 길이 방향 변위를 측정한다.
③ 축을 천천히 회전시키며 여러 각도에서 측정값을 읽고, 최대값과 최소값의 차이를 런아웃값으로 판단한다.
④ 다이얼게이지 대신 마이크로미터로 측정한다.

> **해설**
>
> • 축 런아웃(run-out) = 축의 회전 시 진원도·정렬 상태 불량으로 인한 측정값 최대·최소 편차
> • 다이얼게이지는 측정팁을 축 표면에 접촉하여 회전시키면서 값을 읽음 → 최대값 - 최소값 = 런아웃값

**48** 펌프 정비 중 임펠러의 외경 마모량을 현장에서 신속하게 확인해야 한다. 정밀도가 0.05mm 정도면 충분하고, 현장 휴대성이 중요할 때 가장 적합한 측정기는 무엇인가?

① 외측 마이크로미터 - 고정밀이지만 큰 직경 측정에는 불편하다.
② 버니어캘리퍼스 - 비교적 큰 치수를 간편하게 빠르게 측정할 수 있다.
③ 다이얼게이지 - 변위 측정에는 적합하지만 외경 측정에는 부적합하다.
④ 블록게이지 - 길이 표준으로 직접 측정보다는 기준 설정용이다.

> **해설**
>
> • 버니어캘리퍼스 : ±0.05mm 정도의 정밀도로 직경·두께·내경/외경 측정이 가능하며, 현장 휴대성이 뛰어나 외경 마모 확인에 적합하다.
> • 마이크로미터 : ±0.01mm 정밀도이지만 큰 직경 측정에는 비효율적이다.
> • 다이얼게이지 : 변위·편심 측정용으로 사용된다.
> • 블록게이지 : 길이 표준, 검교정용이지 현장 마모 측정용은 아니다.
>   - 검교정용 : 다른 측정기·공구의 검증 및 교정에 사용

**49** 다음 중 동일한 공구와 재료 조건에서, 절삭저항 증가에 가장 직접적인 영향을 주는 가공 변수는?

① 절삭속도를 증가시킨다.
② 이송속도를 감소시킨다.
③ 절삭깊이를 증가시킨다.
④ 윤활제를 첨가한다.

> **해설**
>
> 절삭저항은 절삭 중 공구에 작용하는 저항력으로, 절삭깊이가 커질수록 절삭면적이 증가하여 공구에 작용하는 힘도 커진다. 이송속도나 절삭속도도 영향을 미치나, 가장 직접적인 인자는 절삭깊이이다. 윤활제 첨가는 마찰을 줄이지만 절삭저항에 근본적으로 미치는 영향은 제한적이다.

모의고사 9회

**50** 다음 중 연삭가공의 일반적인 특징으로 가장 적절한 설명은?

① 연삭은 주로 거친 절삭에 사용되며, 재료 제거율이 높다.
② 연삭은 공구 수명이 짧고, 칩 배출이 어려워 생산성이 낮다.
③ 연삭은 정밀도와 표면거칠기를 높이는 데 적합하나, 재료 제거율은 낮다.
④ 연삭은 칩이 크게 형성되어 고속 절삭이 가능하다.

**해설**

연삭은 금속 가공의 마지막 단계에서 정밀도 향상 및 미세 표면 가공을 위해 주로 사용된다. 공구인 연삭숫돌은 경도가 높고 수명도 비교적 길며, 칩은 미세하게 형성되어 제거율은 낮지만 고정밀도를 요구하는 가공에 매우 적합하다. 반면 거친 절삭이나 대량 절삭에는 효율이 떨어지므로 사용이 제한된다.

**51** 전해가공(ECM: Electrochemical Machining)에 대한 설명으로 가장 옳은 것은?

① 전기적 방전과 열에너지로 재료를 제거하는 대표적인 고온 가공법이다.
② 공작물과 공구 간 기계적 접촉이 필요하며, 미세 절삭력이 작용한다.
③ 이온 이동에 의해 금속이 제거되며, 공구 마모가 거의 없다.
④ 절연체 재료도 전해질 내에서 가공이 가능하다.

**해설**

ECM(전해가공)은 전해질 용액을 통해 양(+)극에 있는 공작물에서 금속 이온이 제거되는 방식으로, 이온의 전기화학적 반응을 이용한 것이다. 전기방전가공(EDM)과 달리 열 에너지나 스파크를 사용하지 않으며, 공구는 접촉하지 않고, 마모가 거의 없다. 그리고 비도전성(절연체) 재료는 가공할 수 없다.

**52** 다음 중 볼 베어링(Ball Bearing)과 롤러 베어링(Roller Bearing)의 구조적 차이와 그 특성에 대한 설명으로 가장 적절한 것은?

① 볼 베어링은 선 접촉 방식으로 충격 하중에 강하다.
② 롤러 베어링은 점 접촉 방식으로 회전 정밀도가 높다.
③ 볼 베어링은 점 접촉 방식으로 마찰이 작고 고속 회전에 유리하다.
④ 롤러 베어링은 접촉면적이 작아 하중 분산 능력이 낮다.

**해설**

- 볼 베어링(Ball Bearing)
  - 구름 요소가 구형(볼)이라 점 접촉을 한다.
  - 마찰이 작아 고속 회전에 적합하다.
  - 축방향 및 반경방향 하중 모두 가능하나 하중 용량은 작다.
- 롤러 베어링(Roller Bearing)
  - 구름 요소가 원통형, 테이퍼형 등으로 선 접촉을 한다.
  - 접촉면적이 커서 하중 분산 능력이 우수, 큰 하중에 적합한 구조다.
  - 상대적으로 마찰은 크고 고속 회전에는 부적합하다.

**53** 다음 중 커플링(Coupling)을 설치할 때 일반적으로 고려하지 않아도 되는 항목은?

① 두 축의 편심 및 각도 오차 허용 여부
② 설치 시 커플링 정렬 상태
③ 사용 전 베어링의 마찰 계수 측정
④ 운전 중 토크 전달 및 진동 흡수 특성

**해설**

※ 커플링 설치 시 주요 고려사항
- 축 정렬 상태 확인 : 축심 불일치 시 진동 및 피로 발생 가능
- 편심 · 각도 오차 보정 가능성 확인 : 플렉시블 커플링의 주요 기능
- 토크 전달 효율과 진동 흡수 특성 고려 : 동력 전달 안정성 확보

**54** 모듈이 3mm이고 잇수가 20개인 스퍼기어의 피치원 지름은 얼마인가?

① 50mm
② 60mm
③ 66mm
④ 72mm

**해설**

$D = mZ = 3 \times 20 = 60mm$

**55** 다단 왕복동 압축기의 냉각계통에 이상이 생겨 실린더 온도가 과도하게 상승할 경우, 가장 우선적으로 우려되는 고장은?

① 흡입 밸브 조기 개방으로 인한 압축 손실
② 피스톤 과열로 인한 재질 강도 저하 및 파손
③ 베어링 내 윤활유 점도 상승으로 마모 촉진
④ 실린더 내부 응축수 응결로 인한 수격 발생

해설

냉각장치 고장은 실린더 내부 온도를 급격히 상승시키며, 이로 인해 피스톤 재질이 연화되고, 마모나 파손으로 이어질 수 있다. 특히 열팽창으로 인한 간섭 발생과 윤활 불량이 복합적으로 작용하면 치명적인 고장을 유발한다.

**56** 송풍기(Blower)의 운전 성능을 평가할 때 일반적으로 측정·점검하는 항목이 아닌 것은?

① 송풍기의 정압 및 풍량                    ② 운전 시 발생 소음의 크기
③ 토출 가스의 온도 변화                    ④ 왕복동식 피스톤 스트로크 길이

해설

송풍기의 성능 점검은 주로 풍량(유량), 정압, 소음, 진동, 전력 소비, 효율 등을 중심으로 이루어진다. 피스톤 스트로크는 왕복동식 압축기나 펌프에서나 고려되고 회전식(원심/축류) 송풍기에는 적용되지 않는 항목이다.

**57** 원심 펌프 토출 라인에 바이패스 밸브를 설치하는 주요 기술적 목적은 무엇인가?

① 토출측 압력을 상승시켜 계통 손실을 보정하기 위함
② 정격 운전 중 유량을 일정하게 유지하기 위함
③ 폐밸브 운전 시 펌프 내부 순환 유도로 과부하 및 손상 방지
④ 펌프 회전수 제어를 통한 압력–유량 곡선 조정

해설

펌프 계통에서 바이패스 밸브는 토출 밸브가 닫혀 있을 때에도 일정량의 유체가 흐르도록 하여 펌프 내부 유체의 체류와 압력 상승을 방지하는 역할을 한다. 특히, 소용량 운전이나 차단 운전 시 펌프의 과열 및 캐비테이션, 과부하 손상 등을 방지하는 기능이 주요 목적이다.

**58** 자동제어밸브가 정상적으로 열림 신호를 수신하였음에도 밸브 개방 동작이 이루어지지 않을 경우, 설비보전 관점에서 가장 우선적으로 점검해야 할 부위는?

① 밸브 본체의 재질 이상 여부　　　　② 액추에이터 구동부의 작동 상태
③ 배관 지지대의 이완 여부　　　　　④ 유체의 온도 조건 부적합 여부

자동밸브는 외부 제어 신호에 따라 작동기(액추에이터)가 밸브를 여닫는 방식이다. 신호가 정상임에도 불구하고 밸브가 작동하지 않을 경우, 가장 우선적으로 확인해야 할 항목은 액추에이터 구동부이다. 이 부분이 고착되거나 내부 손상이 있을 경우 제어 신호에 응답하지 않을 수 있다. 밸브 본체나 배관 지지대는 그다음 순위에서 점검할 수 있다.

**59** 설비 운전 중 감속기에서 이상 소음이 점차 증가하고 진동이 동반되는 현상이 발생하였다. 보전 작업자가 우선 확인해야 할 사항으로 다음 중 가장 적절한 것은?

① 오일 실의 누유 흔적 여부　　　　② 윤활유의 오염 상태 및 부족 여부
③ 감속기의 기어비 설정값　　　　　④ 베이스프레임의 외부 부식 상태

**해설**

감속기에서 이상 소음과 진동이 함께 발생하는 경우, 가장 일반적인 원인은 윤활 불량 또는 윤활유 오염이다. 윤활유가 부족하거나 오염되면 기어 맞물림 불량, 베어링 마모, 발열 증가로 이어져 이상 소음과 진동이 발생할 수 있으므로, 가장 먼저 확인해야 할 사항이다.

**60** 전동기 운전 중 과열 현상이 반복적으로 발생할 경우, 보전 작업자가 초기 진단 단계에서 확인해야 할 사항으로 다음 중 가장 적절한 것은?

① 냉각팬의 회전 방향 및 작동 상태　　② 부하측 축의 외경과 재질
③ 전동기 고정볼트의 체결 토크　　　　④ 부하 설비의 진동 진폭

**해설**

전동기 과열은 냉각 성능 저하에 가장 흔한 원인이다. 특히 팬이 역회전하거나 작동 불량일 경우, 내부 발열을 효과적으로 방출하지 못해 과열이 발생한다. 따라서 진단의 우선순위는 냉각팬의 상태 확인이다.

| 과목 | 4 | 설비 진단 및 관리 |
|---|---|---|

**61** 질량 m=10kg, 스프링 상수 k=2,500N/m인 1자유도 시스템의 고유진동 주기(고유주기)는?

① 0.40s  ② 1.26s

③ 3.14s  ④ 6.28s

 **해설**

$$T = \frac{2\pi}{\omega_n} = 2\pi \times \sqrt{\frac{m}{k}} = 2\pi \times \sqrt{\frac{10}{2500}} = 0.3974s$$

**62** 작업장 소음을 일정 시간 동안 측정하여, 그 시간 동안 발생한 소음 에너지의 총량을 평균적으로 나타내기 위한 대표적인 지표는 무엇인가?

① 최고 소음도(Lmax)  ② 등가 소음도(Leq)

③ 소음의 발생 횟수  ④ 주파수 스펙트럼

 **해설**

등가 소음도(Leq, Equivalent Continuous Sound Level)는 특정 시간 동안의 전체 소음 에너지를 하나의 평균적인 지속 소음으로 환산한 값으로, 작업환경에서 소음 노출 평가에 널리 사용된다.

**63** 다음 중 기계 설비의 작동을 자동으로 제어하거나 신호를 처리하는 제어 설비에 해당하는 것은?

① 감속기  ② PLC

③ 냉동기  ④ 유도 전동기

 **해설**

PLC(Programmable Logic Controller)는 입력 신호를 받아 논리 제어를 수행하고, 기계 설비의 작동을 자동으로 제어하는 핵심 제어 장치이다. 나머지 보기인 감속기, 냉동기, 모터는 동력 전달 및 기계 구동 역할을 한다.

**64** 다음 중 공정 중심 배치(Process Layout)의 특징으로 가장 적절한 설명은?

① 동일한 작업이 반복되는 대량 생산에 최적화된 방식이다.
② 작업 공정 흐름에 따라 설비를 직선 형태로 배열한다.
③ 다양한 공정 조합이 가능하여 소량 다품종 생산에 유리하다.
④ 생산 라인이 고정되어 있어 제품 전환에 시간이 오래 걸린다.

 **해설**

공정별 설비 배치는 같은 기능의 설비들을 한 곳에 모아 유연한 생산이 가능하며, 다양한 제품을 적은 수량으로 생산할 수 있는 구조이다. 직선 흐름이나 고정된 라인보다는 공정 중심의 유연성이 장점이다.

**65** 다음 중 예방 보전(Preventive Maintenance)에 해당하는 활동은?

① 설비에 고장이 난 후 부품을 교체함
② 설비 고장 시 정비반이 즉시 출동함
③ 정기적인 윤활과 점검 일정을 계획적으로 수행함
④ 생산 계획 변경에 따라 설비를 정지함

**해설**

예방보전은 고장 발생 전에 미리 점검, 청소, 교환 등의 조치를 수행하여 고장을 사전에 방지하는 활동이다.

**66** 공장 설비의 효율적 운영 상태를 정량적으로 평가하기 위한 지표 중, 설비의 총 가동시간 중 실제 생산에 사용된 시간을 기준으로 효율성을 나타내는 지표는 무엇인가?

① MTBF(Mean Time Between Failures)
② MTTR(Mean Time To Repair)
③ OEE(Overall Equipment Effectiveness)
④ TQM(Total Quality Management)

**해설**

OEE(설비종합효율)는 가동률 × 성능효율 × 품질률로 계산되며, 설비의 실제 가동 생산성을 측정하는 대표 지표이다. MTBF와 MTTR은 고장 관련 지표, TQM은 품질경영 개념이다.

**67** 정밀 측정기기를 일정 주기마다 교정하는 것은 계측 신뢰도를 유지하기 위한 필수 활동이다. 다음 중 계측기 교정 주기 설정 시 일반적으로 고려되지 않는 요소는 무엇인가?

① 측정기의 사용 빈도와 사용 조건
② 측정 환경의 온도, 습도, 진동 등 안정성
③ 이전 교정에서 나타난 오차 및 성능 이력
④ 계측기 구매 시점의 초기 구입 단가

 **해설**

계측기 교정 주기는 정확도 유지와 품질 보증을 위한 기술적 기준에 따라 결정되며, 가격은 교정의 필요성과 무관하다. 오히려 사용 빈도, 환경, 오차 이력 등은 직접적으로 교정 간격에 영향을 준다.

**68** 다음 중 공장 에너지 관리의 핵심 추진 목적으로 가장 타당한 설명은 무엇인가?

① 설비 고장의 사전 예측을 위한 이상 진단 체계를 구축하기 위함
② 공정 운영 계획을 최적화하여 생산 효율을 향상시키기 위함
③ 불필요한 에너지 소비를 저감하여 생산단가를 절감하고 환경 부하를 줄이기 위함
④ 근로자의 심리적 스트레스를 완화하고 작업 피로도를 개선하기 위함

**해설**

공장 에너지 관리는 에너지 절감, 비용 효율화, 탄소 배출 감소 등을 목적으로 하며, 에너지 흐름을 최적화하여 경제성과 환경성을 동시에 개선하는 것이 핵심이다.

**69** TPM 활동 중 설비의 고장을 사전에 방지하기 위해 작업자가 설비의 일상적인 점검 · 청소 · 이상 감지 등을 직접 수행하며, 설비에 대한 주인의식과 초기 이상 대응 능력을 향상시키는 활동은 무엇인가?

① 계획보전            ② 품질보전
③ 자주보전            ④ 초기관리

**해설**

자주보전(Autonomous Maintenance)은 작업자가 주도적으로 설비를 관리하는 TPM의 핵심 활동 중 하나이다.
단순한 운전뿐만 아니라 청결 유지, 윤활, 볼트 풀림 점검, 이상 소음 확인 등 일상 보전활동을 직접 수행하여 설비 고장을 미연에 방지하고 보전 능력을 향상시키는 데 목적이 있다.

**70** 다음 중 회전체 설비에서 발생할 수 있는 불균형, 베어링 손상, 축 정렬 불량 등 기계적 이상을 조기에 진단하기 위해 가장 널리 활용되는 진단 기법은 무엇인가?

① 적외선 카메라를 이용한 열 분포 분석
② 설비의 진동 패턴과 주파수 스펙트럼을 분석하는 진동 진단
③ 윤활유 내 금속 입자와 오염도를 검사하는 유분 분석
④ 운전 중 전류 변화를 측정하여 부하 상태를 파악하는 전류 분석

> **해설**
>
> 진동 분석은 회전체 설비의 진동 데이터를 수집하여 주파수별 이상 신호(불균형, 오정렬, 베어링 결함 등)를 분석함으로써 고장 징후를 사전에 파악할 수 있는 대표적인 설비 진단 기법이다.

**71** 설비의 에너지 효율과 운전 효율을 향상시키기 위한 조건 개선 방법으로 부적절한 항목은 무엇인가?

① 공정 부하에 따라 인버터를 활용하여 회전 속도를 제어한다.
② 사용하지 않는 설비라도 정지 시 불편하므로 무부하 상태로 계속 운전한다.
③ 압축 공정에서는 과잉압력을 방지하기 위해 설정 압력을 적정 수준으로 낮춘다.
④ 복수 설비가 운전되는 경우 부하를 균형 있게 분산하여 국부 과부하를 방지한다.

> **해설**
>
> 설비가 사용되지 않음에도 불구하고 무부하 상태로 계속 운전하는 것은 불필요한 에너지 낭비로 직결된다. 유휴 설비는 정지하거나 대기모드 등으로 전환하는 것이 바람직하다.

**72** 공정 내에서 반복적으로 발생하는 속도 저하, 미세 정지, 대기 시간 등 만성로스를 개선하고자 할 때, 다음 중 TPM의 개선 관점에서 바람직하지 않은 대응 방안은 무엇인가?

① 미세 정지의 반복 원인을 정량적으로 분석하고, 설비 조건이나 작업 순서를 표준화한다.
② 설비의 운전 이력과 상태 데이터를 장기적으로 축적하여 이상 발생 패턴을 추적한다.
③ 동일 문제가 반복되더라도 즉각 생산을 재개하기 위해 작업자의 경험에 의존한 임시 조치를 반복한다.
④ 생산 흐름과 대기 시간의 병목을 분석하여 레이아웃 또는 설비 배치를 최적화한다.

> **해설**
>
> 작업자의 감에 의존한 즉흥적 임시조치는 문제의 근본 원인(Root Cause)을 해결하지 못하고, 오히려 문제를 고착화시키는 결과를 초래한다. 특히 만성로스는 표면적으로는 작아 보이지만, 장기 누적 시 생산성과 품질에 큰 영향을 주는 구조적 손실이기 때문에, 반드시 데이터 기반의 정량적 분석과 구조 개선이 필요하다.

**73** 작업자가 설비의 일상적인 청소, 점검, 간단한 조정 및 윤활 등을 직접 수행하는 자주보전 활동은 설비 고장을 사전에 예방하고, 설비 신뢰성을 높이는 것을 목표로 한다. 이러한 활동을 통해 가장 직접적으로 기대할 수 있는 효과로 적절한 것은?

① 정밀 진단 장비 없이도 설비 내부 결함을 분석할 수 있다.
② 설비 구조를 개선하여 생산 속도를 자동으로 향상시킨다.
③ 작업자의 설비 책임 의식과 초기 이상 대응 역량이 향상된다.
④ 전기설비 간 유도 장애를 제거하여 전자파 간섭을 줄인다.

> **해설**
>
> • 자주보전은 TPM(전사적 생산보전)의 기본 활동으로, 작업자 스스로 설비를 관리함으로써 다음과 같은 효과를 기대할 수 있다.
>   – 설비 이상을 조기에 발견하여 고장으로 발전되는 것을 방지할 수 있다.
>   – 설비에 대한 관심과 책임감이 커진다.
>   – 보전부서에 의존하지 않고 현장에서 직접 기본적인 대응이 가능하다.
>   – 보전 의식 향상과 함께 전체 설비 안정성 향상에 기여한다.

**74** 설비 운전 중 채취한 윤활유를 분석하여 금속 마모입자나 오염도를 파악하고, 이상 징후를 조기에 발견하여 고장을 예측하는 활동은 어떤 보전 방식에 해당하는가?

① 사후보전(Breakdown Maintenance)  ② 정기보전(Scheduled Maintenance)
③ 예지보전(Predictive Maintenance)  ④ 자주보전(Autonomous Maintenance)

> **해설**
>
> • 예지보전(PdM)은 센서나 분석 장비를 이용해 설비 상태를 지속적으로 진단하고, 실제 데이터를 근거로 고장을 사전에 예측하는 방식이다. 윤활유 분석은 대표적인 예지보전 수단 중 하나로, 금속분, 점도, 수분 함량, 산화도 등을 분석해 설비 내부의 이상을 조기에 감지할 수 있다.
> • 예방보전은 주기적 교체, 자주보전은 작업자 일상관리, 고장보전은 고장 후 수리를 의미한다.

**75** 다음 중 윤활 방법과 해당 설명의 연결이 바르게 짝지어진 것은?

① 침윤윤활 : 윤활제를 사람의 손으로 직접 주입하는 방식
② 자동윤활 : 윤활 패드를 통해 오일을 천천히 흡수시킴
③ 수동윤활 : 작업자가 주기적으로 오일 또는 그리스를 주입
④ 기화윤활 : 오일을 덩어리로 고정 부위에 묻혀 공급

해설

- 수동윤활은 작업자가 오일캔, 구리스건 등을 사용해 수동으로 윤활제를 공급하는 방식이다.
- 침윤윤활은 부품이 오일에 잠겨있는 방식이고 윤활 패드를 통해 오일을 천천히 흡수시키는 방식은 심지식 윤활법이다.

## 76 윤활유와 그리스의 특성에 대한 설명 중 틀린 것은?

① 윤활유는 연속 순환이 가능하며 냉각 효과가 뛰어나다.
② 그리스는 점착성이 높아 일정 위치에 고정되기 쉬운 장점이 있다.
③ 그리스는 고속 회전체에 적합하며 열 방산 기능이 우수하다.
④ 윤활유는 자동윤활 시스템에 활용되기 적합하다.

해설

그리스는 고속 회전 부위에서 발열이 발생할 수 있고, 냉각성이 떨어지므로 부적합하다.

## 77 윤활유를 집합조에 저장한 후, 펌프를 이용해 윤활 부위로 보내고 다시 회수하여 재사용하는 윤활 방식은?

① 분무식 윤활
② 담금식 윤활
③ 순환식 윤활
④ 점적식 윤활

해설

- **분무식 윤활(비산급유)** : 회전체에 윤활유를 튀기듯 공급하는 방식(주로 치차 등) → 간헐적 공급, 비순환형
- **담금식 윤활(침윤급유)** : 베어링 등의 일부가 오일에 잠기도록 하여 윤활 → 저속 회전체에 적합
- **순환식 윤활** : 윤활유를 펌프와 배관을 통해 연속 공급하고, 다시 회수해 냉각·여과 후 재공급하는 방식
  → 대형 기계나 고속 회전부에 적합
- **점적식 윤활** : 중력 등을 이용해 윤활유를 일정 간격으로 한 방울씩 떨어뜨리는 방식
  → 간헐적이고 저속 장비용

모의고사 9회

**78** 다음 중 윤활설비의 고장 원인으로 가장 적절하지 않은 것은?

① 윤활제의 점도가 작동 조건에 비해 너무 낮다.
② 필터가 막혀 윤활유가 흐르지 않는다.
③ 윤활 포인트에 윤활제를 과잉 주입한다.
④ 고압 윤활을 위해 윤활제를 고체 상태로 압축한다.

> **해설**
>
> 고압 윤활을 위해 적절한 점도의 오일 또는 고하중용 그리스를 사용하지, 윤활제를 고체로 압축하는 방식은 비현실적이며 오히려 공급을 방해할 수 있다. 이러한 방식은 존재하지 않는다.

**79** 기어박스 내 윤활 상태를 진단하기 위한 적절한 관리 방법으로 가장 타당한 것은?

① 윤활유의 냄새와 색깔만으로 이상 유무를 판단한다.
② EP 첨가제가 포함된 기어오일은 비철 재질에도 문제없이 사용할 수 있다.
③ 오일 내 마모입자 분석을 통해 기어 치면의 이상 여부를 판단할 수 있다.
④ 기어오일은 영구적이므로 정기 교체는 필요하지 않다.

> **해설**
>
> • 냄새, 색상 변화는 참고 지표일 수는 있지만, 정확한 진단 도구는 아님. 실제로는 점도 측정, 금속입자 분석, 산화도, 오염도 분석 등이 필요하다.
> • EP(Extreme Pressure) 첨가제에는 황, 인 성분이 포함되어 있으며, 이는 청동, 황동 등 비철금속과 화학 반응을 일으켜 부식을 유발할 수 있다. 따라서 EP 첨가유는 비철계 기어에는 부적합하다.
> • 기어오일도 산화, 오염, 점도 변화, 첨가제 소모 등으로 인해 성능이 저하된다. 특히 고온·고하중 조건에서는 오일 열화가 빨라지므로 일정 주기 또는 상태 기반으로 교체해야 한다.

**80** 윤활유 오염 방지를 위한 관리 방법으로 가장 적절하지 않은 것은?

① 윤활유 보관 탱크에 먼지 유입을 방지할 수 있도록 밀폐한다.
② 윤활유 주입구는 전용 캡이나 필터를 사용해 관리한다.
③ 설비별로 윤활유를 혼합하여 사용하면 경제성이 높아진다.
④ 이송 펌프나 주입기구는 정기적으로 청결을 유지한다.

> **해설**
>
> 윤활유 혼합 사용은 가장 피해야 할 오염 원인 중 하나이다. 서로 다른 윤활유를 혼용하면 화학 반응, 침전, 점도 변화, 첨가제 성능 저하가 발생하여 윤활 실패를 유발할 수 있다.

# 제10회 설비보전기사 모의고사

---

**과목 ① 공유압 및 자동제어**

---

**01** 유체가 한쪽 방향으로만 흐르고, 반대 방향의 흐름은 차단하는 역할을 하는 밸브는 무엇인가?

① 카운터밸런스 밸브

② 언로드 밸브

③ 셔틀 밸브

④ 체크 밸브

**해설**

- **카운터밸런스 밸브** : 부하 하강 시 속도 제어 및 낙하 방지용
- **언로드 밸브** : 펌프 토출유를 탱크로 되돌려 부하 해제용
- **셔틀 밸브** : 2개의 유로 중 높은 압력 쪽을 선택하여 1개의 출력으로 연결
- **체크 밸브** : 역류 방지 기능

---

**02** 다음 중 어큐뮬레이터(Accumulator)의 기능과 장점에 대한 설명으로 옳지 않은 것은?

① 유압회로에서 갑작스러운 충격압력을 흡수하여 완충 역할을 한다.

② 펌프의 보조 에너지원으로 사용되며, 회로의 안전장치 역할도 수행한다.

③ 저장된 압력 에너지의 방출로 사이클 시간을 단축하거나 보조할 수 있다.

④ 유압유가 누설될 경우 자동으로 보충해 주는 기능을 한다.

**해설**

※ **어큐뮬레이터의 주요 기능**
- 유압회로의 충격압력 완충
- 펌프 부하 피크 시 보조 에너지원
- 압력 에너지 방출 → 작업 사이클 보조 및 시간 단축
- 누유 자동 보충 기능은 없다.

---

**03** 유압유 속에 공기가 혼입되어 있을 때, 펌프나 밸브를 통과하는 과정에서 압력 변동이 발생하면 저압부에서 기포가 포화 상태가 되어 분리되고, 그 결과 기름 속에 공동부가 형성되는 현상은 무엇이라고 하는가?

① 서징(Surging) 현상      ② 캐비테이션(Cavitation) 현상

③ 역류(Backflow) 현상      ④ 체터링(Chattering) 현상

**해설**

- **캐비테이션(Cavitation)** : 유압유에 혼입된 공기나 유증기가 저압부에서 기포로 분리되어 공동 발생. 이후 고압부에서 기포가 붕괴하면서 충격 · 소음 · 부식을 일으키는 현상
- **서징(Surging)** : 압력 맥동으로 인해 유량이 불규칙하게 진동하는 현상
- **역류(Backflow)** : 유량이 반대 방향으로 흐르는 현상
- **체터링(Chattering)** : 밸브 등의 급속 진동으로 발생하는 소음 · 진동

**04** 유압 실린더가 불규칙하거나 불확실하게 작동하는 원인으로 보기 어려운 것은 어느 것인가?

① 작업 요소의 운동 속도가 지나치게 빨라 유량 제어가 원활하지 않은 경우
② 실린더 내부가 작동유로 충분히 충만되어 정상 압력이 형성된 경우
③ 패킹 손상으로 내부 누설이 발생한 경우
④ 작동유의 온도가 과도하게 상승하여 점도가 저하된 경우

**해설**

- **유압 실린더 작동 불확실 원인**
  - 운동 속도 과다로 인해 압력변동 · 유량제어 불량 등이 발생한다.
  - 패킹 손상으로 내부 누설 · 압력손실이 발생한다.
  - 작동유 온도 과다로 인해 점도 저하가 발생하고 밀봉력 · 윤활력 저하로 이어진다.

**05** 유압펌프를 무부하(Unloading) 상태로 운전할 때 기대할 수 있는 효과로 보기 어려운 것은 어느 것인가?

① 작동유의 점도 저하를 방지할 수 있다.
② 불필요한 부하 운전을 줄여 전체 작업 시간을 단축할 수 있다.
③ 펌프의 과부하를 방지하여 고장을 줄이고 수명을 연장할 수 있다.
④ 구동에 필요한 동력을 경감시켜 에너지를 절약할 수 있다.

> **해설**
>
> • 무부하 운전의 실제 장점
>  – 펌프가 부하 없이 운전하게 되면 구동동력 감소, 에너지 절약이 가능하다.
>  – 불필요한 부하 제거로 인하여 펌프 수명 연장, 고장 방지가 가능하다.
>  – 필요할 때만 부하 작동이 가능하여 작업시간 효율 향상을 가져온다.
> • 작동유의 점도 저하는 주로 온도 상승과 유종 특성에 의해 발생한다.

**06** 회전체(로터)에서 축 방향 누설을 방지하기 위해 사용되는 시일장치 중, 비접촉 방식으로 마찰 손실이 거의 없고 고속 회전에 적합한 것은 어느 것인가?

① 셀프실(Self-seal) 패킹
② 래버린스(Labyrinth) 패킹
③ 그랜드(Stuffing Box) 패킹
④ 메커니컬(Mechanical) 패킹

> **해설**
>
> • **셀프실(Self-seal) 패킹** – 회전체 표면과 접촉하여 밀봉하는 접촉식 패킹
> • **래버린스(Labyrinth) 패킹** – 틈새 구조를 통해 유체 흐름을 교란시켜 밀봉하는 비접촉식 시일
> • **그랜드(Stuffing Box) 패킹** – 마찰력을 이용하여 접촉 밀봉하는 전통적 방식
> • **메커니컬(Mechanical) 패킹** – 접촉면을 밀착시켜 밀봉하는 정밀 접촉식 시일

**07** 드릴링 작업 등에서 구멍 뚫기가 완료되어 부하가 갑자기 사라질 때, 피스톤 로드가 급격히 튀어나오는 현상을 방지하기 위해 사용하는 유압 회로는 어느 것인가?

① 감속 회로(Deceleration Circuit)
② 차동 회로(Differential Circuit)
③ 블리드 오프 회로(Bleed-off Circuit)
④ 미터 아웃 회로(Meter-out Circuit)

> **해설**
>
> • **블리드 오프 회로(Bleed-off)** : 펌프의 토출 유량 중 일부를 유압 탱크로 계속 환류시켜, 실린더 입구에 유입되는 압력·유량을 제어하고 무부하 시 토출 압력과 유량이 급격히 변화하지 않도록 완만한 전환을 유도하며 이로 인해 피스톤의 급격한 돌출을 방지
> • **감속 회로** : 속도 감소용 밸브 조합 회로
> • **차동 회로** : 실린더의 내부 차동 면적으로 고속 이동 구현
> • **미터 아웃 회로** : 실린더 출구의 유량을 제어하여 과부하 하중을 제어하는 것이 목적이다.

**08** 회전형 공기압축기의 특징과 가장 거리가 먼 것은?

① 베인형 · 스크루형 · 스크롤형 모두 회전 운동으로 압축을 수행한다.
② 다이어프램형은 회전형 압축기에 속하며, 진동과 맥동이 거의 없다.
③ 회전형 압축기는 일반적으로 소형 · 경량이며 유지보수가 용이하다.
④ 왕복동형에 비해 비교적 저소음 · 저진동이 특징이다.

> **해설**
>
> **다이어프램형** : 회전형이 아닌 왕복동식, 진동 · 맥동은 왕복동형이 상대적으로 큼, 회전형은 부드러운 운전

**09** 큰 운동에너지가 필요하여 짧은 시간에 높은 충격력을 발생시키는 공압 실린더는?

① 양로드형 실린더
② 쿠션 실린더
③ 충격 실린더
④ 텔레스코프 실린더

> **해설**
>
> - **충격 실린더** : 짧은 스트로크에 순간 충격력 출력
> - **쿠션형** : 행정 말단 충격 흡수
> - **텔레스코프형** : 좁은 공간에서 긴 행정

**10** 공기압 모터의 특징으로 옳지 않은 것은?

① 과부하 시에도 비교적 안전하다.
② 요동형 모터는 제한 없는 회전각 제공
③ 고속 회전이 어렵다.
④ 회전 속도가 무단 제어되기 어렵다.

> **해설**
>
> 공기압 모터, 특히 터빈형은 초고속 회전이 가능하다.

**11** 전기회로에서 전류를 지속적으로 흐르게 하려면 전압을 연속적으로 발생시키는 힘이 필요하다. 이 힘을 무엇이라 하는가?

① 자기력      ② 전자력
③ 기전력      ④ 전기장

- **기전력(EMF)** : 전류가 흐를 수 있도록 전하를 이동시키는 구동력, 전지·발전기에서 전위를 발생시키는 능력이고 단위는 볼트(V)이다.
- **자기력** → 자기장에 의해 물체에 작용하는 힘
- **전자력** → 전자에 작용하는 전기적 힘
- **전기장** → 전하 주위에 형성되는 장

**12** 유도전동기의 슬립과 특성에 관한 설명 중 옳은 것은?

① 유도전동기가 발전기로 동작할 때 슬립은 1보다 큰 값이 된다.
② 회전자 주파수는 슬립과 반비례하며, 슬립이 작을수록 회전자 주파수는 증가한다.
③ 슬립은 2차 입력에 대한 2차 동손의 비율로 나타낼 수 있다.
④ 슬립이 커질수록 2차 효율은 향상된다.

**해설**

- 슬립(s)의 정의

$$s = \frac{n_s - n}{n_s} = \frac{2차 \ 동손}{2차 \ 입력}$$

즉, 슬립은 손실 비율로도 해석 가능하다.
- 유도 발전기로 동작할 때 슬립은 0보다 작다.(음의 슬립)
- 회전자 주파수 $f_2 = s \times f_1$ → 슬립과 비례 관계
- 슬립 = 2차 동손 / 2차 입력 (기본 공식)
- 슬립이 커지면 2차 동손 증가 → 2차 효율 저하

모의고사 10

**13** 자동제어 장치의 기본 구성 요소 중, 검출된 제어량과 설정값을 비교하여 필요한 조작신호를 만들어 조작부로 보내는 '두뇌 역할'을 하는 부분은?

① 검출부      ② 설정기구
③ 조절부      ④ 조작부

해설

- **설정기구(Set Point Device)** : 사람이 원하는 목표값(설정값)을 지정
- **검출부(Sensor, Measuring Element)** : 실제 제어대상(Controlled Variable)의 현재 상태 측정
- **조절부(Controller)** : 인간의 두뇌에 해당, 검출부에서 들어온 측정값과 설정기구의 목표값을 비교·판단 오차가 있으면 조작신호(Control Signal)를 생성해 조작부로 전달하는 역할
- **조작부(Control Element)** : 조절부의 명령에 따라 제어대상에 직접 작용

---

**14** 그림과 같은 블록선도가 의미하는 요소로 다음 중 맞는 것은?

① 0차 늦은 요소
② 2차 늦은 요소
③ 1차 빠른 요소
④ 1차 늦은 요소

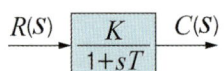

해설

블록선도(Block Diagram)에서 말하는 1차 늦은 요소(1차 지연 요소, 1st-order lag element)는 입력 신호 변화에 즉시 따라가지 못하고, 일정한 지연 특성을 보이는 시스템 요소를 의미한다.

- **1차 늦은 요소의 전달함수(Transfer Function)**

$$G(S) = \frac{K}{Ts + 1}$$

- K : 정특성(정상 상태 이득)
- T : 시정수(Time constant)

---

**15** 연속형 자동조절기에서 정상편차를 0으로 없애면서도 제어 응답 속도를 빠르게 하기 위해 가장 적합한 동작기구는?

① 비례 동작(P)
② 비례·미분 동작(PD)
③ 비례·적분 동작(PI)
④ 비례·적분·미분 동작(PID)

해설

※ **자동제어 연속형 조절기의 각 동작 특성**

- **P(비례) 동작** : 정상편차가 남음(잔류편차 존재), 응답 속도는 빠르지만 정확도는 부족
- **PI(비례+적분) 동작** : 정상편차 제거 가능, 하지만 응답 속도는 늦어짐(적분회로 특성)
- **PD(비례+미분) 동작** : 응답 속도 향상(미분회로 특성), 하지만 정상편차는 제거 불가
- **PID(비례+적분+미분) 동작**
  - 적분 → 정상편차 제거, 미분 → 응답 속도 향상
  - 정상편차 제거 + 빠른 응답 모두 만족(적분+미분 특성 결합)

**16** 다음 중 전기 신호를 이용하여 제어 동작을 수행하는 전기적 제어요소에 해당하는 것은?

① 피스톤
② 벨로우즈
③ 자기 증폭기
④ 분사관

**해설**

※ **자동제어 요소는 사용 에너지 형태에 따라 분류된다.**
- **전기적 제어요소(Electrical control element)**
  - 전기 신호를 증폭 · 변환하여 제어
  - **예** 전자석, 계전기(릴레이), 코일, 전자관 · 진공관 증폭기, 자기 증폭기
- **기계적 · 유압 · 공압 요소**
  - 피스톤 : 유압/공압에 의한 기계적 제어
  - 벨로우즈 : 온도 · 압력 변화 → 기계적 변위
  - 분사관 : 유체 분사 제어

**17** 다음 요소 중 압력 변화를 기계적인 위치(변위)의 변화로 변환하는 장치는 무엇인가?

① 전위차계
② 다이어프램
③ 분사관
④ 회전증폭기

**해설**

- **압력 → 위치(변위) 변환기** : 압력의 크기에 따라 기계적 변위를 발생
  - 주로 계측기 · 제어기 검출부에 사용
  - 대표 장치 : 다이어프램(Diaphragm), 벨로우즈(Bellows), 부르동 튜브(Bourdon tube), 스프링(Spring element)
- **전위차계** : 위치(변위)를 전기신호로 변환
- **다이어프램** : 압력 → 변위
- **분사관** : 유체를 분사하여 제어(공압 요소)
- **회전증폭기** : 회전력을 증폭하는 장치

**18** 다음 기계적 요소 중 비례요소(Proportional element) 특성을 갖지 않는 것은?

① 스프링
② 다이어프램
③ 노즐−플래퍼
④ 피스톤

> **해설**
>
> - 스프링 : 힘 ↔ 변위 비례
> - 다이어프램 : 압력 ↔ 변위 비례
> - 노즐 플래퍼 : 변위 ↔ 압력 비례
> - 피스톤 : 유입량 적분 → 변위

**19** 로봇 관절의 위치(각도) 제어에 일반적으로 사용되지 않는 센서는 무엇인가?

① 엔코더(Encoder)
② 포텐쇼미터(Potentiometer)
③ 스트레인 게이지(Strain gauge)
④ 리졸버(Resolver)

> **해설**
>
> - 위치(각도) 제어용 센서
>   - 엔코더 : 펄스를 이용한 고정밀 위치 · 각도 측정
>   - 포텐쇼미터 : 전위 변화로 위치 검출
>   - 리졸버 : 변압기 원리로 회전각 검출
> - 스트레인 게이지 : 변형률(미세 변형) 측정 센서 → 주로 하중 · 힘 · 응력 측정에 사용

**20** 다음 중 제어계의 주파수 응답 해석 방법에 해당하지 않는 것은?

① 나이퀴스트 선도
② 보드 선도
③ 주상수 응답법
④ 근궤적법

> **해설**
>
> - 나이퀴스트 선도, 보드 선도 → 주파수 응답 해석 기법
> - 주상수 응답법(Steady-state response method) → 주파수 영역 해석에 포함됨
> - 근궤적법(Root locus) → s-평면에서 극점 이동 궤적을 이용하는 시간영역 해석 기법
> - 안정도 판별법(주파수 · 주요 해석법)
>   - 근궤적법(Root locus) : 폐루프 극점의 위치 변화를 보고 안정 판단
>   - 나이퀴스트 판별법 : 주파수 응답곡선을 복소평면에 그림 → 안정 여부 확인
>   - 보드선도(Bode plot) : 위상 여유 · 이득 여유를 통해 안정 판단

**21** 다음 중 $CO_2$ 가스 아크 용접(GMAW, MAG)에서 스프레이 이행(spray transfer) 방식이 안정적으로 유지되기 위한 조건으로 옳지 않은 것은?

① 아르곤 혼합비가 80% 이상이어야 한다.
② 용접전류는 임계전류 이상으로 유지해야 한다.
③ 금속전이는 얇고 미세한 입자로 이루어진다.
④ 임계전류 이하에서도 동일한 전이(이행) 특성을 유지한다.

해설
- 스프레이 이행 : Ar 혼합 보호가스 + 임계전류 이상에서만 안정
- 임계전류 이하에서는 단락(short circuit) 이행 발생, 스프레이 이행은 고전류·고속용접에 유리하다.
  - 전이(이행) = 금속이송 방식

**22** 직류정극성(DCEP)으로 SMAW를 수행할 때 언더컷(undercut)이 반복적으로 발생하였다. 다음 중 가장 가능성이 낮은 원인은?

① 용접속도가 너무 빠르다.
② 전류가 과다하다.
③ 아크길이가 너무 길다.
④ 전류가 너무 낮아 아크가 불안정하다.

해설
- 언더컷 발생 주요 원인 : 전류 과다, 아크 과도 연장, 빠른 용접속도
- 전류가 낮으면 오히려 용착 부족(불완전 용융)이 발생하므로 언더컷과는 무관하다.

**23** 용접부에서 기공(Porosity) 결함이 발견되었을 경우, 가장 적절한 보수 방법으로 맞는 것은?

① 결함 부위를 완전히 제거하고 동일 전류 조건으로 재용접한다.
② 결함 부위를 그대로 두고 표면만 연마한다.
③ 전류를 더 낮추고 빠르게 덧살 용접한다.
④ 용접부 표면에 홈을 얕게 내고 덧대기 용접한다.

**해설**

- **기공 결함** : 가스·수분 혼입으로 발생
  - 보수 시 기공 부위 완전 제거 → 청결 유지 → 적정 건조 전극 사용 → 재용접
- **언더컷** : 전류 과다, 속도 빠름
  - 작은 지름 용접봉으로 메우기
- **오버랩** : 용융 부족, 조작 불량
  - 결함부 연마 → 재용접

**24** 다음 중 아크 블로우 발생 가능성을 가장 크게 하는 조건은?

① 교류 전원을 사용할 경우
② 직류 정극성으로 박판 용접 시
③ 직류 역극성으로 모재 끝단 용접 시
④ 접지선을 용접선 가까이 설치했을 경우

**해설**

- **아크 블로우(Arc Blow)**
  - 원인 : 용접 시 전류에 의해 생긴 자기장의 불균형
  - 현상 : 아크가 자기력에 끌려 한쪽으로 휘거나 흔들림, 직류(DC) 아크 용접에서 심함
  - 대책 : 접지 위치 변경, 전류 감소, AC 전환

**25** TIG 용접에서 알루미늄과 같은 산화피막 제거가 필요한 경우 가장 적합한 전원극성은?

① 직류 정극성(DCEN)
② 직류 역극성(DCEP)
③ 교류(AC)
④ 펄스 전류

**해설**

알루미늄 표면의 산화피막($Al_2O_3$)은 역극성(+)에서만 제거가 가능하다. 역극성만 사용하면 전극이 과열되므로 교류를 사용해서 산화피막을 제거하고 용입의 균형을 유지한다.

**26** $CO_2$ 아크 용접(GMAW)에서 순수 $CO_2$를 보호가스로 사용할 때의 특징으로 옳지 않은 것은?

① 스패터가 많고 아크가 다소 불안정하다.
② 경제성이 높아 생산성이 좋다.
③ 대전류 스프레이 전이 방식에서 안정적이다.
④ 두꺼운 강판 용접에 많이 사용된다.

**해설**

- 순수 $CO_2$는 글로불라 전이 위주이고 스패터가 많고 아크가 불안정하다.
- 스프레이 전이는 Ar 혼합가스에서만 가능하다.

**27** 저수소계 피복 전극(E7018)을 사용할 때 필요한 관리 방법으로 옳지 않은 것은?

① 사용 전 규정된 온도로 충분히 건조한다.
② 흡습 방지를 위해 밀폐된 전극 보관함에 넣어둔다.
③ 용접 중 전극이 젖어도 바로 사용해도 무방하다.
④ 피복재의 수분 함량을 최소화하여 수소 취성을 방지한다.

**해설**

저수소계 전극은 수분 흡습 시 수소 기공·균열을 유발시키므로 반드시 건조·밀폐 보관하여야 하며 젖은 전극은 반드시 재건조 후 사용하도록 한다.

**28** 다음 중 피복 전극의 피복제가 수행하는 기능으로 적절하지 않은 것은?

① 아크를 안정시키는 역할
② 용융금속을 대기 중 산소·질소로부터 보호
③ 용착금속의 합금 성분 조절
④ 전극봉의 기계적 강도를 향상

**해설**

- **피복제의 기능** : 아크 안정, 슬래그 형성, 가스 보호, 합금 원소 공급

**29** TIG 용접 장비에서 고주파 발생장치(HF unit)의 주된 역할은?

① 와이어 송급을 자동화한다.
② 알루미늄의 산화막을 제거한다.
③ 모재와 전극 사이에 아크를 비접촉으로 용이하게 발생시킨다.
④ 용접 중 열변형을 방지한다.

> **해설**
>
> - **고주파 발생장치(HF)** : TIG에서 아크 스타트 시 비접촉 점화 가능
> - 알루미늄 산화막 제거는 교류(AC)의 +극성 구간에서 이루어진다.

## 30 용접부에서 오버랩(Overlap) 결함이 발생했을 경우, 가장 적절한 보수 방법은?

① 결함 부분을 연마(그라인딩)하고 다시 용접한다.
② 지름이 큰 용접봉을 사용하여 덧살 용접한다.
③ 결함 부분에 홈을 만들어 깊게 다시 용접한다.
④ 전류를 크게 높여 빠르게 다시 용접한다.

> **해설**
>
> - 오버랩 결함은 용접금속이 모재에 충분히 용융되지 않고 겹쳐지는 현상
>   - 보수 시 결함부를 연마하여 제거 후 적정 전류와 속도로 다시 용접한다. 전류 과다/조작 불량 원인이므로 조건 재조정이 필요하다.

## 31 플라즈마 아크 용접(PAW)의 특징으로 옳지 않은 것은?

① 고밀도의 집속된 아크 열원으로 박판 용접에 적합하다.
② 아크가 플라즈마 가스에 의해 압축되어 집중도가 높다.
③ 아크 길이가 길어도 전압 변동이 거의 없다.
④ 아크 발생 방식이 MIG 용접과 동일하다.

> **해설**
>
> PAW는 플라즈마 가스가 노즐을 통과하며 아크를 집속·압축하여 고에너지 밀도를 형성하며, MIG와는 아크 발생과 집속 방식이 다르다.
> - **집속** : 아크를 좁고 강하게 집중시키는 것(Arc constriction)

**32** 누설탐상검사(LT)에서 헬륨가스(He)를 사용하여 미세누설을 검출할 때의 특징으로 옳지 않은 것은?

① 헬륨은 공기보다 분자량이 작아 미세누설 검출에 유리하다.
② 헬륨은 불활성가스로 장비 오염을 일으키지 않는다.
③ 헬륨 누설검사 장비는 매우 고가이며 고감도를 유지해야 한다.
④ 헬륨가스는 높은 점도를 가져 누설 검출이 용이하다.

**해설**

헬륨은 점도가 낮고 확산성이 크며 분자량이 작아 미세누설 검출에 최적이며, He(헬륨) 질량분석기 방식은 고감도지만 비용이 높다.

**33** 초음파탐상검사(UT)에서 두께가 10mm 이하인 얇은 재료의 표면 결함 검출에 가장 적합한 탐촉자는?

① 종파 탐촉자, 낮은 주파수
② 횡파 탐촉자, 낮은 주파수
③ 종파 탐촉자, 높은 주파수
④ 횡파 탐촉자, 높은 주파수

**해설**

- **얇은 판** : 고주파(5~10MHz) 사용 → 분해능↑
- **표면결함** : 종파로 직각 조사
- **두꺼운 재질 내부 결함** : 저주파 횡파 적합

**34** 침투탐상검사(PT)에서 세정(제거) 불량으로 인해 발생할 수 있는 가장 대표적인 문제는 무엇인가?

① 현상제가 고르게 도포되지 않는다.
② 비가시 결함이 잘못 검출되어 오판독이 발생한다.
③ 침투액의 모세관 작용이 저하되어 결함부로의 침투가 줄어든다.
④ 건조 시간이 짧아 결함부의 침투액이 증발한다.

**해설**

• 세정(제거) 공정 불량 시, 모재 표면에 남은 침투액이 현상 시 결함이 아닌 부위에서도 발색 → 가짜 지시(가성 지시, False indication) 발생. 즉, PT에서 세정공정이 부실하면 가성지시(Fake indication) 발생 → 오판독의 원인이 된다.
• 침투액의 모세관 작용 저하는 표면 전처리 불량 시 문제
• 건조시간 부족은 침투액 증발과 직접적 관련이 없다.

**35** 손다듬질 작업 시 파편 비산으로 인한 위험을 예방하기 위해 법령상 사업주가 근로자에게 지급해야 하는 보호구 조합으로 가장 타당한 것은?

① 보안경과 안전모

② 안면보호구, 보안경, 안전화

③ 방진마스크, 귀마개

④ 절연장갑과 안전모

 **해설**

파편 비산이 우려되는 작업에는 안면 및 눈 보호구가 필수이며, 손다듬질은 중량물 취급이 아니므로 방진 · 청력 보호구는 필수는 아니다.

**36** 산업안전보건기준에 관한 규칙에서 공작기계 가동 중 위험을 방지하기 위해 필수적으로 설치해야 하는 안전장치는?

① 방진패드

② 비상정지장치

③ 절연장치

④ 자동급유장치

 **해설**

공작기계는 가공 중 돌발 위험 발생 시 즉시 정지 가능해야 한다.

**37** 산업안전보건법 제13조의7 및 제조업 정비보수 지침에 따르면, 설비 보전작업 시 반드시 선행해야 하는 조치는?

① 위험성평가 → 위험 제거 또는 저감 조치 후 작업

② 정비 후 위험평가

③ 교육 없이 유지보수 진행

④ 위험 요소 무시

 **해설**

위험성평가 후 리스크 저감 조치가 법적 의무이다.

**38** 전기안전관리법 제11조에 따른, 자가용 전기설비의 소유자 또는 점유자가 수행해야 하는 정기검사 관련 의무는?

① 자체 검사를 매월 실시
② 산업통상자원부령에 따라 정기검사를 받고 그 결과를 보관할 의무
③ 소비자에게 검사 결과 통지
④ 정기검사는 면제된다.

**해설**

제11조에 따라 산업부령 기준으로 검사받고 기록 · 보관하도록 의무화되어 있다.

**39** 산업안전보건기준에 관한 규칙 제299조에 따르면, 가연물 근처에서 용접 작업을 할 경우 반드시 해야 하는 조치는?

① 가연물 위에 젖은 천만 덮어둔다.
② 가연물을 제거하거나 방염포 · 불연재로 차단한다.
③ 용접속도를 빠르게 하여 열발생 최소화
④ 환기장치만 가동

**해설**

용접 · 용단 작업 시 화재위험물 제거 및 불연성 차단막 설치는 의무이다.

**40** 고압가스 용기 충전 시 법령상 금지사항으로 맞는 것은?

① 용기 외면 온도가 낮은 경우
② 검사유효기간이 지난 용기에 충전
③ 동일가스를 동일용기에 충전
④ 가스별 표지 색상 부착

**해설**

검사유효기간 경과 용기에는 충전 금지(고압가스안전관리법 시행규칙)

모의고사 10

| 과목 ③ | 기계 설비 일반 |
|---|---|

**41** 크롬(Cr)이 강재에 첨가될 때 나타나는 영향으로 옳지 않은 것은?

① 경화능을 증가시켜 담금질 효과를 깊게 한다.
② 내식성을 향상시켜 스테인리스강 제조에 필수적이다.
③ 내열성을 높여 고온부품용 합금강으로 사용된다.
④ 충격인성을 저하시켜 내마모성을 떨어뜨린다.

> **해설**
>
> 크롬(Cr)은 대표적인 합금 원소로, 강재에 첨가하면 다음과 같은 기계적 성질의 변화가 있다.
> - 경화능 증가 → 깊은 담금질 가능
> - 내식성 향상 → 스테인리스강 제조 필수 원소
> - 내열성 증가 → 고온강, 공구강, 크롬강 제조
> - 내마모성도 향상하며, 특히 Cr-carbide가 표면에 형성되어 마모저항이 향상된다.

**42** 0.6%C 중탄소강을 $A_3$ 변태점 이상에서 가열 후 물담금질 했을 때 형성되는 주된 조직으로, 가장 높은 경도를 나타내는 것은?

① 펄라이트(Pearlite) – 층상 조직으로 담금질 후 경도 낮음
② 마르텐사이트(Martensite) – 급냉으로 생성되는 바늘모양 조직
③ 소르바이트(Sorbite) – 뜨임 조직으로 경도 중간 수준
④ 트루스타이트(Troostite) – 뜨임 조직으로 경도 소르바이트보다 높음

> **해설**
>
> - 마르텐사이트는 급냉 시 오스테나이트가 확산 없이 변태하여 형성되는 과포화 고탄소 조직으로, 가장 높은 경도와 강도를 가진다.
> - 펄라이트는 층상 조직으로 담금질 전의 상온조직, 경도가 낮다.
> - 소르바이트·트루스타이트는 마르텐사이트를 200~400℃ 범위에서 뜨임했을 때 형성되는 조직으로 경도는 마르텐사이트보다 낮고 인성은 높다.

**43** 고속도강(HSS, High Speed Steel)의 고온 절삭 성능과 내열성을 향상시키기 위해 가장 중요한 합금원소는 무엇이며, 그 이유로 옳은 것은?

① 텅스텐(W) – 고온에서도 경도를 유지하는 초경질 텅스텐카바이드 형성
② 규소(Si) – 탈산작용 및 내산화성 향상만 가능
③ 망간(Mn) – 담금질 경화능 증가 및 황 제거 역할
④ 탄소(C) – 기초경도 향상은 가능하나 고온경도 유지에는 한계

> 해설
>
> • **텅스텐(W)** : HSS의 핵심 합금원소로 W-carbide 형성으로 500~600℃ 고온에서도 경도 유지되며 고속절삭 가능
> • **규소(Si)** : 주로 산화방지 · 탈산 원소, 내열성 직접 향상과는 관계가 없다.
> • **망간(Mn)** : 황 제거, 경화능 증가가 가능하지만 HSS 내열성에는 영향이 미미하다.
> • **탄소(C)** : 기본 경도 향상에 기여하지만 고온경도 유지엔 부족하다.

**44** ISO 구멍기준 끼워맞춤에서 H7 구멍과 h7 축의 조합으로 형성되는 끼워맞춤의 유형은 무엇인가?

① 헐거운 끼워맞춤　　　　　　　　② 중간 끼워맞춤
③ 억지 끼워맞춤　　　　　　　　　④ 전위 끼워맞춤

> 해설
>
> • H7/h7은 항상 간극이 있는 헐거운 끼워맞춤이다.
> • **H7 구멍** : 공차역이 기준선(0선) 위쪽만 위치
> • **h7 축** : 공차역이 기준선 아래쪽만 위치
> • 이 두 공차역은 겹치지 않고 항상 약간의 틈새가 발생한다.

**45** 기계제도에서 핸들 · 바퀴 암 · 리브 · 훅 · 축 등의 대칭 형상이나 회전 형상 부품의 단면을 간단히 표시할 때 가장 적합한 도시법은 무엇인가?

① 회전 단면도 – 중심선을 기준으로 일정 각도만 돌려 단면을 표시
② 계단 단면도 – 단면 절단면이 꺾여 여러 구간을 포함
③ 부분 단면도 – 필요 부분만 절단하여 표시
④ 한쪽 단면도 – 절반만 절단하여 나머지는 외형선으로 표시

> **해설**
>
> - **회전 단면도(rotated section)** : 리브, 암, 바퀴 살처럼 길이 방향에 따라 동일한 단면 형상이 반복되는 부품을 간단히 표시할 때 사용하는 단면법이다.
> - **계단 단면도(step section)** : 복잡한 내부 구조를 한 도면에 표현할 때 절단선을 꺾어서 표시
> - **부분 단면도(broken-out section)** : 일부분만 절단하여 내부 표시
> - **한쪽 단면도(half section)** : 대칭형 물체에서 절반만 절단하여 표시

**46** 그림과 같은 기하공차 도시방법에 대한 설명 중 옳은 것은?

| ◯ | 0.01 | |
|---|------|---|
| // | 0.09/50 | A |

① KS 규격에는 없는 방식이다.
② 진원도의 데이텀은 A이다.
③ 단독형체에는 적용되지 않은 공차들이다.
④ 한 개 형체에 두 개의 공차를 지시하는 경우이다.

> **해설**
>
> 문제의 기하공차는 진원도(◯)와 평행도(//)이다.
> - KS 규격에 사용하는 방식이고 진원도의 경우 단독형체로 데이텀이 적용되지 않는다.

**47** 정밀 기어박스 조립 후 축간거리 정확도를 보정하기 위해 기준 길이를 설정해야 한다. 온도 보정이 가능하고, 다른 측정기 검교정에도 활용할 수 있는 가장 적합한 측정기는 무엇인가?

① 다이얼게이지        ② 버니어캘리퍼스
③ 블록게이지        ④ 레이저 정렬기

> **해설**
>
> - **블록게이지(block gauge)** : 국제표준에 맞춘 길이 표준으로, 축간거리 · 기어백래시 등 정밀 치수 기준 설정에 사용
> - **다이얼게이지** : 변위나 편심 측정용이다.
> - **버니어캘리퍼** : 휴대성 좋지만 기준길이 역할 불가하다.
> - **레이저 정렬기** : 정렬상태 측정용이지 길이 표준은 아니다.

**48** 모터 축의 저널부 마모 정도를 정밀하게 측정해야 한다. ±0.01mm 이하의 고정밀 측정이 필요하며, 표면 거칠기 영향도 최소화해야 할 때 가장 적합한 측정기는?

① 다이얼게이지
② 외측 마이크로미터
③ 버니어캘리퍼스
④ 블록게이지

해설

- **다이얼게이지** : 변위나 편심 측정에는 유리하지만 직경 측정에는 한계가 있다.
  - 진원도 · 런아웃 측정용.
- **버니어캘리퍼스** : 휴대성은 좋으나 정밀도는 ±0.05mm 수준이다.
- **블록게이지** : 길이 표준 및 검교정용이지 직접 마모 측정용은 아니다.
- **외측 마이크로미터** : ±0.01mm 혹은 그 이하 정밀도로 축 · 저널 직경 측정에 적합하다.

**49** 다음 중 레이저 가공(Laser Machining)의 특성과 장점으로 부적절한 설명은?

① 고에너지 밀도를 이용한 비접촉 가공으로 열영향부(HAZ)가 비교적 작다.
② 열전도율이 낮은 고두께 금속 소재에 대해 절삭 효율이 뛰어나다.
③ 비금속 및 세라믹 등 취성재료의 정밀 가공에 유리하다.
④ 초정밀 미세 가공 및 자동화 공정에 적합하다.

해설

레이저 가공은 고에너지 빔으로 소재를 절단 · 천공하는 비접촉식 열가공법으로, 열변형이 적고 정밀도가 높으며 자동화에 적합한 가공법이다.

※ 장점
- 열에 민감한 재료에도 적용 가능함 (짧은 시간에 집중적으로 열을 가함)
- 정밀한 미세 가공, 자동화 라인에 유리함
- 취성재료(세라믹, 유리 등)도 손상 없이 가공 가능함

※ 단점
- 두꺼운 금속재(특히 열전도율이 낮은 재료)는 용융량이 많아 가공 효율이 떨어진다.
- 고비용, 반사율이 높은 재료(알루미늄 등)는 가공이 어렵다.

모의고사 10

**50** 다음 중 절삭 시 생성되는 칩이 불규칙하게 뭉치거나 비산(chip scattering)되는 주된 원인으로 가장 적절한 것은?

① 절삭속도가 너무 낮아 전단 변형이 과도하게 발생할 때

② 절삭 깊이가 작아 칩이 연속적으로 형성되지 않을 때

③ 전면각(rake angle)이 적절하여 칩이 매끄럽게 배출될 때

④ 절삭유를 충분히 사용하여 절삭온도가 낮을 때

> **해설**
>
> 절삭 칩의 형상은 절삭 조건(속도, 이송, 깊이, 공구 각도 등)에 따라 연속칩, 열단형칩, 세그먼트칩(전단칩), 경작형칩 등으로 다양하게 형성된다. 절삭속도가 낮을 경우, 절삭 중에 칩이 연속적으로 잘 형성되지 않고 과도한 전단이 반복되며 칩이 비산하거나 뭉치는 현상이 발생할 수 있다. 반면 절삭속도가 적절히 높으면, 열적 연화와 전단영역 안정화로 인해 연속칩이 형성되어 가공면도 깨끗하게 유지된다.

**51** 다음 중 선반에서 공작물을 회전시켜 가공하기 위해 직접적으로 고정·지지하는 장치로, 주축대에 장착되어 회전하는 것은?

① 심압대

② 척(Chuck)

③ 왕복대

④ 심봉(Live center)

> **해설**
>
> • 척(Chuck) : 선반의 주축대(spindle headstock)에 부착되어 공작물을 중심에 고정하고 회전시켜 가공할 수 있게 하는 장치이다.
> • 심압대(tailstock) : 주로 공작물의 반대쪽을 지지하거나 센터드릴, 리머 등을 장착하는 용도로 사용되며, 직접 고정은 하지 않는다.
> • 왕복대(cross slide carriage) : 공구대를 지지하고 전·후, 좌·우 이송을 담당한다.
> • 심봉(Live center) : 심압대에 장착되어 회전하는 중심 지지 장치일 뿐이다.

**52** 기어의 형식에 따라 접촉선의 길이가 달라지며, 동일 조건에서 접촉선 속도가 가장 큰 기어는?(단, 모든 기어는 동일한 모듈, 잇수, 회전속도 조건으로 작동하며, 속도비도 동일하다.)

① 스퍼기어

② 헬리컬기어

③ 베벨기어

④ 래크와 피니언

**해설**

헬리컬기어는 이의 비틀림각(헬릭스각) 때문에 이 치형이 점이 아닌 선 접촉을 하며, 접촉선이 길고 접촉이 연속적이어서 스퍼기어보다 접촉선 속도가 크다. 접촉선 속도는 실제 회전속도에 접촉선의 유효길이를 곱한 값이므로, 동일 회전 조건이라면 접촉면이 긴 헬리컬기어가 가장 빠르다.

| 기어 종류 | 접촉 방식 | 접촉선 길이/속도 | 주요 용도 |
| --- | --- | --- | --- |
| 스퍼기어 | 점 접촉 | 짧음 | 일반 전달장치, 중저속 회전 |
| 헬리컬기어 | 선 접촉 | 길다.(가장 큼) | 고속, 저소음, 고하중 구동 |
| 베벨기어 | 점/선 접촉 | 중간 | 축 방향 전환 |
| 래크와 피니언 | 직선 접촉 | 짧음 | 회전 ↔ 직선 운동 변환 장치 |

**53** 다음 중 커플링(Coupling)의 설치 목적에 부적절한 것은?

① 축 간의 정렬 불량(편심·편각) 흡수
② 동력 및 토크 전달
③ 회전 중 진동의 완화 및 충격 흡수
④ 회전체의 불균형에 의한 진동 증폭

**해설**

• 커플링은 주로 다음과 같은 목적에 사용한다.
  – 축 간의 정렬 불량 보정(편심·편각 등)
  – 토크 및 동력 전달
  – 운전 중 발생할 수 있는 충격이나 진동을 흡수

**54** 다음 중 유니버설 조인트 커플링(Universal Joint Coupling)의 주요 특징으로 옳은 것은?

① 두 축의 정밀한 일직선 정렬이 필요하다.
② 회전 방향을 변경하는 기능을 갖는다.
③ 큰 편심보다는 직선 방향 정렬에만 적합하다.
④ 큰 각도의 축 사이 굴절을 허용하며 회전 전달이 가능하다.

**해설**

유니버설 조인트(Universal Joint)는 두 축이 직선상에 정렬되지 않아도 회전을 전달할 수 있다. 큰 각도의 굴절(꺾임)을 허용한다. 즉, 임의의 어떤 각도로 교차 시 조인트가 가능하다. 자동차의 프로펠러 샤프트 등에서 사용되고 있다. 단, 회전 속도의 변동이 생길 수 있어 정속성이 필요한 정밀 구동에는 부적합하다.

**55** 펌프 또는 송풍기와 연결되는 배관 시스템을 설계할 때 가장 먼저 고려해야 할 핵심 요소는 무엇인가?

① 도장 및 표면 처리 방식
② 계통 흐름 조건에 따른 배관의 직경, 경로 및 손실계수
③ 윤활 시스템의 유지관리 편의성
④ 밸브 및 계장기기 설치 위치와 접근성

해설

배관 설계에서 가장 우선 고려해야 할 사항은 유량, 압력, 속도 등의 흐름 조건을 만족하도록 배관의 직경과 배치, 경로, 길이, 손실 요소를 설계하는 것이다. 이는 펌프의 양정 계산, 송풍기의 정압 설계와 직결되며, 시스템 전반의 에너지 효율과 운전 안정성에 영향을 준다. 도장이나 윤활, 밸브 위치는 그 다음 단계에서 운영 편의성과 유지보수를 위한 사항이다.

**56** 왕복동 압축기의 유지보수 중, 전동기 과부하 릴레이가 반복 작동하는 현상이 발생하였다. 이 문제의 원인을 파악하기 위해 설비보전 담당자가 가장 먼저 확인해야 할 사항은?

① 전동기의 프레임 접지 상태
② 압축기의 피스톤 왕복수
③ 압축기 기동 시 무부하 기동 여부
④ 전동기 절연저항 수치

해설

왕복동 압축기는 기동 시 압축 부하를 줄이기 위해 무부하 기동 장치(언로드 밸브 등)를 갖추는 것이 일반적이다. 무부하 기동이 되지 않으면 기동 토크가 커져 전동기에 과부하가 걸리며 릴레이가 작동된다. 따라서 보전 시 이 부분을 가장 먼저 점검해야 한다.

**57** 설비보전 작업 중 특정 라인의 유량을 차단하기 위해 밸브를 완전히 폐쇄하였으나, 계측기에서 유량이 계속 감지되고 있다. 이때 보전 작업자가 가장 먼저 확인해야 할 사항은 무엇인가?

① 밸브 핸들의 체결 상태
② 밸브 내부의 디스크 및 시트 밀착 상태
③ 배관 연결 플랜지의 조임 토크
④ 보온재 탈락으로 인한 배관 노출 부위

**해설**

밸브를 완전히 닫았음에도 유량이 감지된다면, 가장 우선적으로 의심해야 할 것은 밸브 내부의 밀폐 기능 저하, 즉 디스크와 시트 간 밀착 불량이나 마모이다. 이는 내부 누설(internal leakage)의 주요 원인으로, 이물질 끼임 또는 시트 마모로 인해 유체가 계속 통과할 수 있다.

**58** 설비보전 중 송풍기 운전 시 이상 진동과 소음이 동시에 발생하였다. 전동기와 송풍기의 연계 상태를 중점적으로 점검하려 할 때, 가장 우선적으로 확인해야 할 사항은 무엇인가?

① 송풍기 풍량 제어밸브의 설정값
② 전동기와 송풍기 간의 축 정렬 상태
③ 베어링의 윤활 주기 및 윤활유 점도
④ 송풍기 흡입 필터 또는 덕트 내부 오염 상태

**해설**

송풍기와 전동기는 커플링을 통해 회전동력을 전달받는 구조이며, 이때 축 정렬이 틀어지면 진동과 소음이 동시에 발생하는 주요 원인이 된다. 축 정렬 불량은 베어링 마모, 커플링 손상, 진동 증가, 에너지 손실 등 복합적인 고장을 유발하므로, 전동기 연계 상태 점검 시 가장 우선적으로 확인해야 할 항목이다.

**59** 설비보전 중 냉각수 순환이 되지 않아 펌프 계통을 점검한 결과, 펌프는 정격 운전 중이나 전동기가 과열되는 현상이 발생하였다. 이때 보전 작업자가 가장 먼저 확인해야 할 항목은?

① 펌프의 회전방향이 설계 방향과 일치하는지
② 펌프 임펠러의 마모 또는 공동현상 발생 여부
③ 배관 내 스케일 또는 슬러지의 축적 상태
④ 펌프 축봉(씰) 부의 냉각수 공급 상태

**해설**

펌프가 회전은 하지만 냉각수가 순환되지 않고 전동기 과열이 발생했다면, 펌프가 역회전하고 있을 가능성이 높다. 이는 펌프의 회전방향이 잘못 연결되어 무부하 회전 또는 압송 실패를 유발하며, 이로 인해 전동기는 부하 불균형으로 과열될 수 있다.

**60** 3상 유도전동기의 정기 점검 중 한 상의 절연저항이 0.1MΩ 이하로 급격히 저하된 것이 확인되었다. 보전 작업자가 가장 먼저 수행해야 할 조치로 가장 적절한 것은?

① 배선 도관의 색상 체계 점검
② 권선의 단락 · 지락 등 절연 파손 여부 점검
③ 전동기 부하의 정격전류 확인
④ 커플링의 정렬 상태 확인

절연저항이 급격히 낮아졌다는 것은 권선의 절연이 파괴되었거나 습기나 오염에 의해 절연불량이 발생했음을 의미한다. 이 경우 권선 단락, 접지 누설, 흡습 여부 등을 우선적으로 점검해야 하며, 전기적 시험과 육안 검사로 절연 상태를 진단한다.

---

과목 **4** 설비 진단 및 관리

**61** 정기 보전 시 윤활 계통의 이상 유무를 점검하고자 한다. 오염 또는 열화 상태를 가장 직접적으로 판단할 수 있는 항목은 무엇인가?

① 오일 탱크의 액면(레벨) 변화
② 오일 점도의 변화 추이
③ 장비의 누적 운전시간
④ 윤활펌프의 유량 유지 여부

윤활유의 점도는 오염이나 산화, 열화 등의 상태 변화에 매우 민감하게 반응하므로, 오염 여부 판단의 주요 지표이다. 오일 레벨은 누유나 증발 여부에 대한 간접 정보이고 장비 운전시간은 보전 시기 판단 기준일 수 있지만, 오염 여부 직접 판별은 어렵다. 윤활펌프 유량은 계통 이상 여부는 알 수 있지만, 오일 자체의 품질 변화는 확인이 어렵다. 따라서 윤활유의 오염 및 성능 열화를 판단하려면, 점도 변화 관찰이 가장 직접적이고 효과적인 방법이 된다.

**62** 어떤 설비 구조물의 1차 고유진동수가 8Hz일 때, 이 구조물이 가장 공진 위험이 높은 회전수 범위는?

① 약 100 RPM
② 약 250 RPM
③ 약 480 RPM
④ 약 960 RPM

공진 조건은 진동수 $f = \dfrac{N}{60}$ 이므로, N = 8 × 60 = 480RPM에서 공진 발생.

그러나 일반적으로 공진은 1차, 2차, 3차 배수에서도 발생할 수 있으므로, 위험 회전수는 480, 960, 1440 등도 포함됨.

**63** 기계 설비에서 발생하는 일반적인 소음 원인 중에서, 정상 상태에서 소음을 유발할 가능성이 가장 낮은 항목은 무엇인가?

① 회전체의 불균형
② 구조물의 공진
③ 적절히 윤활된 기어의 정상 작동
④ 공기압축기의 내부 기계적 운동

> **해설**
>
> 적절하게 윤활된 기어는 정상 작동 시 소음을 거의 발생시키지 않는다. 반면 회전체의 불균형, 구조물 공진, 공기압축기 작동 등은 설비 소음의 대표적인 원인이라 할 수 있다.

**64** 기계 설비 중 동력에 의해 회전 운동을 주로 수행하는 회전체 설비에 해당하지 않는 것은?

① 원심 펌프
② 산업용 송풍기
③ 공기압 실린더
④ 삼상 유도 전동기

> **해설**
>
> 공기압 실린더는 피스톤 왕복 운동을 통해 직선 운동을 발생시키는 설비로 회전체 설비가 아니다. 반면 펌프, 송풍기, 전동기는 모두 회전 부품을 기반으로 작동한다.

**65** 다음 중 제품 중심 배치(Product Layout) 방식의 대표적인 특징으로 가장 적절한 것은?

① 제품의 공정 특성에 따라 설비를 자유롭게 재배치한다.
② 다양한 종류의 제품을 유연하게 처리할 수 있다.
③ 생산 공정 흐름에 맞춰 설비를 직선 또는 U자 형태로 배열한다.
④ 설비 간 거리가 멀어 자재 이동 시간이 길다.

> **해설**
>
> 제품별 설비 배치는 단일 제품을 대량 생산하는 데 적합하며, 공정 순서에 맞게 설비를 직선이나 U자형으로 배열하여 자재 흐름을 최소화하고 작업 효율을 극대화한다.

모의고사 10

**66** 설비관리의 목적에 대한 설명으로 적절하지 않은 것은?

① 설비의 안정적인 운용을 위한 유지보수 체계 확립
② 최소 비용으로 설비의 기능을 최대한 발휘하도록 관리
③ 설비를 빈번히 교체하여 신기술을 도입
④ 설비 정보를 체계적으로 기록하고 분석

> **해설**
>
> 설비관리는 설비의 효율적 운영과 유지를 목표로 하며, 불필요한 교체보다는 수명 연장과 비용 절감이 핵심이다.

**67** 다음 중 TPM(Total Productive Maintenance)의 추진 목적이나 활동 방향과 가장 거리가 먼 설명은?

① 설비를 무고장 상태로 유지하여 생산성 손실을 최소화한다.
② 자주보전과 개선활동을 통해 설비 고장을 조기에 제거한다.
③ 전사적 참여를 통해 무사고·무결함 생산 환경을 실현한다.
④ 설비의 교체 주기를 단축하여 최신 장비로 생산성을 향상시킨다.

> **해설**
>
> TPM은 기존 설비의 수명 연장과 신뢰성 향상을 중시하며, 잦은 교체보다는 보전과 개선을 통해 장비를 최적 상태로 유지하는 데 목적이 있다. 최신화는 필요 시 전략적으로 접근하지만, 그것이 목표는 아니다.

**68** 다음 중 치공구의 종류와 용도 설명이 올바르게 연결된 것은?

① 고정공구 – 공작물의 치수를 정확하게 측정하기 위한 도구
② 측정공구 – 공작물 절삭에 사용되는 날 형태의 공구
③ 절삭공구 – 공작물의 여유 부분을 제거하여 가공 형상을 만드는 공구
④ 유공압공구 – 지그나 바이스 없이 자유롭게 지지하는 공구

> **해설**
>
> • **절삭공구** : 드릴, 엔드밀, 바이트 등과 같이 공작물의 불필요한 부분을 제거하여 최종 형상을 만드는 데 사용된다.
> • **측정공구** : 공작물의 치수를 정확하게 측정하기 위한 도구
> • **유공압공구** : 지그나 고정공구 내부에 결합되어 작동을 보조하는 장치이지, 자유 위치 이동용이 아니다.

**69** 공장의 보일러나 흡수식 냉동기 등 열원설비에 대한 에너지 진단을 수행할 때, 일반적으로 분석 대상이 아닌 항목은 무엇인가?

① 연소 효율 향상을 위한 예열 공기 활용 여부
② 운전 효율 평가를 위한 로드율(부하율) 분석
③ 사용 연료의 종류 및 저위발열량 검토
④ 전동기 보호를 위한 정격 전압과 전류의 정확도 확인

**해설**

열원설비는 주로 연료 특성, 연소 상태, 폐열 회수, 운전 부하 특성 등을 중심으로 진단한다.
전동기 보호를 위한 정격 전압과 전류의 정확도를 확인하는 것은 전기설비(전동기, 인버터 등)의 진단 항목에 해당한다.
보일러나 냉동기와 같은 열원설비의 진단 항목에는 포함되지 않는다.

**70** TPM(Total Productive Maintenance) 활동은 설비의 무고장·무사고·무불량을 실현하기 위한 전사적 실천 전략이다. 다음 중 TPM 주 활동의 공식 구성 항목에 해당하지 않는 것은?

① 사무 부문의 낭비 제거 및 정보 흐름 개선 활동
② 무재해 작업장을 구축하기 위한 안전·환경 중심 활동
③ 보전 업무를 외부 전문업체에 위탁하여 관리 효율을 높이는 활동
④ 작업자 및 보전 인력의 기술 능력을 향상시키기 위한 체계적 교육 활동

**해설**

TPM은 보전 활동을 외주화하기보다는 작업자와 현장 관리자가 함께 참여하여 능동적으로 개선하는 체계이다.
**※ TPM의 8대 활동**
　① **자주 보전** : 작업자가 직접 청소, 점검, 이상 감지 및 초기 보전
　② **계획 보전** : 고장 이력을 기반으로 정기 점검·예방보전 체계 수립
　③ **품질 보전** : 불량 원인 제거, 공정 내 품질 안정화 활동
　④ **교육 훈련** : 작업자 및 보전 인력의 기술 향상과 자율 관리 역량 강화
　⑤ **초기 관리** : 신설비 도입 시 문제 예방을 위한 설계 및 설치 표준화
　⑥ **안전·환경 보전** : 무사고·무재해 환경 구현, 유해 위험 설비 관리
　⑦ **사무 효율화** : 관리 업무의 낭비 제거 및 정보 흐름 최적화
　⑧ **개발 보전** : 신제품/신공정 개발 초기 단계부터 보전성을 고려

**71** 다음 중 설비 효율 지표인 MTBF(Mean Time Between Failures)가 증가하는 경우, 해당 설비의 상태를 가장 타당하게 해석한 설명은 무엇인가?

① 설비가 고장난 후 복구에 더 많은 시간이 소요됨을 의미한다.
② 설비 고장이 더 자주 발생하고 있어 신뢰도가 저하됨을 나타낸다.
③ 설비 간 고장 간격이 길어져 신뢰성과 운전 안정성이 향상되고 있음을 의미한다.
④ 설비의 정비 시간이 줄어들어 가동률이 감소함을 의미한다.

**해설**

MTBF는 두 고장 사이의 평균 가동 시간을 나타내는 지표로, 값이 커질수록 고장 간격이 길고, 설비가 더 오래 정상 운전된다는 의미이다. 이는 설비 신뢰성이 높아졌음을 나타내는 긍정적인 지표라 할 수 있다.

**72** 어떤 공장 특정 생산 라인에서 매일 동일 시간대에 반복적으로 발생하는 소량 정지와 공정 간 대기, 그리고 라인 속도 저하 현상이 수개월째 지속되고 있다. 이러한 현상은 생산량 저하에 영향을 미치고 있으나 명확한 고장이나 사고로 인식되지 않고 있다. 이 사례에서 나타나는 손실 유형으로 다음 중 가장 적절한 것은?

① 돌발로스(Sporadic Loss)
② 일시적 비가동 손실
③ 만성로스(Chronic Loss)
④ 품질로스(Quality Loss)

**해설**

• 만성로스(Chronic Loss)는 설비나 작업환경에서 장기간에 걸쳐 반복되거나 지속적으로 발생하는 비가시적인 손실을 의미한다. 이는 일반적으로 작업자나 관리자가 문제라고 인식하지 못한 채 습관적으로 받아들이는 낭비이며, 대표적으로 다음과 같은 형태가 있다.
  – 미세 정지 (10초~몇 분 사이의 빈번한 짧은 멈춤)
  – 속도 저하 (정격 속도 대비 낮은 운전 속도)
  – 반복적인 대기 시간
  – 설비 성능 미달, 공정 간 비효율성
• 이 문제에서 매일 같은 시간대에 반복되는 대기와 속도 저하는 명확한 고장처럼 인식되지 않지만, 실제로는 장기적 생산성 저하를 유발하는 구조적 문제가 있다. 이런 유형은 TPM 개선활동(예 자주보전, 품질보전, 흐름개선 등)을 통해 근본 원인을 찾아 제거하는 것이 중요하다.

**73** 자주보전 7단계 추진 절차에서 1단계 활동의 핵심 목적은 작업자가 설비에 관심을 갖고 직접 다루는 과정을 통해 이상 징후를 조기에 인지할 수 있는 기반을 마련하는 것이다. 이러한 취지에 가장 부합하는 1단계 활동 내용은 다음 중 어느 것인가?

① 설비 이상 이력을 정리하고 시각화하여 고장 패턴을 분석한다.
② 설비 주변과 기계 본체의 오염을 제거하고 초기 청소를 수행한다.
③ 점검 항목과 주기를 정해 설비 관리 기준을 수립한다.
④ 진동이나 온도 데이터를 수집하고 설비 상태를 계측한다.

**해설**

자주보전 1단계 활동의 핵심은 "내 설비는 내가 지킨다"는 주인의식에서 시작된다.
설비를 청소하면서 관찰하고, 오염·이상 징후를 눈으로 직접 확인하게 되며, 이를 통해 설비에 관심이 생기고 이상이 보이는 구조가 시각화되며 미세한 문제를 조기에 발견할 수 있는 습관이 형성되게 된다.
※ **자주보전의 7단계 추진 절차 (TPM 모델 기준)**
  • **1단계** : 초기 청소 및 오염 제거
  • **2단계** : 오염·결함 발생원 제거 및 어려운 부위 개선
  • **3단계** : 점검 및 유지관리 기준 설정
  • **4단계** : 점검 항목의 표준화
  • **5단계** : 자율 점검 체계화
  • **6단계** : 품질 보전 활동과 연계
  • **7단계** : 자주보전의 정착 및 자율 개선

**74** 윤활관리를 통한 설비보전 효과에 대한 설명으로 부적절한 것은?

① 윤활 상태 개선은 설비의 고장률을 낮추는 데 기여한다.
② 윤활유 내 이물질 분석은 고장 예측의 수단이 될 수 있다.
③ 마찰계수를 높이면 설비 효율이 향상된다.
④ 윤활 주기 최적화는 불필요한 정비 횟수를 줄이는 데 도움이 된다.

**해설**

윤활관리는 마찰계수를 낮춰 마모 및 에너지 손실을 줄이는 것이 목적이며, 마찰계수가 높아지면 오히려 설비 효율은 저하된다.

**75** 윤활작업의 일반적인 목적에 부합하지 않는 설명은?

① 마찰을 줄여 에너지 손실을 감소시킨다.
② 금속 표면의 마모를 방지하여 부품의 수명을 늘린다.
③ 금속 간 접촉을 강화하여 발열량을 증가시킨다.
④ 녹 발생을 방지하여 설비의 내구성을 높인다.

**해설**

윤활의 목적은 마찰 저감, 마모 방지, 냉각, 부식 방지, 소음 감소 등이다.

**76** 다음 중 윤활유와 비교했을 때 그리스의 특성으로 가장 적절한 것은?

① 순환 공급이 가능하고 냉각 효과가 우수하다.
② 고속 회전체에 적합하며 점도가 낮다.
③ 점착성이 높아 위치 유지에 유리하다.
④ 연속 윤활이 필요한 장비에 적합하다.

**해설**

그리스는 반고체 상태로 흘러내리지 않고 부착력이 강하며, 윤활 위치에 오랫동안 머물 수 있어, 윤활 주기를 길게 유지할 수 있다. 밀폐된 베어링, 슬라이드, 수직축 등 윤활제가 흘러내리기 쉬운 곳에 적합하다.

**77** 그리스를 일정량 주입하여 밀폐된 베어링 등에 장기 윤활을 하는 방식은?

① 윤활패드 방식          ② 미스트급유법
③ 전량 주입식            ④ 순환급유법

**해설**

- **윤활패드 방식** : 흡유성이 있는 패드(천, 펠트 등)에 윤활유를 머금게 한 뒤, 회전축 등에 천천히 공급하는 방식으로 저속 소형 설비에서 사용된다.
- **미스트급유법** : 윤활유(액체)를 공기와 함께 안개 상태로 분사하는 방식으로 고속 회전축, 스핀들 등에서 열 제거와 윤활을 동시에 수행할 수 있어 고속 기계에 적합하다.
- **전량 주입식** : 그리스를 일정량 충전하고, 밀폐된 상태에서 장기간 윤활을 유지하도록 설계된 방식이다. 대표적인 예로는 밀봉 베어링, 모터 하우징 내 베어링, 윤활이 어려운 슬라이딩 부위 등, 공급 후 재급유 없이 수명 동안 유지되며, 고체 상태의 그리스 특성(점착성, 밀폐성)을 활용한 방법이다.
- **순환급유법** : 윤활유를 펌프나 중력으로 계속 순환시켜 공급하는 방식으로 기어박스, 유압계통 등에서 널리 사용된다. 윤활유가 탱크 → 설비 → 회수 → 냉각 → 필터 → 다시 공급하는 액체 윤활유 전용 방식이다.

**78** 윤활 시스템의 신뢰성을 높이고 설비 고장을 예방하기 위한 올바른 관리 방법은?

① 작업자의 경험에 따라 윤활량을 조절하도록 권장한다.
② 윤활유를 여러 설비에 동일하게 적용하여 재고를 최소화한다.
③ 자동 윤활 시스템의 센서와 제어장치를 정기적으로 확인한다.
④ 교체 시기를 연장하여 윤활제 소모를 줄이고 운영비를 절감한다.

 **해설**

자동윤활장치는 제어계(타이머, 센서, 밸브 등)가 고장나면 과잉/과소급유로 이어지므로 정기적인 점검이 필수

**79** 다음 중 베어링 윤활에 대한 설명으로 바르지 않은 것은?

① 과잉 그리스 주입은 발열과 씰 손상의 원인이 될 수 있다.
② 회전 속도가 낮을수록 윤활유보다 그리스를 사용하는 경향이 많다.
③ 베어링 진동, 온도, 소음은 윤활 이상 여부 진단에 활용된다.
④ 모든 고속 베어링에는 점착력이 강한 고점도 그리스를 사용하는 것이 좋다.

**해설**

고속 회전 부위에는 고점도 그리스 사용 시 내부 마찰의 증가로 발열 증가, 유막 불균형 발생 등의 문제로 오히려 부적합하다. 고속 회전체에는 점도가 낮고 연한(연질) 그리스나 윤활유를 사용하는 것이 일반적이다.

**80** 윤활유의 오염이 지속될 경우 설비에서 직접적으로 나타날 수 있는 현상으로 가장 적절한 것은?

① 윤활유가 금속 표면을 고르게 코팅하여 마찰을 줄인다.
② 윤활유의 색이 일정하게 유지되어 교체 시기가 늦어진다.
③ 윤활유 내 생성된 이물질이 필터를 막아 윤활 흐름을 방해한다.
④ 윤활유의 휘발성이 낮아져 오염 가능성이 줄어든다.

**해설**

오염이 쌓이면 슬러지나 금속입자 등으로 인해 필터 막힘, 유압 저하, 윤활 부족이 직접적으로 발생한다.

모의고사 10

"꿈은
날짜와 함께 적으면 목표가 되고,
목표를 잘게 나누면 계획이 되며,
계획을 실행에 옮기면 꿈은 실현된다."

당신의 합격메이커 에듀피디